U0242536

机电控制工程基础

（第2版）

主　　编　杨新春　李金热

副 主 编　潘理平

参编人员　杨海波　邱　丹　张松林

　　　　　甄久军　王　红　金永奎

东南大学出版社

SOUTHEAST UNIVERSITY PRESS

·南京·

内 容 提 要

本书内容丰富,将课程内容的组织与实际技能的训练有机融合在一起,与工程实际结合紧密,由机电控制系统概述,MATLAB 与机电控制系统仿真基础,控制系统的数学模型,机电控制系统的时域性能指标,机电控制系统的设计与综合校正,自动控制系统的分析、调试与故障的排除,典型运动控制系统,机电控制系统中常用 PLC 的原理及应用,机电控制系统中常用单片机的原理及应用九个部分组成。本书可以作为高职高专和实践型本科的机电类专业教材,也可以作为相关专业技术人员的参考资料。

图书在版编目(CIP)数据

机电控制工程基础/杨新春,李金热主编.—2 版.
—南京:东南大学出版社,2014.2(2024.6 重印)
ISBN 978-7-5641-2043-6

Ⅰ.①机… Ⅱ.①杨… ②李… Ⅲ.①机电一体化—控
制系统 Ⅳ.①TH-39

中国版本图书馆 CIP 数据核字(2014)第 015527 号

机电控制工程基础(第 2 版)

出版发行	东南大学出版社
出 版 人	白云飞
社 址	南京市四牌楼 2 号(邮编:210096)
网 址	http://www.seupress.com
责任编辑	孙松茜(E-mail:ssql9972002@aliyun.com)
经 销	全国各地新华书店
印 刷	广东虎彩云印刷有限公司
开 本	787mm×1092mm 1/16
印 张	15.75
字 数	403 千
版 次	2014 年 2 月第 2 版
印 次	2024 年 6 月第 8 次印刷
书 号	ISBN 978-7-5641-2043-6
定 价	39.90 元

(本社图书若有印装质量问题,请直接与营销部联系。电话:025-83791830)

前　言

本书是全国高等职业教育示范专业规划教材和机电一体化技术专业群示范性建设成果。根据高职高专人才培养目标的基本要求及课程的教学大纲组织编写，可以满足教学计划80学时以内的教学要求。编写总原则是：从高职高专教育培养应用型人才的总目标出发，遵循"以应用为目的，以必需、够用为度"，适应机电一体化专业群方向的教学，以能力为中心进行了重新整合，较多地删节了理论性阐述及重复内容；遵循以"掌握概念、强化应用、培养技能"为重点，与工程实际紧密结合，将课程内容的组织与实际技能的训练有机融合在一起，培养学生建立工程概念、掌握机电控制技术的基本知识及分析工程问题的基本方法，为学习后续机电一体化专业群方向课程和今后从事相关岗位的技术工作奠定必要的基础。

本书编写人员有南京工业职业技术学院杨新春、李金热、杨海波、甄久军，南京机电职业技术学院潘理平、张松林，钟山职业技术学院邱丹，南京世维自动控制工程有限公司王红，农业部南京农业机械化研究所金永奎等，具体为：第1章、第2章、第4章（李金热和杨新春），第3章（张松林和王红），第5章、第6章（杨海波和潘理平），第7章（邱丹和金永奎），第8章、第9章（甄久军和邱丹），全书由杨新春统稿和定稿、夏燕兰教授主审。

在本书编写过程中，得到南京工业职业技术学院滕宏春教授、郑晨升教授、丁加军教授的大力帮助和友情支持，同时参考了大量资料和文献，在此对提供帮助的各位和原作者一并表示诚挚的谢意！

由于编写时间过于仓促，加上编者水平所限，书中难免存在缺点及不当之处，敬请使用者批评指正。

编　者

2013 年 12 月

目　录

第1章　机电控制系统概述 ………………………………………………… 1

1.1　机电控制系统的基本概念 …………………………………………… 1

1.2　机电控制系统的分类 ………………………………………………… 2

1.3　机电控制系统的组成及功能 ………………………………………… 5

1.4　机电控制系统的性能要求和指标 …………………………………… 12

思考与练习题 ……………………………………………………………… 15

第2章　MATLAB 与机电控制系统仿真基础 …………………………… 17

2.1　MATLAB 基础知识 …………………………………………………… 17

2.2　仿真集成环境 Simulink ……………………………………………… 32

2.3　计算机仿真基础 ……………………………………………………… 50

思考与练习题 ……………………………………………………………… 57

第3章　控制系统的数学模型 …………………………………………… 59

3.1　引言 …………………………………………………………………… 59

3.2　系统微分方程的建立 ………………………………………………… 59

3.3　拉氏变换数学方法 …………………………………………………… 64

3.4　线性系统的传递函数 ………………………………………………… 69

3.5　典型环节及其传递函数 ……………………………………………… 73

3.6　系统的动态结构图 …………………………………………………… 75

3.7　数学模型的 MATLAB 描述 ………………………………………… 79

3.8　控制系统建模 ………………………………………………………… 83

思考与练习题 ……………………………………………………………… 84

第4章　机电控制系统的时域性能指标 ………………………………… 86

4.1　典型输入信号 ………………………………………………………… 86

4.2　控制系统的稳定性 …………………………………………………… 88

4.3　控制系统的稳态误差 ………………………………………………… 95

4.4　瞬态响应 ……………………………………………………………… 101

思考与练习题 ……………………………………………………………… 108

第 5 章　机电控制系统的设计与综合校正 ⋯⋯⋯⋯⋯⋯⋯⋯⋯⋯⋯⋯⋯⋯ 110

　5.1　机电控制系统的设计 ⋯⋯⋯⋯⋯⋯⋯⋯⋯⋯⋯⋯⋯⋯⋯⋯⋯⋯ 110

　5.2　常用的 PID 调节器 ⋯⋯⋯⋯⋯⋯⋯⋯⋯⋯⋯⋯⋯⋯⋯⋯⋯⋯⋯ 111

　5.3　改善机电控制系统性能的途径 ⋯⋯⋯⋯⋯⋯⋯⋯⋯⋯⋯⋯⋯⋯ 117

　思考与练习题 ⋯⋯⋯⋯⋯⋯⋯⋯⋯⋯⋯⋯⋯⋯⋯⋯⋯⋯⋯⋯⋯⋯⋯ 124

第 6 章　自动控制系统的分析、调试与故障的排除 ⋯⋯⋯⋯⋯⋯⋯⋯⋯ 126

　6.1　自动控制系统的分析步骤 ⋯⋯⋯⋯⋯⋯⋯⋯⋯⋯⋯⋯⋯⋯⋯⋯ 126

　6.2　自动控制系统的调试方法 ⋯⋯⋯⋯⋯⋯⋯⋯⋯⋯⋯⋯⋯⋯⋯⋯ 129

　6.3　自动控制系统的维护、使用和故障的排除 ⋯⋯⋯⋯⋯⋯⋯⋯⋯ 133

　思考与练习题 ⋯⋯⋯⋯⋯⋯⋯⋯⋯⋯⋯⋯⋯⋯⋯⋯⋯⋯⋯⋯⋯⋯⋯ 137

第 7 章　典型运动控制系统 ⋯⋯⋯⋯⋯⋯⋯⋯⋯⋯⋯⋯⋯⋯⋯⋯⋯⋯⋯ 138

　7.1　变频器调速技术应用 ⋯⋯⋯⋯⋯⋯⋯⋯⋯⋯⋯⋯⋯⋯⋯⋯⋯⋯ 139

　7.2　交流伺服控制 ⋯⋯⋯⋯⋯⋯⋯⋯⋯⋯⋯⋯⋯⋯⋯⋯⋯⋯⋯⋯⋯ 164

　思考与练习题 ⋯⋯⋯⋯⋯⋯⋯⋯⋯⋯⋯⋯⋯⋯⋯⋯⋯⋯⋯⋯⋯⋯⋯ 187

第 8 章　机电控制系统中常用 PLC 的原理及应用 ⋯⋯⋯⋯⋯⋯⋯⋯⋯ 188

　8.1　PLC 概述 ⋯⋯⋯⋯⋯⋯⋯⋯⋯⋯⋯⋯⋯⋯⋯⋯⋯⋯⋯⋯⋯⋯⋯ 188

　8.2　PLC 的组成与工作原理 ⋯⋯⋯⋯⋯⋯⋯⋯⋯⋯⋯⋯⋯⋯⋯⋯⋯ 191

　8.3　PLC 的指令系统 ⋯⋯⋯⋯⋯⋯⋯⋯⋯⋯⋯⋯⋯⋯⋯⋯⋯⋯⋯⋯ 195

　8.4　PLC 控制系统的设计与应用 ⋯⋯⋯⋯⋯⋯⋯⋯⋯⋯⋯⋯⋯⋯⋯ 220

　思考与练习题 ⋯⋯⋯⋯⋯⋯⋯⋯⋯⋯⋯⋯⋯⋯⋯⋯⋯⋯⋯⋯⋯⋯⋯ 227

第 9 章　机电控制系统中常用单片机的原理及应用 ⋯⋯⋯⋯⋯⋯⋯⋯ 230

　9.1　概述 ⋯⋯⋯⋯⋯⋯⋯⋯⋯⋯⋯⋯⋯⋯⋯⋯⋯⋯⋯⋯⋯⋯⋯⋯⋯ 230

　9.2　MCS-51 单片微机的硬件结构 ⋯⋯⋯⋯⋯⋯⋯⋯⋯⋯⋯⋯⋯⋯ 231

　9.3　定时/计数器和中断系统 ⋯⋯⋯⋯⋯⋯⋯⋯⋯⋯⋯⋯⋯⋯⋯⋯ 236

　9.4　单片机应用举例 ⋯⋯⋯⋯⋯⋯⋯⋯⋯⋯⋯⋯⋯⋯⋯⋯⋯⋯⋯⋯ 238

　思考与练习题 ⋯⋯⋯⋯⋯⋯⋯⋯⋯⋯⋯⋯⋯⋯⋯⋯⋯⋯⋯⋯⋯⋯⋯ 242

参考文献 ⋯⋯⋯⋯⋯⋯⋯⋯⋯⋯⋯⋯⋯⋯⋯⋯⋯⋯⋯⋯⋯⋯⋯⋯⋯⋯⋯ 244

第1章 机电控制系统概述

1.1 机电控制系统的基本概念

当今的机电控制技术是微电子、电力电子、计算机、信息处理、通信、检测、过程控制、伺服传动、精密机械及自动控制等多种技术相互交叉、相互渗透、有机结合而成的一种综合性技术。

机电系统的核心是控制,因此,常将机电系统称为机电控制系统。机电系统强调机械技术与电子技术的有机结合,强调系统各个环节之间的协调与匹配,以便达到系统整体最佳的目标。

就机电控制技术所应用的制造工业而言,已由最初的离散型制造工业,拓宽到连续型流程工业和混合型制造工业。应用机电控制技术就会开发出各式各样的机电系统,机电系统遍及各个领域。

1.1.1 控制的基本概念

控制(Control),即"为达到某种目的,对某一对象施加所需的操作",如温度控制、人口控制、压力控制等。

系统,是由相互制约的各个部分组成的具有一定功能的整体。

在机电系统中,"控制"更是无处不在,任何技术设备、机器和生产过程都必须按照预定的要求运行。例如,发电机要正常供电,就必须维持其输出电压恒定,尽量不受负荷变化和原动机转速波动的影响;数控机床要加工出高精度的零件,就必须保证其刀架的位置准确地跟随指令进给;热处理炉要提供合格的产品,就必须严格控制炉温等。其中发电机、机床、烘炉就是用于工作的机器设备;电压、刀架位置、炉温是表征这些机器设备工作状态的物理量;而额定电压、进给的指令、规定的炉温,就是对以上物理量在运行过程中的要求。

通常,把这些工作的机器设备称为被控对象或被控量,对于要实现控制的目标量,如电压、刀架位置、炉温等称为控制量,而把所希望的额定电压、电机的转速、规定的炉温等称为目标值或希望值(或参考输入)。因此,控制的基本任务可概括为:使被控对象的控制量等于目标值。

1.1.2 机电控制系统

为了实现各种复杂的控制任务,首先要将被控对象和控制装置按照一定的方式连接起来,组成一个有机体,称为机电控制系统。

在机电控制系统中,主要采取自动控制技术。所谓自动控制,是指在没有人直接参与的情况下,利用外加的设备或装置(称为控制装置或控制器)操纵被控对象,使机器、设备或生产过程的某个工作状态或参数自动地按照预定的规律运行。

自动控制技术不仅在机电控制领域得到广泛的应用,而且在现代科学技术的许多领域中起着越来越重要的作用。例如,人造卫星准确地进入预定轨道运行并顺利回收;钢铁冶炼炉的温度维持恒定;通信领域的程控交换机对电话进行自动转接和信息交换;火炮的自动瞄准系统将敌方目标自动锁定;汽车的无人驾驶系统等。这一切都是以高水平的自动控制技术为前提。

显然,自动控制是以一般系统为对象,广泛地使用控制方法进行控制系统的理论设计;而机电控制系统就是应用自动控制工程学的研究成果,把机械作为控制对象,研究怎样通过采用一定的控制方法来适应对象特性变化,从而达到期望的性能指标。

1.2 机电控制系统的分类

根据不同的划分依据,控制系统有不同的分类。

1.2.1 按信号流分类

1) 开环控制系统

开环控制方式是指控制装置与被控对象之间只有顺向作用而没有反向联系的控制过程,信号由给定值至被控量是单向传递的。按这种方式组成的系统称为开环控制系统,其特点是系统的输出量不会对系统的控制作用产生影响。

例如图 1-1 所示的由步进电动机驱动的数控加工机床,是一个没有反向联系的开环控制系统。

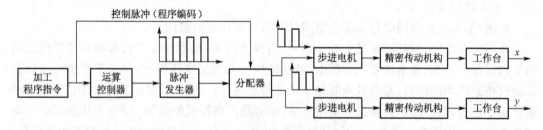

图 1-1 数控加工机床示意图

它由预先设定的加工程序指令,通过运算控制器(可为微机或单片机),去控制脉冲的产生和分配,发出相应的脉冲,由它(通常还要经过功率放大)驱动步进电机,通过精密传动机构,再带动工作台(或刀具)进行加工。

图 1-2 为数控加工机床开环控制图。此系统的输入量为加工指令,输出量为机床工作台的位移,系统的控制对象为工作台,执行机构为步进电机和传动机构。由图可见,系统无反馈环节,输出量并不返回来影响控制部分,因此是开环控制。

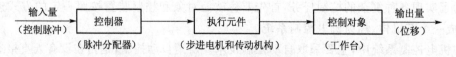

图 1-2 数控加工机床开环控制图

开环控制方式的特点是控制较简单、没有纠偏能力、控制精度难以保证、抗扰动性较差。因为无论系统是受到外部干扰或工作过程中特性参数发生变化,都会直接波及被控量,使被控量异于给定值,而系统无法自动修正偏差。但由于其结构简单、调整方便、成本低,在精度要求不高或扰动影响较小的情况下,这种控制方式还有一定的实用价值。特别是如果系统的结构参数稳定,而外部干扰较弱时,常采用此类控制方式,如自动化流水线、自动售货机、自动洗衣机、数控车床及指挥交通的红绿灯转换等。

2）闭环控制系统

闭环控制系统,是应用最为广泛的一种控制系统。在反馈控制系统中,需要控制的是被控量,而测量的是被控量对给定值的偏差。系统根据偏差进行控制,只要被控量偏离给定值,系统就会自行纠偏,不断修正被控量的偏差,故称这种控制方式为按偏差调节的闭环控制,从而实现对被控对象进行控制的任务,这就是反馈控制的原理。控制装置与被控对象之间的联系如图 1-3 所示。

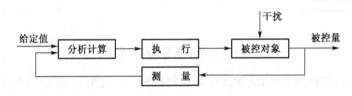

图 1-3　闭环控制系统的原理框图

由于被控量要返回来与给定值进行比较,所以控制信号必须沿前向通道和反馈通道往复循环地进行闭路传送,形成闭合回路,故称之为闭环控制或反馈控制。反馈回来的信号与给定值相减(相加),即根据偏差进行控制,称为负(正)反馈。

反馈控制就是采用负反馈并利用偏差进行控制的过程,其特点是不论什么原因使被控量偏离期望值而出现偏差时,必定会产生一个相应的控制作用去减小或消除这个偏差,逐渐使被控量与期望值趋于一致。

为了完成自动控制的任务,按偏差调节的闭环控制按负反馈原理组成,所以负反馈闭合回路是按偏差调节的自动控制系统在结构联系和信号传递上的重要标志。这种控制方式的控制精度较高,因为无论是干扰的作用,还是系统结构参数的变化,只要被控量偏离给定值,系统就会自行纠偏。可以说,按反馈控制方式组成的反馈控制系统,具有抑制任何内、外扰动对被控量产生影响的能力,具有较高的控制精度。但这种系统使用的元器件多,线路复杂,特别是系统的性能分析和设计较麻烦,如果参数匹配不好,会造成被控量有较大的摆动,系统甚至无法正常工作。尽管如此,闭环控制仍是机电控制系统中一种重要的基本控制方式,在工程中获得了广泛的应用。

下面以电炉箱恒温控制系统为例进行分析,以便加深对闭环控制方式的认识。

电炉箱恒温控制系统如图 1-4 所示。

系统工作原理:如果要消除或减少扰动的影响,实现无论是否出现扰动,都能使炉温保持恒定的目标,常采用如图 1-4 所示系统。图中热电偶将检测到的温度信号 T 转变成电压信号 U_{fT} 并以负反馈形式返回输入端与给定信号 U_{sT} 相比较,得到偏差电压 ΔU,此偏差电压 ΔU 经过电压、功率放大后,改变电动机的转速和方向,并通过减速器带动调压器,实现对炉温的闭环控制。输出量直接(或间接)地反馈到输入端形成闭环,使输出量参与系统的控制,

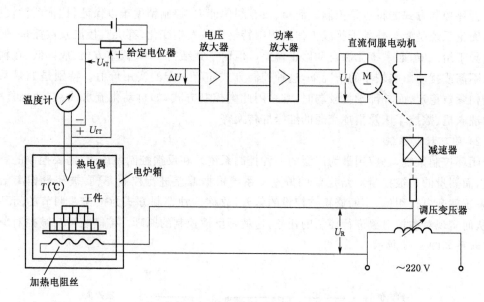

图 1-4　电炉箱恒温控制系统

这样的系统称为反馈控制系统,又称为闭环控制系统。在这里,控制装置和被控对象不仅有顺向作用,而且输出端和输入端之间存在反馈关系。图 1-5 表示控制系统组成框图。

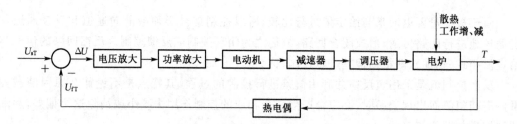

图 1-5　电炉箱控制系统框图

电炉箱温度降低,热电偶测得的电压 U_{fT} 降低,$U_{fT} < U_{sT}$,偏差电压 $\Delta U = (U_{sT} - U_{fT}) > 0$,直流伺服电机两端的电压升高,且为正电压,电机正转,使得调压变压器的输出电压 U_R 升高,电阻丝功率增大,电炉箱温度上升,直至达到设定温度。

电炉箱温度升高,热电偶测得的电压 U_{fT} 升高,$U_{fT} > U_{sT}$,偏差电压 $\Delta U = (U_{sT} - U_{fT}) < 0$,直流伺服电机两端的电压降低,且为负电压,电机反转,使得调压变压器的输出电压 U_R 降低,电阻丝功率减小,电炉箱温度下降,直至达到设定温度。

其自动调节过程如图 1-6 所示。

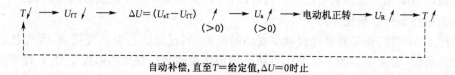

图 1-6　炉温自动调节过程

1.2.2　按输出量分类

1）恒值控制系统

系统的输入量与输出量在控制过程中不调节变化，系统在外界干扰时输出基本保持恒定值。工业生产中有很多系统的控制量和被控量一旦调整后就不再改变，如温度、压力、流量、液面等，这就是恒值控制系统。这种系统不能抵抗大的干扰。

2）随动控制系统

系统的输入量的变化规律不能预先确定，但要求系统的输出跟随输入的变化而变化，排除干扰，准确地复现控制信号的变化，如导弹跟踪系统、电液伺服马达、液压仿形机床等。

3）程序控制系统

控制系统中的输入装置将指令转化为控制信号，被控对象按控制信号运动，系统输出能保持很高的精度，如计算机绘图仪、针式打字机、数控机床等。

1.2.3　按系统特性分类

1）线性定常系统

系统的数学模型是线性常系数微分方程，系统的输入与输出都有确定的变化规律。

2）非线性系统

系统的数学模型是非线性方程，系统的输出可能是确定的，也可能是不确定的变化规律。非线性系统是比较复杂的系统，很多问题目前还不能求解。为了能获得问题的解答，常常对那些非线性不太强的问题进行线性化近似。

1.2.4　按控制模式分类

1）连续控制系统

连续控制系统又称为模拟系统，系统中各部分传递的信号是时间的连续函数。

2）数字控制系统

数字控制系统又称为离散系统，系统中各部分传递的信号是数字脉冲信号，数字控制系统是由计算机实现的。

1.3　机电控制系统的组成及功能

1.3.1　控制系统的组成和基本环节

为了表明自动控制系统的组成和信号的传递情况，通常把系统各个环节用框图表示，并用箭头标明各作用量的传递情况。框图可以把系统的组成简单明了地表达出来，而不必画出具体线路。图 1-7 便是图 1-4 所示系统的框图。

现以图 1-4 和图 1-5 所示的电炉箱恒温控制系统来说明自动控制系统的组成。

由图 1-7 可以看出，一般自控系统都由如下基本环节组成：

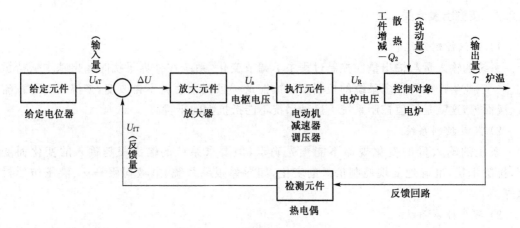

图 1-7　自动控制系统的框图

1）被控对象

被控对象指自控系统需要进行控制的机器设备或生产过程。被控对象内要求实现自动控制的物理量称为被控量或系统的输出量。如前面所述转速控制系统中的电动机即为被控对象，电动机的转速即为系统的输出量。闭环控制系统的任务就是控制系统的输出量的变化规律以满足生产实际的要求。

2）给定环节

给定环节是设定被控制量的参考输入或给定值的环节，可以是电位器等模拟装置，也可以是计算机等高精度数字给定装置。

3）检测装置

检测装置又称传感器，用于检测受控对象的输出量并将其转换为与给定量相同的物理量。例如用测速发电机回路检测电动机的转速并将其转换为相应的电信号作为反馈量送到控制器。检测装置的精度直接影响控制系统的控制精度，它是构成自动控制系统的关键元件。

4）比较环节

将所检测到的被控量的反馈量与给定值进行代数运算，从而确定偏差信号，起信号的综合作用。

5）放大环节

将微弱的偏差信号进行电压放大和功率放大。

6）执行机构

根据放大后的偏差信号直接对被控对象执行控制作用，使被控量达到所要求的数值。

7）校正环节

参数或结构便于调整的附加装置，用以改善系统的性能，有串联校正和并联校正等形式。

上述各环节构成图 1-7 的典型的闭环控制系统，它们各司其职，共同完成闭环控制任务。各环节信号传递是有方向的，总是前一环节影响后一环节。

在闭环控制系统中，系统输出量的反馈称为主反馈。为改善系统中某些环节的特性而在部分环节之间附加的中间量的反馈称为局部反馈。

1.3.2　机电控制系统的组成及功能

机电控制系统存在于各个领域，可以说是无处不在，而且种类繁多、千差万别，但归纳起来，它们都是由五大要素组成的，即由机械部分、控制装置、动力装置、传感检测部分和执行装置组成。

1) 机械部分

对于绝大多数的机电系统及机电产品来说，机械部分在质量、体积等方面都占绝大部分，因此机械部分是机电系统的基本支撑，它主要包括机械传动部件、机身、框架、连接件等，如原动机、工作机和传动装置一般都采用机械结构。这些机械结构的设计和制造问题都属于机械技术的范畴，机电产品技术性能、水平和功能的提高，要求机械本体在机械结构、材料、加工工艺及几何尺寸等方面适应产品高效、多功能、可靠、节能、小型、轻量、美观等要求，在这方面除了要充分利用传统的机械技术外，还要大力发展精密加工技术、结构优化设计方法等；要研究开发新型复合材料，以便使机械结构减轻质量，缩小体积，以改善在控制方面的快速响应特性；要研究高精度导轨、高精度滚珠丝杠、具有高精密度的齿轮和轴承，以提高关键零部件的精度和可靠性，并通过使零部件标准化、系列化、模块化来提高其设计、制造和维修的水平。

机械部分中的传动装置，除要求具有较高的定位精度之外，还应具有良好的动态响应特性，即要求响应速度要快、稳定性要好。常用的机械传动部件主要包括齿轮传动、带传动、丝杠传动、挠性传动、间隙传动和支承与轴系等。其主要功能是传递转矩和转速。因此，它实质上是一种转矩、转速转换器，其目的是使执行元件与负载之间在转矩与转速方面得到最佳匹配。

机械传动部件对伺服系统的伺服特性有很大影响，特别是其传动类型、传动方式、传动刚性以及传动的可靠性对机电一体化系统的精度、稳定性和快速响应性有很大影响。因此，在机电系统设计过程中应选择传动间隙小、精度高、体积小、重量轻、运动平稳、传递转矩大的传动部件，如带传动、蜗轮蜗杆传动及各类齿轮减速器（如谐波齿轮减速器），不但可以改变速度，也可改变转矩。随着机电一体化技术的发展，要求传动机构不断适应新技术的要求，具体内容有以下 3 个方面。

(1) 精密化。对于某种特定的机电一体化产品来说，应根据其性能的要求提出适当的精密度要求，虽然不是越精密越好，但由于要适应产品高定位精度等性能要求，对机械传动机构的精密度要求也越来越高。

(2) 高速化。产品工作效率的高低，直接与机械传动部分的运动速度相关。因此，机械传动机构应能适应高速运动的要求。

(3) 小型化、轻量化。随着机电一体化系统（或产品）向精密化、高速化方向发展，必然要求其传动机构小型化、轻量化，以提高运动灵敏度（响应性）、减小冲击、降低能耗。为了与电子部件的微型化相适应，也要尽可能做到使机械传动部件短小、轻薄化。

2) 控制装置

机电控制系统的核心是控制，机电控制系统的各个部分必须以控制论为指导，由控制器（即计算机）实现协调与匹配，使整体处于最优工况，实现相应的功能。目前机电系统中控制部分的成本已占总成本的 50% 或超过 50%。

目前，几乎所有的控制器都是由具有微处理器的计算机、输入/输出接口、通信接口及周边装置等组成。归纳起来，主要有以下几种模式。

（1）专用单片机

为了实现控制器与其他要素之间的协调与匹配，机电控制系统中的单片机通常是针对系统专门研制的，如变频调速用单片机 80C196MC，与 MCS-96 相比较，80C196MC 中增加了波形生成器和信号处理阵列。波形生成器具有正弦脉冲宽度调制（SPWM）的功能。采用这种专用单片机，片外只需要连接光电耦合器和功率驱动模块，就可构成 SPWM 变频调速系统，从而使机电系统的软、硬件大为简化。

（2）嵌入式控制器

嵌入式控制器的特点在于其独特的层叠栈接结构，该结构无需底板和机箱，可直接叠装。以 PC/104 系列为例，某公司 PCM 系列模板 90 mm×96 mm。用于机动抗争系统的模板有 PCM-10410 高速数据采集板、PCM-10411 模拟量/数字量转换板、PCM-10416 数字量/模拟量转换板等。

（3）智能 I/O 模块

（4）可编程控制器（PLC）

（5）可编程计算机控制器（Programmable Computer Controller，PCC）

（6）可编程多轴控制器（Programmable Multi-Axis Controller，PMAC）

对于数控机床一类的机电控制系统，经过多年的实践，人们逐渐认识到各种专用 CNC 系统之间的自成一体所带来的互不兼容的弊病，迫切需求具有配置灵活、功能扩展简便、基于统一的规范和易于实现统一管理的开放式系统。

美国 Delta Tau 数字系统公司推出的 PMAC 可编程多轴控制器（也称为 PMAC 运动控制器）就是一种优秀的开放式数控系统。PMAC 基于 Motorola DSP 56002 的运动控制卡，具有以下特点：

① 每个卡可控制 8 个伺服轴。

② 20/40/60/80 MHz 数字信号处理器。

③ 单轴伺服更新时间为 55 μs。

④ 18 位 DAC 输出分辨率。

⑤ 具有多种轨迹插补模式。轨迹算法具有强大的功能和灵活性，用户可以进行高级别的控制。轨迹生成有直线（LINE）、圆弧（ARC）、样条（SPLINE）及位置速度时间（PVT）等模式。

⑥ 多种类型的位置反馈装置，如增量编码器，绝对编码器，旋转变压器，直线电压位移传感器，激光干涉仪和磁致伸缩位移传感器等。编码器反馈频率为 10/15 MHz。

⑦ 可控制多种类型的电动机，如直流电动机（包括有刷和无刷）、交流电动机和步进电动机等。

⑧ 链接可达 16 块板（128 轴）。

⑨ 提供多种伺服算法。常规 PID，阶式滤波器（5～500 Hz），双重反馈（电动机编码器和负载编码器），速度、加速度前馈，可选的 7 阶极点配置伺服，35 个可自动调整项。还允许嵌入用户设计的伺服算法。

⑩ 编程语言。优越的高级运动控制编程语言,可进行在线系统控制、程序缓冲存储、标志、伺服参数初始化和诊断。卡内可以同时容纳 256 个运动程序和 32 个内装软 PLC 程序。使用类似 BASIC 的程序。还为 CNC 机床提供 RS274(G-代码)。

⑪ 通信。RS232/422,PC、VME、STD32、PCI 及 PCI04 总线,双口 RAM 方式,采用双口 RAM 方式可使 PMAC 与 IPC 进行高速通信。

⑫ 安全性。

A. 越程极限。硬件具有光电隔离的带上拉电阻的专用限位开关输入。也可在程序中设置软限位,越程时可以触发程序进行减速。

B. 速度和加速度极限。当进行复合运动时,PMAC 运动控制器将每个轴与用户定义的极限值相比较,如果命令值超过了程序的设定值,整个坐标系的运动将会减速,或者加速度值将被减小以保持在极限以内。

C. 跟踪误差极限。其一是致命极限:如果实际位置对命令位置的滞后超出预设值,就按照程序设定关断出错电动机或其他电动机。这种情况发生在位置反馈消失或者电动机发生故障时刻。其二是警告极限:PMAC 运动控制器和主机(或二者)发送一条消息,警告发生了一个非致命跟踪误差。

D. 伺服输出极限。可以为电流环放大器的力矩和速度环放大器的速度设定一个极限使伺服输出值在放大器的允许范围以内。

E. 计时器极限。板卡上的"看门狗"计时器,可以提供对来自 PMAC 板本身的故障进行反应的功能,通常是关断 PMAC 板。供电电压不足,就可触发这种关断。

(7) 数字调节器、智能调节器、可编程调节器

数字调节器是内部含有微处理器的微机化控制仪表,人们常将微机化控制仪表称为数字调节器。数字调节器是针对过程控制提出来的,主要用于温度、压力、液位、流量及成分等过程控制系统。目前,国外、国内各个公司生产的数字调节器大都具有某种智能控制算法,如模糊控制、专家控制及神经网络控制等,人们将这种数字调节器称为智能调节器。

有些智能调节器具有可编程序的功能,用户利用厂家提供的控制软件包可以实现各种控制功能和控制策略。以日本山武・霍尼韦尔公司的 SDC 系列智能调节器为例,该调节器具有神经网络控制、模糊控制及智能整定等先进控制策略,具有四则运算、超前、滞后、前馈、串级、逻辑等八十余种运算模块,用户进行控制方案组态时,只需在计算机显示器屏幕上将所需的运算模块用线条连接起来,即可轻松地完成调节器的编程。组态后的控制方案在与现场设备连接前可进行仿真实验,以验证控制方案的正确性。

可编程控制器是针对离散型制造工业提出来的,智能调节器是针对连续型流程工业提出来的,对于大量存在的混合型工业,其中既有运动控制又有过程控制。为了满足混合型工业的需要,可编程控制器和智能调节器都在向对方靠拢,如可编程控制器中增加了温度控制模块、PID 控制模块;智能调节器中增加了顺序控制功能。

(8) 新型结构体系工业控制计算机

工业控制计算机(IPC)是脱胎于 IBMPC 而发展起来的用于工业领域的 PC。需要指出的是,目前市场上销售的 IPC 实际上是加固型 PC,它取消了原 PC 中的大母板,采用 PC 插件,开发了各种工业 I/O 板卡,采用工业电源,机箱密封并加正压送风散热。

IPC 的特点是具有丰富的通用板卡和专业板卡,以研华公司的系列板卡为例,包括开关

量输入/输出板、脉冲量接口板、模拟量输入/输出板、信号调理板、多功能 I/O 板、通信板、网络板、3 轴步进电动机控制板、3 轴伺服电动机控制板及 3 轴编码计数板等 88 种板卡，能满足各种控制任务，IPC 还具有多种工业控制组态软件包，故可快速完成系统集成。

但是，一般的 IPC 是加固型 PC，尽管有丰富的板卡，但采用一台 IPC 既显示工艺流程画面又进行 I/O 循环（在线控制），属于集中控制，存在以下问题：

① 实时性

在许多情况下，现场测控循环周期有很严格的限制，否则会丢失采集数据或现场出现失控。因此 CPU 时间需尽可能分配在 I/O 循环上。

在集中控制方式下，实时显示将严重地与 I/O 循环争用 CPU。要想使显示画面完美又逼真，把 CPU 时间全部分配在显示上，有时也倍感困难。

② 可靠性

在集中控制方式下，I/O 循环、实时显示、系统操作、打印、管理等诸多功能均由单一 CPU 完成，不仅 CPU 负载过重，更重要的是，软件实现困难，且隐患难以完全排除。特别是在 Windows 环境下运行各种组态软件时，在运行失控的情况下（如电源掉电、死机等），难以通过硬件自动复位来恢复到失控前的状态。现场的条件往往是非常恶劣的，没有硬件自动复位的系统是非常危险的。另一方面，在集中控制方式下，系统操作、打印、管理都有可能对 I/O 循环带来意想不到的干扰。一旦出现故障，整个系统将会完全瘫痪。

为了解决上述矛盾，一些公司推出了新型 IPC，以 CONTEC 公司的 IPC—90 为例，其主要特点是"Windows 监视画面与实时性相结合"。

为了利用 Windows 的友好人机界面，同时又改善实时性，IPC—90 采用了多处理器并行结构，挂接在 PC 总线上。主处理器运行 Windows 系统，用于给出人机操作界面，由多个从处理器分别执行实时数据采集、顺序控制功能。IPC—90 可支持 6 个从处理器并行工作，从而极大地提高了整机的实时性。

（9）EIC（Electrical Instrumentation Computer）电控、仪控、计算机

EIC 常被称为电控、仪控、计算机一体化，也有人称它为"三电一体化"。EIC 是一种面对被控对象的紧凑、低成本自动控制系统。它通常是利用典型基础控制器，有针对性地进行系统设计和二次开发，二次开发的重点是系统组织、专用子系统或部件开发及应用软件开发等。

EIC 的思路是将运动控制和过程控制统一起来，这样可以减少投资和精简人员。

例如，EIC2000 系统可实现现场总线控制系统（FCS）、可变规模控制系统（SCS）和混合控制系统（HCS）。

（10）混合型控制器 HC900

HC900 是美国霍尼韦尔（Honeywell）公司推出的混合型控制器，它具有连续过程控制、逻辑控制和顺序控制的功能，具备全局的系统数据库，可满足用户在控制、操作、生产管理等方面的各种需求。HC900 采用自行开发的 Plant Scape Vista 监控与网络系统软件，能够大幅度降低生产成本，提高生产效率。其各种灵活使用的工具、丰富的控制算法和开放的系统工具软件能满足用户的所有生产控制与管理的需求。它采用 MODBUS/TCP 以太网络实现高可靠性的实时控制通信，并通过 TCP/IP 以太网络构成上层管理系统。HC900 接口全面支持 Modbus、ASSCII、Modbus TCP/IP，Universal Modbus/ HC900，支持 RTU 控制

设备。

HC900 混合控制器有三种类型的控制机架,包括 4 槽、8 槽和 12 槽机架。每种控制机架均可满足各种现场应用要求。每个 HC900 可挂 4 个远程扩展机架(包括本地机架在内),现场安装使用灵活,可节省线缆成本和安装费用。

3) 动力装置

动力或能源是指驱动电动机的"电源"、驱动液压系统的液压源和驱动气压系统的气压源。驱动电动机常用的"电源"包括直流调速器、变频器、交流伺服驱动器及步进电动机驱动器等。液压源通常称为液压站,气压源通常称为空压站。

应注意动力与执行装置、机械部分的匹配。以日本松下公司的交流伺服系统为例,针对机械部分的转动惯量,可选择小惯量、中惯量和大惯量交流永磁同步电动机,并选用与之相匹配的交流伺服驱动器。

4) 传感检测部分

传感器是将机电控制系统中被检测对象的状态、性质等信息转换为相应的物理量或者化学量的装置,传感器的作用类似于人的感觉器官,它将被测物理量,如位置、位移、速度、压力、流量、温度等信息进行采集和处理,以供控制系统分析处理之用。如果没有传感器对原始信息进行准确、可靠地捕获和转换,一切准确的测试与过程控制将无法实现。

从信号的获取、变换、加工、传输、显示和控制等方面来看,以电量形式表示的电信号最为方便;对计算机控制系统来说,也就是将待测物理量通过传感器转换成电压或电流信号,传送到控制计算机的输入接口,再由计算机进行分析处理。因此,机电控制系统中的传感器一般将被测信号转换为电信号。传感器的种类繁多,按被测对象的不同可分为位移传感器、位置传感器、速度传感器、力传感器、转矩传感器等。

5) 执行装置

机电控制系统的执行装置亦称为执行元件,是各类工业机器人、CNC 机床、各种自动机械、信息处理计算机外围设备、办公设备、各种光学装置等机电系统或产品必不可少的驱动部件,该元件是机电控制系统中的能量转换元件,即在控制装置的指令下,将输入的各种形式的能量转换为机械能,并完成所要求的动作。如数控机床的主轴转动、工作台的进给运动,以及工业机器人手臂升降、回转和伸缩运动等都要用到驱动部件。

根据使用能量的不同,可以将执行装置分为电气式、液压式和气动式 3 大类。

(1) 电气式执行装置

电气式执行装置是将电能转变成电磁力,并利用该电磁力驱动运行机构运动。常用的电气式执行元件包括控制用电动机(步进电动机、直流和交流伺服电动机)、静电电动机、磁滞伸缩器件、压电元件、超声波电动机及电磁铁等。对控制用电动机的性能除了要求稳速运转性能之外,还要求具有良好的加速、减速性能和伺服性能等动态性能,以及频繁使用时的适应性能和便于维修性能。

(2) 液压式执行装置

液压式执行装置是先将电能变换为液压能并用电磁阀改变压力油的流向,从而使液压执行元件驱动运行机构运动。液压执行机构的功率—重量比和扭矩—惯量比越大,加速性能越好,结构越紧凑,尺寸越小。在同样的输出功率下,液压驱动装置具有重量轻、惯量小、快速性好等优点。液压式执行元件主要包括往复运动的油缸、回转油缸、液压马达等,其中油缸占绝大多数。目前,世界上已开发各种数字式液压式执行元件,如电—液伺服马达和电—液步进马达,电—液式马达的最大优点是具有比电动机更大的转矩,可以直接驱动运行机构,过载能力强,适合于重载的高加减速驱动,而且使用方便。

液压系统也有其固有的一些缺点,如液压元件易漏油,会污染环境,也有可能引起火灾,液压系统易受环境温度变化的影响。因此对液压系统管道的安装、调整,以及整个油路防止污染及维护等性能都要求较高;另外,液压能源的获得、存储和输送不如电能方便。因此,在中、小规模的机电系统中更多地使用电动驱动装置。

(3)气动式执行装置

气动式与液压式的原理相同,只是将介质改为气体而已。由于气动控制系统的工作介质是空气,来源方便,不需要回气管道,不污染环境,因此在近些年得到大量的应用。气动执行装置的主要特点是动作迅速、反应快、维护简单、成本低;同时由于空气黏度很小,压力损失小,节能高效,适用于远距离输送;工作环境适应性好,特别在易燃、易爆、多尘、强振、辐射等恶劣环境中工作更为安全可靠。但气动式执行装置由于空气可压缩性较大,负载变化时系统的动作稳定性较差,也不易获得较大输出力或力矩,同时需要对气源中的杂质和水分进行处理,排气时噪声较大。

由于现代控制技术、电子、计算机技术与液压、气动技术的结合,使液压、气动控制也在不断发展,并大大提高了其综合技术指标。液压、气动执行装置和电气执行装置一样,根据其各自的特点,在不同的行业和技术领域得到相应的应用。

1.4 机电控制系统的性能要求和指标

1.4.1 机电控制系统的性能要求

为了实现机电控制系统的控制任务,就要求控制系统的被控量随给定值的变化而变化,希望被控量在任何时刻都等于给定值,两者之间不存在误差。然而,由于实际系统中总是包含具有惯性或储能的元件,同时由于能源功率的限制,使控制系统在受到外部作用时,其被控量不可能立即变化,而有一个跟踪过程。通常把系统受到外部作用后,被控量随时间变化的全过程,称为动态过程或称过渡过程。控制系统的性能,可以用动态过程的特性来衡量,尽管机电控制系统有不同的类型,而且每个系统也都有各自不同的特殊要求。但对于各类系统来说,在已知系统的结构和参数时,对每一类系统中被控量变化全过程提出的基本要求都一样,一般从稳定性、快速性和准确性3个方面来评价机电控制系统的总体精度。

1)稳定性

稳定性是保证控制系统正常工作的先决条件。稳定性是根据系统动态过程的振荡倾向和系统重新恢复平衡工作状态的能力而言。

通常,系统的工作过程包括稳态和动态两种。系统在输入量和被控量均为固定值时的平衡状态称为稳态,也称静态。系统在受到外加信号(给定或干扰)作用后,被控量随时间,变化的全过程,称为系统的动态过程或过渡过程,动态过程常用 $c(t)$ 来表示。

在外加信号的作用下,任何系统都会偏离原来的平衡状态,产生初始偏差。稳定性指系统在受到外部作用后,若控制装置能操纵被控对象,使其被控量随时间的增长而最终与希望值一致,则称系统是稳定的。如果被控量随时间的增长,越来越偏离给定值,则称系统是不稳定的。图 1-8a 所示为一发散振荡系统,被控参数随时间的增长逐渐增大,偏离给定值越来越远。图 1-8b 则为一等幅振荡系统,系统处于临界稳定状态,在实际系统中是不允许的。图 1-8c、图 1-8d 是控制系统常见的两种过渡状态,系统趋于一稳定值,故系统是稳定的。

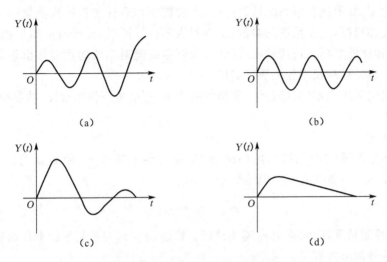

图 1-8　控制系统动态过程曲线图

一个稳定的控制系统,其被控量偏离期望值的初始偏差应随时间的增长逐渐减小或趋于零。具体来说,对于稳定的恒值控制系统,被控量因扰动而偏离期望值后,经过一个过渡过程,被控量应恢复到原来的期望值状态,而且被控量围绕给定值摆动的幅度要小,摆动的次数要少。对于稳定的随动系统,被控量应始终能随参数的变化而变化。反之,不稳定的控制系统,其被控量偏离期望值的初始偏差将随时间的增长而发散。因此,不稳定的控制系统无法实现预定的控制任务。

2) 快速性

为了更好地完成控制任务,控制系统仅满足稳定性要求是不够的,还必须对其过渡过程的形式和快慢提出要求。

快速性是对稳定系统过渡时间的长短而言,即动态过程进行的时间长短。过渡过程时间越短,说明系统快速性越好;过渡过程时间持续越长,说明系统响应越迟钝,便难以实现快速变化的指令信号。稳和快反映系统在控制过程中的性能。系统在跟踪过程中,被控量偏离给定值越小,偏离时间越短,说明系统的动态精度越高。

3) 准确性

准确性是指系统在动态过程结束后,其被控量(或反馈量)对给定值的偏差,这一偏差称为稳态误差,它是衡量系统稳态精度的指标,反映动态过程后期的性能。一般控制系统要求被控量与其期望值的偏差是很小的。

同一机电控制系统中,稳定性、快速性、准确性常相互矛盾、相互制约,如提高了系统的快速性,可能会引起系统强烈的振荡;而改善了系统的稳定性,则控制过程又可能变得迟缓,精度也可能降低。因此,不能片面要求机电控制系统某一方面的性能,而应根据被控对象具体情况的不同,对稳、快、准的要求有所侧重,进行综合考虑。

1.4.2 机电控制系统的性能指标

机电控制系统的性能指标是衡量系统性能优劣的准则。在古典控制理论和现代控制理论中,系统的评价指标不一样。古典控制理论中多用动态时域指标来衡量系统性能的优劣。现代控制理论中,如最优控制系统的设计时,经常使用综合性能指标来衡量一个控制系统。选择不同的性能指标,使得系统的参数、结构等也不同。所以,设计时应当根据具体情况和要求,正确选择性能指标。选择性能指标时,既要考虑能对系统的性能做出正确的评价,又要考虑数字上容易处理及工程上便于实现。

根据对机电系统稳定性、快速性、准确性的要求,相应采用稳态指标、动态指标来衡量一个系统的优劣。

1) 稳态指标

稳态指标是衡量控制系统精度的指标,用稳态误差来表征,稳态误差是表示输出量 $y(t)$ 的稳态值 y_∞ 与要求值 y_0 的差值,定义为

$$e_{ss} = y_0 - y_\infty$$

式中,e_{ss} 表示控制精度,因此希望 e_{ss} 越小越好。稳态误差 e_{ss} 与控制系统本身的特性有关,也与系统输入信号的形式有关。

2) 动态指标

在古典控制理论中,采用动态时域指标来衡量系统性能的优劣。

动态指标能够比较直观地反映控制系统的过渡过程特性,动态指标包括超调量 σ_p、调节时间 t_s、峰值时间 t_p、衰减比 η 和振荡次数 N。系统的过渡过程特性如图 1-9 所示。

(1) 超调量 σ_p。σ_p 表示系统过冲的程度,设输出量 $y(t)$ 的最大值为 y_m,$y(t)$ 输出量的稳态值为 y_∞,则超调量定义为

$$\sigma_p = \frac{|y_m| - |y_\infty|}{|y_m|} \times 100\%$$

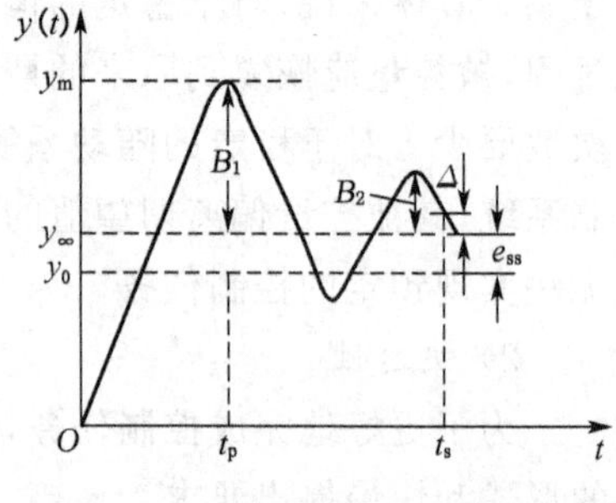

图 1-9　系统的过渡过程特性

超调量通常以百分数表示,不同的机电系统对 σ_p 有不同的要求,一般机械加工系统中,σ_p 值应限制在 $10\% \sim 15\%$ 范围内。σ_p 值越大,系统过渡过程越不平稳,往往不能满足生产要求;σ_p 值越小,说明系统过渡过程越平稳,但也说明过渡过程较缓慢。

(2) 调节时间 t_s。调节时间 t_s 是指从系统受到输入量作用开始到系统的输出进入偏离稳定值 $\pm(2 \sim 5)\%$ 的区域所需的时间。它反映过渡过程时间的长短,t_s 越小,表明系统快速性越好。

(3) 峰值时间 t_p。峰值时间 t_p 表示过渡过程到达第一个峰值所需的时间,它反映系统对输入信号反应的快速性。

(4) 衰减比 η。衰减比 η 表示过渡过程衰减快慢的程度,它定义为过渡过程第一个峰值 B_1 与第二个峰值 B_2 的比值,即

$$\eta = \frac{B_1}{B_2}$$

通常,衰减比 η 为 $4:1$ 左右。

(5) 振荡次数 N。振荡次数 N 是指系统在调节时间内,输出量在稳定值上下摆动的次数。

振荡次数 N 反映控制系统的阻尼特性,N 越小,表明系统的稳定性越好。

思考与练习题

1. 什么叫自动控制系统?

2. 自动控制系统主要由哪几部分组成?每一部分的作用是什么?

3. 控制对象、被控制量、控制量和给定值是如何定义的?请举例说明。

4. 自动控制系统的主要分类方法有哪几种?说明各种分类方法的特点,指出各种分类方法所包括的系统是什么、各系统的特点是什么。

5. 什么叫反馈?什么叫负反馈?

6. 什么叫定值控制系统?对定值控制系统来说,系统的输入量是什么?举例说明日常生活中的定值控制系统。

7. 什么叫随动控制系统?对随动控制系统来说,系统的输入量是什么?举例说明日常生活中的随动控制系统。

8. 控制过程的基本形式有哪几种?它们各有什么特点?如何根据控制过程曲线来检验控制系统是否满足基本要求?

9. 图 1-10 是液位自动控制系统原理图,希望液面高度 h_r,维持不变。

(1) 指出系统的被控对象、被控量、给定量以及干扰量,画出系统方框图;

(2) 说明液位控制系统的工作原理。

10. 图 1-11 为水温控制系统示意图。冷水在热交换器中由通入的蒸汽加热,从而得到一定温度的热水。冷水流量变化用流量计测量。请绘制系统方框图,并说明系统是如何保持热水温度为期望值的、系统的被控对象和控制装置各是什么。

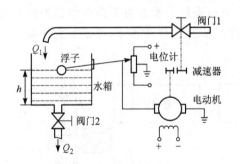

图 1-10　液位自动控制系统原理图

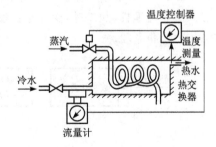

图 1-11　水温控制系统原理图

11. 图 1-12 是仓库大门自动控制系统原理示意图。试说明系统自动控制大门开闭的工作原理并画出系统方框图。

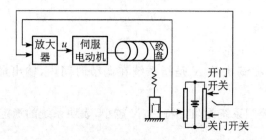

图 1-12　仓库大门自动开闭控制系统

12. 图 1-13 为瓦特蒸汽机的速度控制系统原理图，希望蒸汽机转速按要求可调。

(1) 指出系统的被控对象、被控量和给定量，画出系统方框图；

(2) 说明系统是如何将蒸汽机转速控制在希望值上的。

13. 图 1-14 是电炉温度控制系统原理示意图。试分析系统保持电炉温度恒定的工作过程，指出系统的被控对象、被控量以及各部件的作用，最后画出系统方框图。

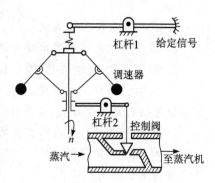

图 1-13　速度控制系统原理图

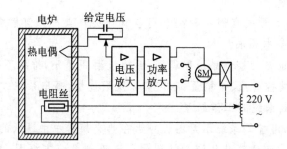

图 1-14　电炉温度控制系统原理图

14. 图 1-15 为数字计算机控制的机床刀具进给系统。要求将工件的加工编制成程序预先存入数字计算机，加工时，步进电机按照计算机给出的信息工作，完成加工任务。试说明该系统的工作原理。

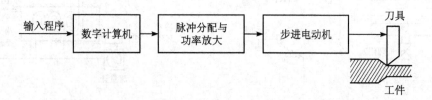

图 1-15　机床刀具进给系统

第2章 MATLAB 与机电控制系统仿真基础

系统仿真是根据被研究的真实系统的数学模型研究系统性能的一门学科,现在尤指利用计算机去研究数学模型行为的方法,即数值仿真。数值仿真的基本内容包括系统、模型、算法、计算机程序设计及仿真结果显示、分析与验证等环节。

在系统仿真技术的诸多环节中,算法和计算机程序设计是很重要的一个环节,它直接决定原来问题是否能够正确求解,而 MATLAB 正是解决这一问题的首选软件。本章对 MATLAB 的基本结构及其基本操作做一简要介绍。

2.1 MATLAB 基础知识

2.1.1 MATLAB 概述

1) MATLAB 的发展历程

MATLAB 名字由 MATrix 和 LABoratory 两词的前三个字母组合而成。1980 年前后,时任美国新墨西哥大学计算机科学系主任的 Cleve Moler 教授出于减轻学生编程负担的动机,为学生设计了一组调用 LIPACK(基于特征值计算的软件包)和 EISPACK(线性代数软件包)库程序的"通俗易用"的接口,此即用 FORTRAN 编写的萌芽状态的 MATLAB。

早期的 MATLAB 只能作矩阵运算,并且只能用星号描点的形式画图,内部函数也只有几十个。但即使其当时的功能十分简单,作为免费软件在大学里使用,仍深受大学生的喜爱。

1984 年 Cleve Moler 和 John Little 成立了 The MathWorks 公司,正式把 MATLAB 推向市场。1990 年在原有版本上作了进一步的改进,如增加了变量名、函数名、文件名的最大长度,改进了开发环境和外部接口等。目前 MATLAB 已经发展到了 7.0 版,但对于一般的仿真使用,MATLAB 6.x 的任何一种版本都是适用的。因此本教材主要介绍基于 MATLAB 6.x 的系统仿真,其内容基本适用于各种 MATLAB 6.x,并在需要之处介绍不同版本间的差异。

现在的 MATLAB 已经不仅仅是一个"矩阵实验室"了,它以强大的科学计算与可视化功能、简单易用、开放式可扩展环境、强大的 30 多种面向不同领域的工具箱支持,在科学研究和产品开发中有着广阔的前景和巨大的潜能,如:
- 数据分析;
- 数值和符号计算;
- 工程与科学绘图;
- 控制系统设计;

- 数字图像信号处理;
- 财务工程;
- 建模、仿真、原形开发;
- 应用开发;
- 图形用户界面设计。

2) MATLAB 的基本组成和特点

MATLAB 集计算、可视化及编程于一身。在 MATLAB 中,无论是问题的提出还是结果的表达都采用人们习惯的数学描述方法,而不需用传统的编程语言进行前后处理。这一特点使 MATLAB 成为数学分析、算法开发及应用程序开发的良好环境。

(1) MATLAB 的主要产品构成

MATLAB 产品由一系列的产品模块构成,简述如下:

- MATLAB

所有 The MathWorks 公司产品的数值分析和图形处理的基础环境。

- MATLAB Toolbox

这是一系列针对不同领域应用的各种专用的 MATLAB 函数库。工具箱是开放、可扩展的,用户可以查看其中的算法,或开发自己的算法。

- MATLAB Compiler

该编译器可将用 MATLAB 语言编写的 M 文件自动转换成 C 或 C++文件。结合 The MathWorks 公司提供的 C/C++数学库和图形库,用户可以利用 MATLAB 快速地开发出功能强大的独立应用。

- Simulink

这是一种结合了框图界面和交互仿真能力的极其简便的动态系统仿真工具。

- Stateflow

与 Simulink 框图模型相结合,描述复杂事件驱动系统的逻辑行为,驱动系统在不同的模式之间进行切换。

- Real-Time Workshop

直接从 Simulink 框图自动生成 C 或 ADA 代码,用于快速原型和硬件的回路仿真。

(2) MATLAB 语言的特点

MATLAB 语言被称为第四代计算机语言。正如第三代计算机语言(如 FORTRAN、C 等)使人们摆脱了计算机硬件的束缚一样,MATLAB 语言可帮助软件开发者从繁琐的程序代码中解放出来。MATLAB 的丰富的函数使开发者无需重复编程,只需简单的调用即可。MATLAB 语言有以下几个主要特点。

① 编程效率高

用 MATLAB 编写程序犹如在演算纸上排列公式,因此也通俗地称 MATLAB 语言为演算纸式科学算法语言。由于它编写简单,因而编程效率高,易学易用。

② 使用方便

MATLAB 语言是一种解释执行的语言,无须编译、连接,而是将编辑、编译、连接和执行融为一体;它能在同一界面上进行灵活操作,快速排除程序中的各类错误,从而加快了用户编写、修改和调试程序的速度。

③ 高效方便的科学计算

MATLAB 拥有 500 多种数学、统计及工程函数,可使用户立刻实现所需的强大的数学计算功能。由各领域的专家学者们开发的数值计算程序,使用了安全、成熟、可靠的算法,从而保证了最大的运算速度和可靠的结果。

④ 先进的可视化工具

MATLAB 提供功能强大的、交互式的二维和三维绘图功能,可使用户创建富有表现力的彩色图形。可视化工具包括:曲面渲染、线框图、伪彩图、光源、三维等位线图、图像显示、动画、体积可视化等。

⑤ 开放性、可扩展性强

MATLAB 所有核心文件和工具箱文件都是公开的、可读可写的源文件,是可见的 MATLAB 程序,所以用户可以查看源代码、检查算法的正确性,修改已存在的函数,或者加入自己的新部件,包括:

- 运行时动态连接外部 C 或 FORTRAN 应用函数
- 在独立 C 或 FORTRAN 程序中调用 MATLAB 函数
- 输入输出各种 MATLAB 及其他标准格式的数据文件
- 创建图文并茂的技术文档,包括 MATLAB 图形、命令,并可通过 Ms-Word 输出
- 特殊应用工具箱

MATLAB 的工具箱加强了对工程及科学中特殊应用的支持。工具箱也和 MATLAB 一样是完全用户化的,可扩展性强。将某个或某几个工具箱与 MATLAB 联合使用,可以得到一个功能强大的计算组合包,满足用户的特殊要求。

⑥ 高效仿真工具 Simulink

Simulink 是用来建模、分析和仿真各种动态系统的交互环境,包括连续系统、离散系统和混杂系统。Simulink 提供了采用鼠标拖放的方法建立系统框图模型的图形交互界面。通过 Simulink 提供的丰富的功能块,用户可以迅速地创建系统的模型,不需要书写一行代码。

3）MATLAB 操作界面

要进入 MATLAB 工作环境,只需点击 MATIAB 图标即可。MATLAB 6.1 版本以后的各种版本的操作界面大致相同,图 2-1 为 MATLAB 6.5 版本的界面,其操作界面上的通用窗口简介如下。

MATLAB 操作界面包括:命令窗口(Command Window)、工作空间窗口(Workspace)、当前路径窗口(Current Directory)、命令历史窗口(Command History)和启动平台(Launch Pad)5 个窗口。其中工作空间窗口(Workspace)和启动平台(Launch Pad)共用一个窗口;当前路径窗口(Current Directory)和命令历史窗口(Command History)共用一个窗口。

命令窗口(Command Window)——该窗是进行各种 MATLAB 操作的最主要窗口。在该窗内可键入各种送给 MATLAB 运作的指令、函数、表达式,并显示除图形外的所有运算结果。

工作空间窗口(Workspace)——是 MATLAB 用于存储各种变量和结果的内存空间。通过窗口可以观察数据名称、尺寸和数据类型等信息。

当前路径窗口(Current Directory)——用于显示及设置当前工作目录,同时显示当前

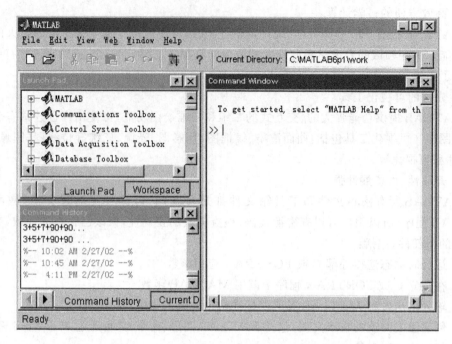

图 2-1　MATLAB 6.5 版本的默认操作界面

工作目录下的文件名、文件类型及目录的修改时间等信息。

　　命令历史窗口(Command History)——为记录已运行过的 MATLAB 命令而设计的,该窗口记录已运行过的命令、函数、表达式等信息;可以进行命令历史的查找、检查等工作;也可以在该窗口对命令历史进行复制及重运行。

　　启动平台(Launch Pad)——可以帮助用户方便地打开和调用 MATLAB 的各种程序、函数和帮助文件。可进行当前目录设置,展示、复制、编辑和运行相应目录下的 M 文件。

　　在 MATLAB 6.5 版本的界面上设有交互界面分类目录窗(Launch Pad),但点击该界面左下角的 Start ,在弹出的菜单上也可找到相应的内容。

　　4) Command Window 运行

　　MATLAB 指令窗默认位于 MATLAB 桌面的右方,点击该指令窗右上角的 键,就可获得图 2-2 所示的独立指令窗。若要让独立指令窗缩回桌面,则只要选中指令窗的【view:Dock Command Window】下拉菜单项即可。

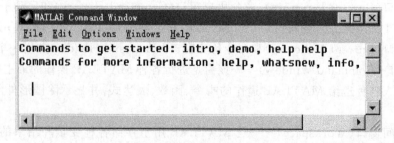

图 2-2　MATLAB 桌面上的独立指令窗

2.1.2　常用 MATLAB 基本操作

1) MATLAB 的数据操作

（1）数值的表示

采用十进制，可以带小数点或负号。

例如：

0－100　0.08　1.6e－8

ans＝4.2000

（2）基本运算符

MATLAB 可以识别一般常用的加"＋"，减"－"，乘"＊"，除"/"或"\"的运算符号，以及幂次运算符号"∧"。

（3）表达式

表达式由变量名、运算符和函数名组成，将按常规相同的优先级自左至右执行运算。

优先级的规定：指数、乘除、加减，括号可改变运算的次序。

（4）基本运算

在 MATLAB 下进行基本数学运算，只需将运算式直接在命令窗口中提示号"＞＞"后键入，并按 Enter 键即可。

【例 2-1】　在 MATLAB 命令窗口中键入"（5＊2＋1.3－0.8）＊10/25"，并按 Enter 键。将得到"ans＝4.2000"的显示。

若想将上述运算式的结果设定给另一个变量 x，则改成键入"x＝（5＊2＋1.3－0.8）＊10/25"，将得到"x＝4.2000"的显示。

若不想让 MATLAB 每步计算都显示运算结果，只需在运算式结束处加上分号（;）即可。

例如，"y＝sin(10)＊exp(－0.3＊4∧2);"。若要显示变量 y 的值，直接键入"y"，并按 Enter 键即可。

（5）MATLAB 常用的基本数学函数

MATLAB 中常用的数学函数可参见表 2-1。

表 2-1　MATLAB 中常用的数学函数

abs(x)	纯量的绝对值或向量的长度
angle(z)	复数 z 的相角（Phase angle）
sqrt(x)	开平方
real(z)	复数 z 的实部
imag(z)	复数 z 的虚部
conj(z)	复数 z 的共轭复数
sign(x)	符号函数（Signal function），当 $x<0$ 时，$\mathrm{sign}(x)=-1$；当 $x=0$ 时，$\mathrm{sign}(x)=0$；当 $x>0$ 时，$\mathrm{sign}(x)=1$
sin(x)	正弦函数
cos(x)	余弦函数
tan(x)	正切函数

2）变量

（1）变量命名的规则

① 第一个字母必须是英文字母；

② 字母间不可留空格；

③ 最多只能有 19 个字母。

（2）变量可用来存放向量或矩阵，并进行各种运算，可通过更改、增加或删除向量的元素来改变变量值。

① 列向量（Row vector）运算

【例 2-2】　x＝[1 3 5 2]；y＝2＊x＋1

解：得到的结果为：

$$y＝3\quad 7\quad 11\quad 5$$

② 更改、增加或删除向量的元素

【例 2-3】　x＝[1 3 5 2]；y＝2＊x＋1；y(3)＝2％；

得到的结果为：

$$y＝3\quad 7\quad 2\quad 5$$

$$y(6)＝10\%；$$

得到的结果为：

$$y＝3\quad 7\quad 2\quad 5\quad 0\quad 10$$

得到的结果为：

$$y(4)＝[\ ]\%$$

$$y＝3\quad 7\quad 2\quad 0\quad 10$$

由运行结果可知：y(3)＝2％,更改第三个元素；y(6)＝10％加入第六个元素；y(4)＝[ ]％删除第四个元素。

（3）向量的建立。

【例 2-4】　试产生 7 至 16 公差为 1 的等差数列。

解：在 MATLAB 命令窗口中键入"x＝7:16"，并按 Enter 键，得到的结果为：

　　X＝

　　　7　8　9　10　11　12　13　14　15　16

【例 2-5】　试产生 7 至 16 公差为 3 的等差数列。

解：在 MATLAB 命令窗口中键入"x＝7:3:16"，并按 Enter 键，得到的结果为：

　　X＝

　　　7　10　13　16

上两例中，冒号":"起到了表示范围和间隔的作用。

（4）利用 linspace 函数来产生任意的等差数列。

语法构成

y＝linspace(a，b)//包括 a、b 在内的 100 个线性等分向量；

y＝linspace(a，b，n)//包括 a、b 在内的 n 个线性等分向量。

【例 2-6】 试产生首项为 4，末项为 10，项数为 6 的等差数列。

解： 在 MATLAB 命令窗口中键入"x＝linspace(4，10，6)"，得到的结果为：

    x＝

      4.0000　5.2000　6.4000　7.6000　8.8000　10.0000

（5）计算向量元素个数及最大值、最小值函数：length()，max()，min()。

【例 2-7】 试求例 2-6 得到的向量 x 的元素个数及最大值、最小值。

解： 在 MATLAB 命令窗口中分别键入"length(x)"、"max(x)"和"min(x)"，得到的结果为：

    length(x)

    ans＝

      6

    max(x)

    ans＝

      10

    min(x)

    ans＝

      4

（6）复数的输入

【例 2-8】 在 MATLAB 命令窗口中键入 z＝1＋2i，得到的结果为：

    z＝

      1.0000＋2.0000i

2.1.3　矩阵

1）矩阵的定义

由 m 行 n 列构成的数组称为 $(m \times n)$ 阶矩阵；用"[ ]"方括号定义矩阵；用逗号或空格号分隔矩阵列元素；分号或"Enter"回车键分隔矩阵行数值。

注：矩阵元素可以为数值、变量、表达式或字符串；如为数值与变量得先赋值，表达式和变量可以以任何组合形式出现，字符串必须每一行中的字母个数相等。

2）命令行的基本操作

（1）创建矩阵的方法

① 直接输入法

输入遵循的规则：

a. 矩阵元素必须用[ ]括住；

b. 矩阵元素必须用逗号或空格分隔；

c. 在[ ]内矩阵的行与行之间必须用分号分隔。

矩阵元素可以是任何 MATLAB 表达式,可以是实数,也可以是复数,复数可用特殊函数 i,j 输入。例如:

a＝[1 2 3;4 5 6]

x＝[2 pi/2;sqrt(3) 3＋5i]

逗号和分号的作用:

- 逗号和分号可作为指令间的分隔符,MATLAB 允许多条语句在同一行出现。
- 分号如果出现在指令后,屏幕上将不显示结果。

注意:只要是赋过值的变量,不管是否在屏幕上显示过,都存储在工作空间中,以后可随时显示或调用。变量名尽可能不要重复,否则会被覆盖。

当一个指令或矩阵太长时,可用…续行

冒号的作用:

- 用于生成等间隔的向量,默认间隔为 1。
- 用于选出矩阵指定行、列及元素。
- 循环语句

② 用 MATLAB 函数创建矩阵

常用的矩阵函数如表 2-2 所示。

表 2-2　常用的矩阵函数

函数命令	说　　明
size(a) [d1, d2, d3…]＝size(a)	求矩阵的大小,对 $m*n$ 二维矩阵,第一个为行数 m,第二个为列数 n 对多维矩阵,第 N 个为矩阵第 N 维的长度
rot90(a) rot90(a, k)	矩阵逆时针旋转 90 度(把你的头顺时针旋转 90 度看原数就可以知道结果了) k 参数定义为逆时针旋转 90 * k 度
eye(a) eye(a, k)	生成 a 阶单位方阵 k 参数设置为生成 $n×k$ 阶单位矩阵,即生成 a 阶单位方阵后,取前 k 列,不足补 0
ones(a) ones(a, k)	生成 a 阶全 1 方阵 k 参数设置生成 $a×k$ 阶全 1 矩阵
zeros(a) zeros(a, k)	生成 a 阶全 0 方阵 k 参数设置生成 $a×k$ 阶全 0 矩阵
inv(a)	生成 a 的逆矩阵

(2) 矩阵的修改

① 直接修改

可用↑键找到所要修改的矩阵,用←键移动到要修改的矩阵元素上即可修改。

② 指令修改

可以用 A(＊,＊)＝＊来修改。

【例 2-9】　已知矩阵 $a＝[1 2 0;3 0 5;7 8 9]$,修改 $a(3,3)$ 的元素。

解:在 MATLAB 命令窗口中键入 a＝[1 2 0;3 0 5;7 8 9],a(3,3)＝0

得到的结果为:

$$a = \begin{matrix} 1 & 2 & 0 \\ 3 & 0 & 5 \\ 7 & 8 & 0 \end{matrix}$$

3）矩阵运算函数

（1）加减

$C = A \pm B$（MATLAB 格式）两矩阵相加减，要求两矩阵具有相同的行数，相同的列数。

【例 2-10】　已知 $A = [1, 2; 3, 4]$；$B = [5, 6; 7, 8]$；求 $C = A + B$。

解：在 MATLAB 命令窗口中键入

A=[1,2;3,4];

B=[5,6;7,8];

C=A+B

得到的结果为：

C=

$$\begin{matrix} 6 & 8 \\ 10 & 12 \end{matrix}$$

（2）乘

① $C = k * A$　常数 k 与矩阵 A 相乘，将 A 的每个元素都乘以 k。

② $C = A * B$　两矩阵 A，B 相乘，要求两个矩阵的相邻阶数相等。

（3）除

① $C = A/B$　右除——要求 B 与 A 相邻阶数相等。

② $C = A \backslash B$　左除——要求 B 与 A 相邻阶数相等。

（4）幂

$C = A ^ n$　矩阵的 n 次幂运算，等于矩阵自相乘 n 次，要求矩阵为方阵。

（5）点运算

MATLAB 中点运算"．"指同阶矩阵中每个对应元素进行的算术运算，标量常数可以和矩阵进行任何点运算。

① $C = A . * B$　点乘——两矩阵（或向量）对应相关元素相乘，要求两矩阵同阶。

② $C = A . / B$　点右除——点除结果为 A 对应元素除以 B 对应元素；

　$C = A . \backslash B$　点左除——点除结果为 B 对应元素除以 A 对应元素。

矩阵（或向量）中各个元素独立的除运算，要求两矩阵同阶。

③ $C = A . ^ B$　点幂——矩阵（或向量）中各个元素独立的幂运算，要求两矩阵同阶。

【例 2-11】　点运算。设矩阵赋值与例 2-10 相同，求 $C = A . \backslash B$。

解：点运算的操作及运算结果如下：

C=

$$\begin{matrix} 5.000 & 3.000 \\ 2.333 & 2.000 \end{matrix}$$

2.1.4　基本二维平面绘图命令

MATLAB 不但擅长于矩阵相关的数值运算，也擅长于数据的可视化。下面将介绍

MATLAB基本二维绘图命令,包含一维曲线及二维曲面的绘制、打印及存档。

1) plot(x, y)——绘制二维曲线的基本函数

plot的功能:

plot命令自动打开一个图形窗口 Figure,用直线连接相邻两数据点来绘制图形。根据图形坐标大小自动缩扩坐标轴,将数据标尺及单位标注自动加到两个坐标轴上,可自定坐标轴,可把 x, y 轴用对数坐标表示。

【例 2-12】 绘制一条正弦曲线。

解:在 MATLAB 命令窗口中键入"x = linspace(0, 2 * pi, 100); y = sin(x); plot(x, y)",即定义了 100 个点的 x 坐标和对应的正弦函数关系的 y 坐标,将得到如图 2-3 所示的结果。

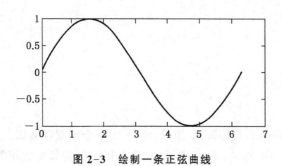

图 2-3　绘制一条正弦曲线

2) plot(x)—— x 可以是向量或矩阵

【例 2-13】 单向量绘图。

解:在 MATLAB 命令窗口中键入"x=[1, 2, 3, 4, 5, 6]; plot(x)",将得到如图 2-4 所示的结果。

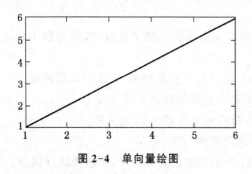

图 2-4　单向量绘图

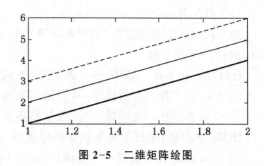

图 2-5　二维矩阵绘图

【例 2-14】 二维矩阵绘图。

解:在 MATLAB 命令窗口中键入"x=[1, 2, 3; 4, 5, 6]; plot(x)",将得到如图 2-5 所示的结果。

3) plot(x, y,′参数′)—— 单曲线绘图参数选择

参数选项为一字符串,它可确定二维图形的若干属性——颜色、线型及数据点的图标。属性的先后顺序没有关系,可以只指定一个或两个。plot绘图函数的参数选项如表 2-3 所示。

表 2-3　线型、记号、颜色各选项的含义

线型、记号选项	含　义	颜色选项	含　义
—.	点虚线	y	黄色
— —	虚线	b	蓝色
—	实线	w	白色
:	点画线	g	绿色
。	用圆圈绘制个数据点	r	红色
×	用叉号绘制个数据点	c	亮青色
·	用点号绘制个数据点	k	黑色
+	用加号绘制个数据点	m	洋红色
*	用星号绘制个数据点		

【例 2-15】　用蓝色、点画线、星号画出正弦曲线。

解：在 MATLAB 命令窗口中键入"x＝0：0.1：4；y＝sin(x)；plot(x, y, ′b-. * ′)"，将得到如图 2-6 所示的结果。

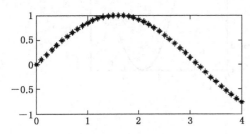

图 2-6　用蓝色、点画线、星号画出正弦曲线　　　　图 2-7　多曲线绘图

4）plot(x1, y1, ′参数 1′, x2, y2, ′参数 2′, …)——多曲线绘图参数选择

可以用同一函数在同一坐标系中画多幅图形，x1、y1 确定第一条曲线的坐标值，参数 1 为第一条曲线的参数选项，以此类推。

【例 2-16】　分别用符号'——·''·''—'画出正弦曲线。

解：在 MATLAB 命令窗口中键入"x＝0：pi/100：2 * pi；y1＝sin(x)；y2＝sin(x＋0.25)；y3＝sin(x＋0.5)；plot(x, y1, ′y：′, x, y2, ′m-′, x, y3, ′c—′)"，将得到如图 2-7 所示的结果

5）图形窗口的分割函数 Subplot(m, n, p)

函数 Subplot(m, n, p)将当前窗口分割成 *m* 行 *n* 列区域，并指定第 *p* 个编号区域为当前绘图区域。

【例 2-17】　将三个正弦波形 sin x, sin(x＋0.25), sin(x＋0.5)分别按 3 行 1 列或 2 行 2 列表示。

解：在 MATLAB 命令窗口中键入"x＝0：pi/100：2 * pi；y1＝sin(x)；y2＝sin(x＋0.25)；y3＝sin(x＋0.5)；subplot(311)；plot(x, y1)；subplot(312)；plot(x, y2)；

subplot(313); plot(x, y3);"，将得到如图 2-8 所示的结果，可见图形分成三行一列。

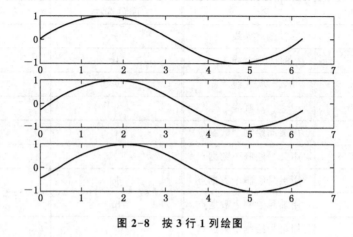

图 2-8　按 3 行 1 列绘图

如果绘图命令改为"subplot(221); plot(x, y1); subplot(222); plot(x, y2); subplot(223); plot(x, y3);"，则图形变为如图 2-9 所示的结果，可见图形改成两行两列。

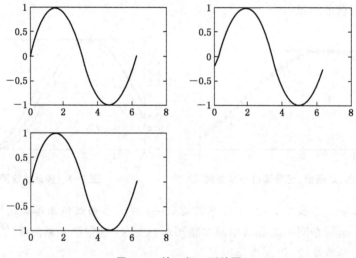

图 2-9　按 2 行 2 列绘图

6）图形坐标轴的调整

（1）坐标轴比例控制：axis([x_{min} x_{max} y_{min} y_{max}])。将图形的 x 轴范围限定在([x_{min} x_{max}])之间，y 轴限定在([y_{min} y_{max}])之间。相当于对原图进行放大或缩小处理。

（2）坐标轴特性控制：axis('控制字符串')。坐标轴特性控制用的"控制字符串"参见表 2-4。

表 2-4　axis 控制字符串

控制字符串	函数功能	控制字符串	函数功能
Auto	自动设置坐标系（默认）	Equal	将图形的 x, y 坐标轴的单位刻度设置为相等
square	将图形设置为正方形	normal	关闭 axis(square) 和 axis(equal) 函数的作用

（3）文字标示

Title('字符串')——图形标题。

xlabel('字符串')—— x 轴标注。

ylabel('字符串')—— y 轴标注。

text(x，y，'字符串')——在坐标(x，y)处标注说明文字。

gtext('字符串')——在特定处标注说明文字。

【例 2-18】　在图形上对坐标轴比例、特性进行控制；并标注图形标题，在曲线过零点作出文字标示（如图 2-10 所示）。

解：在 MATLAB 命令窗口中键入"x＝0:0.1:100；y＝sin(x)；plot(x，y)按 Enter 键回车；x＝0:0.05:2 * pi；y＝sin(x)；plot(x，y)按 Enter 键回车；axis([0 3 * pi －2 2])；axis('square')；title('改变标注点的正弦曲线')；xlabel('x 轴')；ylabel('y 轴')；gtext('y 等于零的点')按 Enter 键回车"，将得到如图 2-10 所示的结果

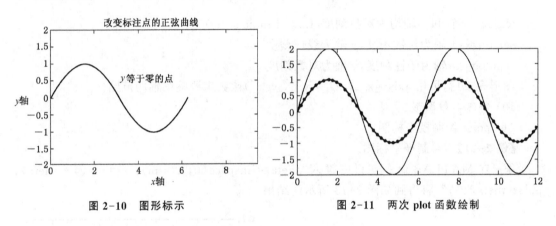

图 2-10　图形标示　　　　　　图 2-11　两次 plot 函数绘制

7）图形的保持、填充和网格控制

Hold on ——保持当前图形及轴系的所有特性。

Hold off ——解除 hold on 函数。

【例 2-19】　在同一个窗口，使用两次 plot 函数绘制出两条曲线。

解：在 MATLAB 命令窗口中键入"x＝0:0.2:12；plot(x，sin(x)，'.-')按 Enter 键回车；hold on 按 Enter 键回车；plot(x，2 * sin(x)，':')按 Enter 键回车"，将得到如图 2-11 所示的结果。

8）图形的填充和网格控制

Grid on ——在所画的图形中添加网格线。

Grid off ——在所画的图形中去掉网格线。

Fill(x，y，'color')——用指定颜色填充由数据所构成的多边形。

【例 2-20】　绘制余弦曲线，并用红色填充。

解：在 MATLAB 命令窗口中键入"x＝0:0.2:12；y＝cos(x)；fill(x，y，'r')按 Enter 键回车"，将得到如图 2-12 所示的结果。

9）特殊坐标二维图形

plot：x 轴和 y 轴均为线性刻度（Linear scale）

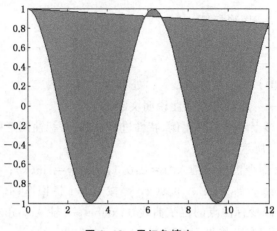

图 2-12　用红色填充

loglog：x 轴和 y 轴均为对数刻度（Logarithmic scale）

semilogx：x 轴为对数刻度，y 轴为线性刻度

semilogy：x 轴为线性刻度，y 轴为对数刻度

图形完成后，可用 axis（[x_{min}，x_{max}，y_{min}，y_{max}]）函数来调整图轴的范围。

10）特殊二维图形

（1）polar 绘制极坐标图。

【例 2-21】　绘制极坐标图。

解：在 MATLAB 命令窗口中键入"theta＝linspace（0，2＊pi）；r＝cos（4＊theta）；polar（theta，r）；"，将得到如图 2-13 所示的结果。

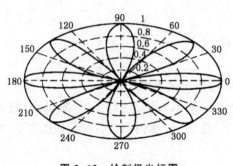

图 2-13　绘制极坐标图

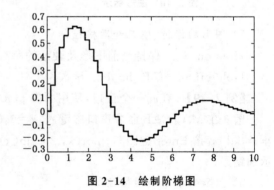

图 2-14　绘制阶梯图

（2）stairs 绘制阶梯图。

【例 2-22】　绘制阶梯图。

解：在 MATLAB 命令窗口中键入"x＝linspace（0，10，50）；y＝sin（x）.＊exp（－x/3）；stairs（x，y）；"。将得到如图 2-14 所示的结果。

2.1.5　MATLAB 编程

1）M 文件的建立

M 文件是一个文本文件，它可以用任何编辑程序来建立和编辑。最方便的还是使用

MATLAB 提供的文本编辑器,因为 MATLAB 文本编辑器具有编辑与调试两种功能。建立 M 文件只要启动文本编辑器,在文档窗口中输入 M 文件的内容,然后保存即可。启动文本编辑器有三种方法:

(1) 菜单操作:从 MATLAB 操作桌面的"File"菜单中选择"New"菜单项,再选择"M-file"命令,屏幕将出现 MATLAB 文本编辑器的窗口。

(2) 命令操作:在 MATLAB 命令窗口输入命令"edit",按<Enter>键后,即可启动 MATLAB 文本编辑器。

(3) 命令按钮操作:单击 MATLAB 命令窗口工具栏上的新建命令按钮,启动 MAT-LAB 文本编辑器后,文本编辑器窗口如图 2-15 所示。

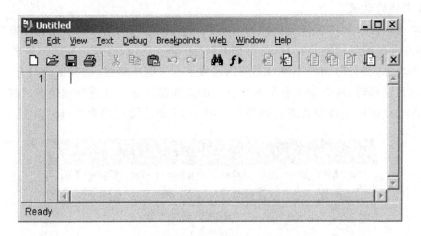

图 2-15　MATLAB 文本编辑器

【例 2-23】　编写一个 M 文件,它的功能是将变量 a, b 值互换。

解:打开文本编辑器,输入程序 2-1 所示内容后,按 <F5>或在 Debug 菜单中选择"Save and Run"命令项,以文件名"example. M"存盘。运行该程序将得到图 2-16 所示结果。

程序 2-1 　(example. M)

图 2-16　例 2-23 结果

clear	%清除工作空间变量
clc	%清屏幕
a=[1 3 4 7 9];	%建立 a 矩阵
b=[2 4 6 8 10];	%建立 b 矩阵
c=a	%矩阵 a 与矩阵 b 交换,设中间变量 c
a=b	
b=c	
a	%输出 a 矩阵、b 矩阵
b	

2）打开已有的 M 文件

有三种方式：

（1）菜单操作：在 MATLAB 命令窗口的"File"菜单中选择"Open"命令，则屏幕出现"Open"对话框，在文件名对话框中选中所需打开的 M 文件名。

（2）命令操作：在 MATLAB 命令窗口输入命令"edit＜文件名＞"，按＜Enter＞键后，则可打开指定的 M 文件。待仿真系统软件的有效性验证通过后，才可进入改变参数的系统特性仿真研究。

（3）命令按钮操作：单击 MATLAB 命令窗口工具栏上的打开命令按钮，再从弹出的对话框中选择所需打开的文件名。

3）M 文件的调试

在文本编辑窗口菜单栏和工具栏的下面有三个区域，右侧的大区域是程序窗口，用于编写程序；最左面区域显示的是行号，每行都有数字，包括空行，行号是自动出现的，随着命令行的增加而增加；在行号和程序窗口之间的区域上有一些小横线，这些横线只有可执行行上才有，而空行、注释行、函数定义行等非执行行的前面都没有。在进行程序调试时，可以直接在这些程序上点击鼠标以设置或去掉断点。图 2-17 中的圆点即为断点。

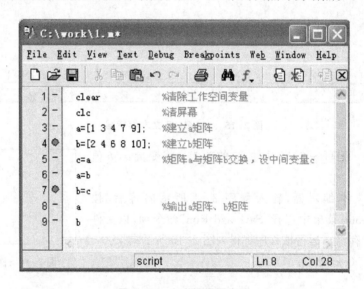

图 2-17 文本编辑器窗口

2.2 仿真集成环境 Simulink

Simulink 中的"Simu"一词表示可用于计算机仿真，而"link"一词表示它能进行系统连接，即把一系列模块连接起来，构成复杂的系统模型。作为 MATLAB 的一个重要组成部分，Simulink 由于它所具有的上述的两大功能和特色，以及所提供的可视化仿真环境、快捷简便的操作方法，而使其成为目前最受欢迎的仿真软件。

本节主要介绍 Simulink 的基本功能和基本操作方法，并通过举例介绍如何利用 Simulink 进行系统建模和仿真。

2.2.1　Simulink 的基本操作

利用 Simulink 进行系统仿真的步骤是：

- 启动 Simulink,打开 Simulink 模块库；
- 打开空白模型窗口；
- 建立 Simulink 仿真模型；
- 设置仿真参数,进行仿真；
- 输出仿真结果。

1) 启动 Simulink

点击 MATLAB Command 窗口工具条上的 Simulink 图标,或者在 MATLAB 命令窗口输入 simulink,即弹出图 2-18 所示的模块库窗口界面(Simulink Library Browser)。该界面右边的窗口给出 Simulink 所有的子模块库。

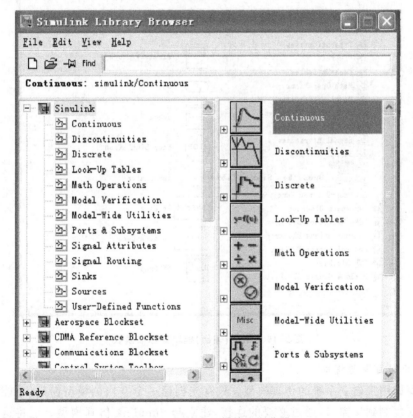

图 2-18　Simulink 模块库浏览器

Simulink 4.1 的模块库包含 10 个子模块库,Simulink 5.0 则包含 15 个子模块库。常用的子模块库有 Sources(信号源),Sink(显示输出),Continuous(线性连续系统),Discrete(线性离散系统),Function&Table(函数与表格,在 Simulink 5.0 中分别为两个子库),Math(数学运算),Nonlinear(非线性,在 Simulink 5.0 中则为不连续性：Discontinuities),Signal&Systems(信号和系统,在 Simulink 5.0 中分成 Signal Attributes 和 Signal Routing

两个子库)以及 Blocksets&Toolboxes(模具组与工具箱),Demo(演示)等。

每个子模块库中包含有同类型的标准模型,这些标准模块可直接用于建立系统的 Simulink框图模型。可按以下方法打开子模块库:

用鼠标左键点击某子模块库,Simulink 浏览器右边的窗口即显示该子模块库包含的全部标准模块。

用鼠标右键点击 Simulink 菜单项,则弹出一菜单条,点击该菜单条即弹出该子库的标准模块窗口。如单击图 2-19 中的【Sinks】,出现"Open the'Sinks'Library"菜单条,单击该菜单条,则弹出图 2-19 右侧窗口所示的该子库的标准模块窗口。

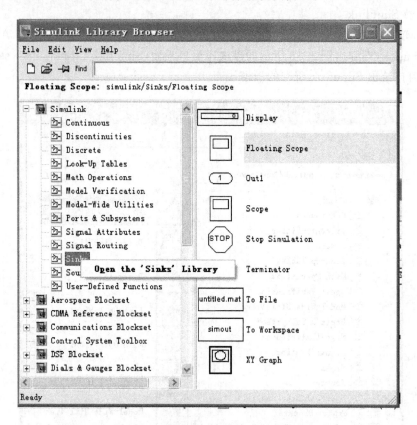

图 2-19 Sinks(输出)模块库标准模块

2) 打开空白模型窗口

模型窗口用来建立系统的仿真模型。只有先创建一个空白的模型窗口,才能将模块库的相应模块复制到该窗口,通过必要的连接,建立起 Simulink 仿真模型。也将这种窗口称为 Simulink 仿真模型窗口。

以下方法可用于打开一个空白模型窗口:

• 在 MATLAB 主界面中选择【File:New—Model】菜单项;

• 点击模块库浏览器的新建图标 ;

• 选中模块库浏览器的【File:New—Model】菜单项。

所打开的空白模型窗口如图 2-20 所示。

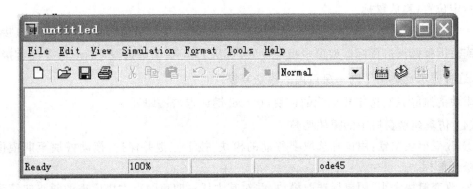

图 2-20　Simulink 空白模型窗口

3）建立 Simulink 仿真模型

（1）打开相应的 Simulink 模型库的子库

（2）在打开的子库中选取所需的模块

在 Simulink 子模块库窗口内，用鼠标左键点击所需模块图标，图标四角出现黑色小方点，表明该模块已经选中，如图 2-21 中表示选中积分模块。可以一次选取同一子库的多个模块。

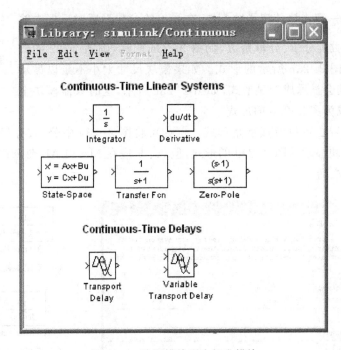

图 2-21　选取模块库中标准模块

（3）模块复制及删除

从 Simulink 模块库、子模块库或其他模型窗口中复制所需的模块并移动至自己的 Simulink 仿真模型窗口的过程，称为模块复制。模块的复制方法有：

• 在模块库或其他模型窗口中选中模块后，按住鼠标左键不放并移动鼠标至目标模型窗口指定位置,释放鼠标。

• 在模块库或其他模型窗口中选中模块后,从 Edit 菜单中选取 Copy 命令或直接点击图标 ；用鼠标点击目标模型窗中指定位置,再从 Edit 菜单中选取 Paste 命令或直接点击 。这种方法也适用于同一窗口内的模块复制。

模块的删除只需选定要删除的模块,按 Del 键或点击 即可。

(4) 仿真模型窗口中的模块调整

① 改变模块位置:用鼠标选取要移动的模块,按下左键并保持,拖动模块至期望位置,然后松开鼠标。

② 改变模块大小:用鼠标选取模块,并对其中任一四角的小方块出现的斜双向箭头,拖动鼠标即可改变模块大小。

③ 改变模块方向:使模块输入输出端口的方向改变。选中模块后,选取菜单【Format:Rotate Block】,可使模块旋转 90°,或按快捷键 Ctrl+R,结果相同。

(5) 模块参数设置

用鼠标双击指定模块图标,打开模块参数设置对话框,根据对话框栏目中提供的信息进行参数设置或修改。

例如要将仿真模型窗口中的标准传递函数模块,如图 2-22 所示,设置为 $\dfrac{10}{s^2+1.4s+10}$,双击该传递函数模块,在弹出的参数设置对话框中输入实际的传递函数的分子、分母系数,如图 2-23a 所示,则图 2-22 的传递函数模块变成图 2-23b 所示的形式。如果模块尺寸太小不足以显示该传递函数时,则会显示成变量形式,如图 2-23c 所示,这时只需模块至合适大小,即可成为图 2-23b 的形式。

图 2-22 标准传递函数模块

模块参数设置也可设置成变量形式。例如可将图 2-23a 中分子、分母分别设置成 A、B,则传递函数模块显示为图 2-23d 的形式,但 A、B 应在 MATLAB 命令窗口预先定义,否则该模块不能被激活。

(a) 参数设置对话框

(b) 确定参数显示

(c) 变量形式显示

(d) 变量设置形式显示

图 2-23 模块参数设置

（6）模块的连接

模块之间的连接线是信号线，表示标量或向量信号的传输，连接线的箭头表示信号流向。连接线将一个模块的输出端与另一模块的输入端连接起来，也可用分支线把一个模块的输出端与几个模块的输入端连接起来。

- 模块间连接线的生成方法：将鼠标置于某模块的输出端口（显示一个十字光标），按下鼠标左键拖动鼠标至另一模块的输入端口释放。也可采用快速连接法：选取源模块后，按住 Ctrl 键，再用鼠标左键点击目标模块，则两模块自动连接。

- 分支线的生成方法：将鼠标置于分支点；按下鼠标右键，看到光标变为十字（或者按住 Ctrl 键，再按下鼠标左键）；拖动鼠标至另一模块的输入端口释放。

（7）模块文件的取名和保存

新创建的模型窗口是未命名的（见图 2-20），为了使建好的 Simulink 仿真模型能够重复使用，可以将其保存为 Simulink 模块文件.mdl。具体方法是：选择模型窗口菜单【File：Save as】后，弹出一个"Save as"对话框，填写模型文件名，按"保存"键即可。

[说明] 模块的修改、调整、连接通常只能在仿真模型窗口中进行，不要直接对模块库中的模块进行修改或调整。

4）系统仿真运行

运行已经建立好的 Simulink 仿真模型有两种方式：一是直接在 Simulink 模型窗口下仿真，二是在 MATLAB 命令窗口下运行。

（1）Simulink 模型窗口下仿真

Simulink 模型窗口下仿真是最简单的仿真运行方式。具体步骤如下：在已建立系统模型框图的 Simulink 模型窗口，选取菜单后，即完成仿真参数设置（若不设置仿真参数，则采用 Simulink 默认设置）。

① 打开 Simulink 仿真模型窗口，或打开指定的.mdl 文件；

② 在模型窗口选取菜单【Simulation：Parameters】，弹出"Simulation Parameters"对话框，设置仿真参数，然后按【OK】即可（有关仿真参数的具体设置 Simulink 环境下的仿真运行）；

③ 在模型窗口选取菜单【Simulation：Start】，仿真开始，至设置的仿真终止时间，仿真结束；若在仿真过程中要中止仿真，可选择【Simulation：Stop】菜单；也可直接点击模型窗口中的 ▶（或 ■）启动（或停止）仿真。

（2）MATLAB 命令窗口下的仿真运行

如果要在一个 M 文件中运行一个已经建立好的 Simulink 模型，可用以下方式进行调用，其格式为：

[t, x, y]＝sim('model', timespan, option, ut)

[说明]

- t 为返回的仿真时间向量；x 为返回的状态矩阵；y 为返回的输出矩阵，矩阵中的每一列对应一个输出端口（Output）的输出数据，若模型中无输出端口，则该项为空矩阵；model 为系统 Simulink 模型文件名；timespan 为仿真时间；option 为仿真参数选择项，由 SIMSET 设置；ut 为选择外部产生输入，ut＝[T, u1, …, un]。

- 上述参数中，timespan, option, ut 通常省略，这时仿真参数由框图模型窗口的对话框"Simulation. Parameters"设置。

有关 sim()指令的具体使用可参见帮助文件。

5）仿真结果的输出和保存

Simulink 提供以下 3 种方式观察、保存仿真的过程和结果,在 2.2.2 节中将对有关模块进行详细介绍。

（1）利用 Scope 模块

Scope 模块在 Sinks 模块库中,主要用于在模型窗口内实时显示信号的动态过程。也可利用 Scope 模块输出数据到工作空间。

（2）利用 Out 模块

Out 模块在 Signal&Systems 模块库(对于 Simulink 5.0,则在 Sinks 模块库)中,该模块可实现将仿真数据保存在 MATLAB 工作空间中,供调用和分析,常与 sim 指令配合使用。

（3）利用 To Workspace 模块

To Workspace 模块也在 Sinks 模块库中,它也可以输出系统中的任何一个信号至MATLAB 工作空间。

2.2.2 模块库和系统仿真

Simulink 仿真软件的优势在于其建立仿真模型的快捷、方便,其建模过程简单,只需将模块库里的模块拼搭在一起。本节重点介绍一些常用的 Simulink 模块库、模块库中常用的模块及其一般的使用方法。

1）Simulink 模块库

虽然不同版本的 Simulink 模块库的构成略有不同,但只要熟悉其中任何一个版本,就能够熟练使用其他版本的 Simulink。一般来讲,高版本的 Simulink 模块库的内容更为丰富,层次更加清晰,使用更为方便。

（1）Sources 库

Sources 库也可称为信号源库,该库包含了可向仿真模型提供信号的模块。它没有输入口,但至少有一个输出口。表 2-5 列出了一些常用的信号源库的模块。

表 2-5 Sources 库常用模块

名 称	图 标	功 能	说 明
Constant	1 Constant	恒值输出	产生一个常数值(提供一个恒值信号),该数值可设置
From File	untitled. mat From File	从文件读数据	从 MAT 文件获取信号矩阵。信号以行存放,第一行为时间,其余每行存放一个信号序列
From Workspace	simin From Workspace	从工作空间读数据	以列方式存放的信号矩阵[T, U]必须存在于MATLAB 工作空间。T 为时间列向量;U 是与 T 行数相等的矩阵,每列为一个信号序列
In[①]	1 In 1	输入端口	表示系统的输入端子,用于接受工作空间及其他系统模型传来的数据

名　称	图　标	功　能	说　明
Signal Generator	Signal Generator	信号发生器	可通过设置产生不同幅值、周期的正弦、方波、锯齿波和随机波信号
Sine Wave	Sine Wave	输出正弦波	可设置正弦波的幅值、相位、频率
Step	Step	输出阶跃信号	阶跃时刻、阶跃前后的幅值可设置

① 在较早的版本中，In 模块位于信号与系统库中。

在该表中的每一个图标都是一个信号模块，这些模块均可拷贝到用户的模型窗里。用户可以在模型窗里根据自己的需要对模块的参数进行设置。

（2）Sinks 库

该库包含了显示和输出 Simulink 仿真过程和结果的模块。该库的常用模块如表 2-6 所示，其中的示波器将作专门介绍。

① Sinks 库一览表　Sinks 库常用模块如表 2-6 所示。

表 2-6　Sinks 库常用模块

名　称	图　标	功　能	说　明
Display	Display	数值显示	Format 栏设置显示数值格式；Decimation 栏设置显示数据的抽选频度，n 为隔（$n-1$）点显示；Sample time 栏设置显示时间间隔
Out①	Out1	输出端口	表示系统的输出端子，用于传递数据给工作空间或其他系统模型
Scope	Scope	示波器	显示实时信号
Stop	STOP Stop Simulation	终止仿真	可接受向量输入，任何分量非零时就结束仿真
Terminator	Terminator	信号终结	连接到输出闲置的模块输出端，可避免出现警告
To File	untitled. mat To File	写数据到文件	以行方式保存时间或信号序列到以带扩展名 MAT 的数据文件，可设置抽取频度
To Workspace	simout To Workspace	写数据到工作空间里定义的矩阵变量	以列方式保存时间或信号序列
XY Graph	XY Graph	X-Y 绘图仪	将两路输入分别作为示波器的两个坐标轴，可绘制信号的相轨迹，可设置 X、Y 轴的坐标范围

② 示波器

• 示波器窗的工具条(见图 2-24)。

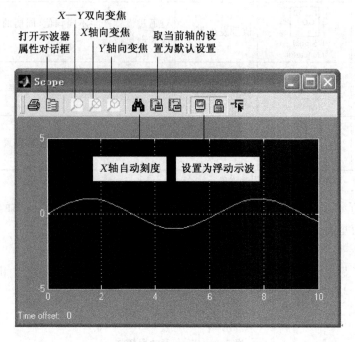

图 2-24　示波器窗口

• 示波器属性对话框　该对话框有两页;第一页为 General 页(图 2-25);第二页为 Data history 页(图 2-26)。

• 示波器纵坐标设置　在示波器坐标框内点击鼠标右键,弹出一个现场菜单;选中【Axes properties】菜单项;引出纵坐标设置对话框,如图 2-27 所示,可填上所希望的纵轴下、上限及图形标题。

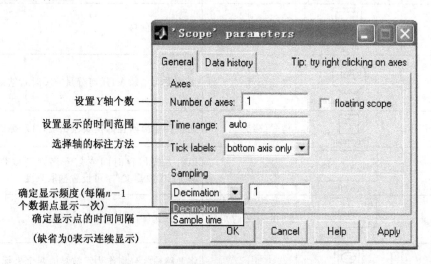

图 2-25　示波器属性对话框 General 页

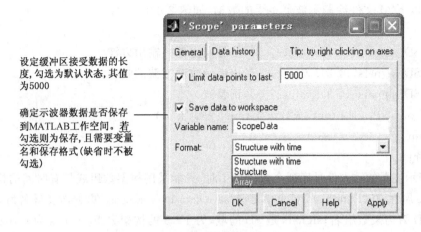

设定缓冲区接受数据的长度,勾选为默认状态,其值为5000

确定示波器数据是否保存到MATLAB工作空间。若勾选则为保存,且需要变量名和保存格式(缺省时不被勾选)

图 2-26　示波器属性对话框 Data history 页

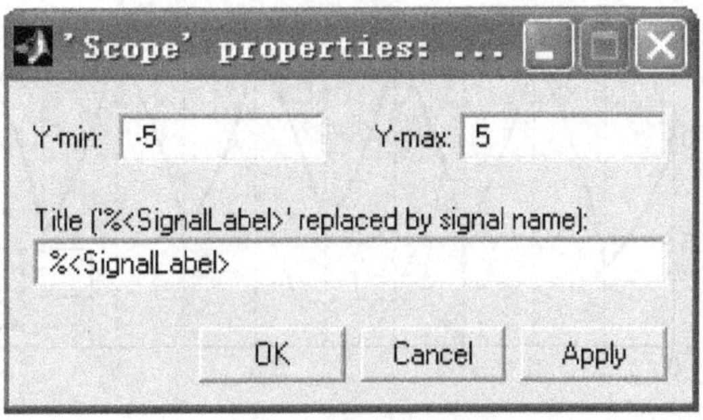

图 2-27　Y 轴属性对话框

【例 2-24】　示波器应用示例。Simulink 仿真模型如图 2-28a 所示,示波器输入为 3(Y 轴个数为 3),存储数据到工作空间,变量名为 SD,存储数据格式为构架数组(Stucture)。图 2-28b 为该示波器显示的三路输入信号的波形。

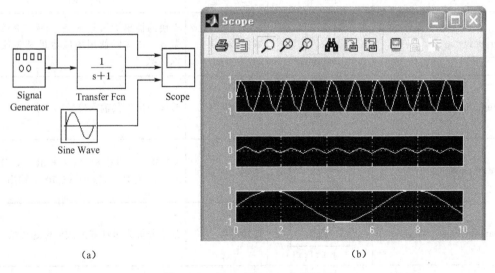

(a)　　　　　　　　　　　　(b)

图 2-28　例 2-24 Scope 应用示例

编写以下 M 文件绘制示波器接受的数据,如图 2-29 所示。

```
clf
x1＝SD. signals(1, 1). values；    ％信号发生器的输出方波
x2＝SD. signals(1, 2). values；    ％传递函数对方波的响应
x3＝SD. signals(1, 3). values；    ％正弦波
plot(tout,x1, ':', tout, x2, 'r', tout, x3, 'k-.')
legend('x1', 'x2', 'x3')
```

[说明]

• 当示波器的输入信号序列个数超过 1 时,只能采用构架数组或带有时间的构架数组。设置 scope 属性,在"Data history"页中复选"save data to workspace"并修改变量名为 SD。

• SD 为构架数组名；signals 是 SD 的域,为 1×3 的构架数组；values 为 signals 的域。

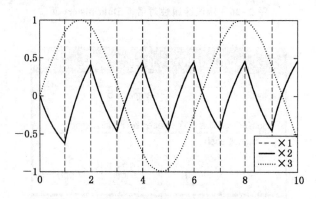

图 2-29　示波器存储到工作空间的数据绘制

(3) Continuous 库

该库包含描述线性函数的模块,如表 2-7 所示。

表 2-7　Continuous 库模块一览表

名　称	图　标	功　能	说　明
Derivative	$\boxed{\text{du/dt}}$ Derivative	数值微分器	模块的输出为其输入信号的一阶数值微分。在实际使用中应尽量避免使用该模块
Integrator	$\boxed{\dfrac{1}{s}}$ Integrator	积分器	模块输出为其输入信号的积分
State-Space	$\boxed{\begin{array}{l}\dot{x}=Ax+Bu\\y=Cx+Du\end{array}}$ State-Space	状态空间方程	$A \in \mathbf{R}^{n \times n}$, $B \in \mathbf{R}^{n \times p}$, $C \in \mathbf{R}^{q \times n}$, $D \in \mathbf{R}^{q \times p}$, $u \in \mathbf{R}^{p}$ 为输入,$y \in \mathbf{R}^{q}$ 为输出
Transfer Fcn	$\boxed{\dfrac{1}{s+1}}$ Transfer Fcn 1	传递函数	分子分母为多项式形式的传递函数

名　　称	图　标	功　能	说　　明
Zero-Pole	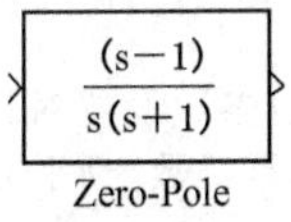 $\dfrac{(s-1)}{s(s+1)}$ Zero-Pole	传递函数	零极点增益形式的传递函数
Transport Delay（或 Variable Transport Delay）	 Transport Delay	延时环节	用于将输入信号延迟指定的时间后,传输给输出

（4）Nonlinear 库

该库包含描述非线性函数的模块,如表 2-8 所示。

表 2-8　Nonlinear 库常用模块

名　　称	图　标	功　能	说　　明
Coulomb & Viscous Friction	 Coulomb & Viscous Friction	库仑黏滞摩擦非线性	库仑摩擦的幅值及黏性摩擦的系数可设置
Dead Zone	 Dead Zone	死区非线性	死区的范围可设置
Rate Limiter	 Rate Limiter	变化率限制	限制信号的变化速率,斜率可设置
Saturation	 Saturation	饱和环节	限制信号的幅值,幅值范围可设置

（5）Math 库

该库中模块的功能就是将输入信号按照模块所描述的数学运算函数计算,并把运算结果作为输出信号输出。一些常用的模块如表 2-9 所示。

表 2-9　Math 库常用模块

名　　称	图　标	功　能	说　　明
Abs	$|u|$ Abs	求绝对值	输出为输入信号的绝对值
Gain	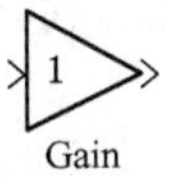 1 Gain	增益函数	将输入信号乘上指定的增益

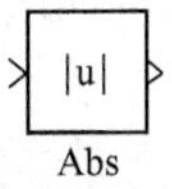

名 称	图 标	功 能	说 明
Math Function	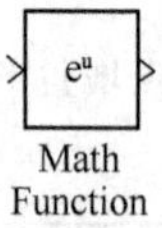 Math Function	实现一个数学函数	通过参数设置对话框,可选取指数函数、对数函数、幂函数、开平方函数等
Sign	 Sign	符号函数	模块的输出为输入信号的符号
Sum	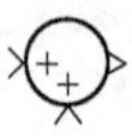	加法器	该模块为求和装置,其形状、输入信号个数和符号可由参数框设置

（6）Signals & Systems 库

与控制系统动态仿真有关的一些常用模块如表 2-10 所示。

表 2-10　Signal & Systems 库常用模块

名 称	图 标	功 能	说 明
Demux		信号分路器	将混路器输出的信号依照原来的构成方法分解成多路信号
MATLAB Fcn	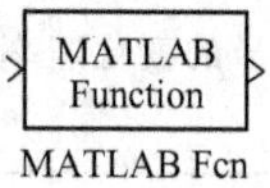 MATLAB Function / MATLAB Fcn	MATLAB 函数	输出为对输入信号进行指定的函数运算结果。可以是 MATLAB 内建函数,也可以是用户编写的函数
Mux		信号汇总器	将多路信号依照向量的形式混合成一路信号
Selector	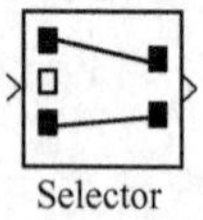 Selector	选路器	从多路输入信号中,按希望的顺序输出所需路数的信号

将例 2-24 中 Simulink 仿真模型的示波器的输入用混路器,如图 2-30a 所示,则示波器将显示如图 2-30b 所示的图形(示波器的 Y 轴个数仍为 1)。

（7）其他模块库

线性离散系统模块对于离散时间系统的仿真是非常方便的,在此因篇幅所限不再一一介绍。

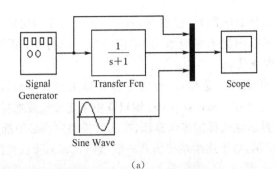

（a）

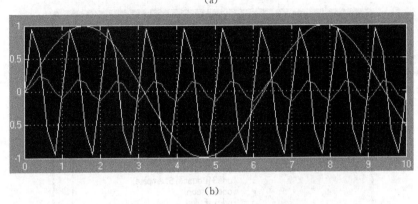

（b）

图 2-30　采用 Mux 的 Scope 应用举例

2）Simulink 环境下的仿真运行

有了丰富的 Simulink 模块库资源，建立 Simulink 的系统仿真模型已是一件比较轻松的工作。但对建好的系统模型进行仿真并取得预期效果仍需要了解 Simulink 仿真运行的环境。

（1）仿真参数对话框

Simulation Parameters 对话框中的仿真参数设置主要有以下内容：

① Solver 页　在 Simulation Parameters 窗口下激活 Solver 页如图 2-31 所示。设置内容如下：

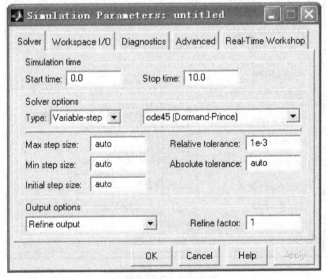

图 2-31　Solver 页

• Simulation time(仿真时间) 设置 Start time(仿真开始时间)和 Stop time(仿真终止时间)可通过页内编辑框内输入相应数值,单位为"秒"。另外,用户还可以利用 Sinks 库中的 Stop 模块来强行中止仿真。

• Solver options(仿真算法选择) 分为定步长算法和变步长算法两类。定步长支持的算法如图 2-32 所示,并可在 Fixed step size 编辑框中指定步长或选择 auto,由计算机自动确定步长。离散系统一般默认地选择定步长算法,在实时控制中则必须选用定步长算法;变步长支持的算法如图 2-33 所示,对于连续系统仿真一般选择 ode45,步长范围使用 auto 项。

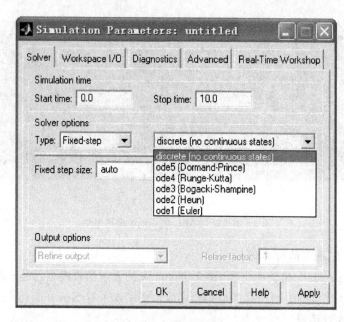

图 2-32　定步长算法

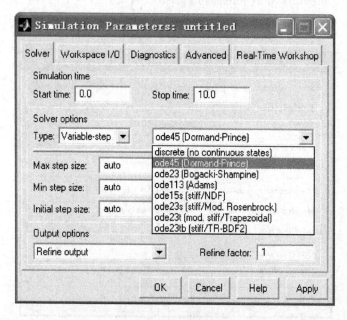

图 2-33　变步长算法

• Error Tolerance(误差限度)　算法的误差是指当前状态值与当前状态估计值的差值,分为 Relative tolerance(相对限度)和 Absolute tolerance(绝对限度),通常可选 auto。

• Output options(输出选择项)　有 Refine output(细化输出)、Produce additional output(产生附加输出)、Produce specified output only(只产生指定输出)。细化输出是指可以增加输出数据的点数,使输出更加平滑。数据点数增加的数量由 Refine factor（细化系数)来控制,可在编辑框内设置。如设置为 2,则在每个步长中间插入一个点。产生附加输出是允许在一个附加时刻产生输出,附加时刻可通过 Output time 编辑框由用户设置。产生指定输出是只有在指定的时刻产生仿真输出,指定时刻可通过 Output time 编辑框由用户设置。后两种方式会改变仿真步长来和用户设置的时刻相适应。

② Workspace I/O 页　这个页面的作用是定义将仿真结果输出到工作空间,以及从工作空间得到输入和初始状态。在 Simulation Parameters 窗口下,激活 Workspace I/O 页,如图 2-34 所示。

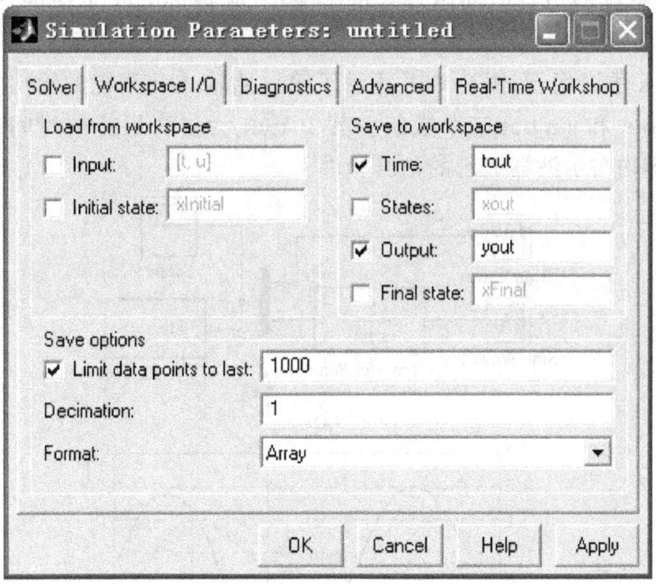

图 2-34　Workspace I/O 页

• Load from workspace(从工作空间调入数据)　在仿真过程中,从 MATLAB 工作空间调入数据到 Simulink 框图模型的输入端口。设置时,首先选中复选框 input,然后在其右边的编辑框中键入输入数据的变量名。输入数据有以下几种格式供选择:数组、构架数组、包含时间数据的构架数组。

若输入数据采用数组形式,且采用默认方式[t, u],其中 t 为一维列向量,则输入数组 u 的列数应和输入端口的个数相同,行数和 t 向量相同。在系统仿真前该数据应已存在于 MATLAB 工作空间中。

• Save to workspace(保存数据到工作空间)　仿真结果的数据可以保存到 MATLAB 工作空间,这些数据包括:Time(时间)、States(状态)、Output(系统输出)和 Final state(最终状态)。这些选项可在 Workspace I/O 的 Save to workspace 框内的复选框内选择,右边的编辑框内可键入相应的变量名。应该注意的是若选择 Output,模型框图中必须有相应的输出端口。

· Save options(存储选项)　存储数据到工作空间的格式,可选数组、构架数组、包含时间数据的构架数组。

【例 2-25】　工作空间到模型窗口的数据传递示例。建立 Simulink 模型如图 2-35a 所示,在仿真运行前须先做以下工作:

①　在 Workspace I/O 页的 Load from workspace 栏中勾选【Input】,在 Save to workspace 栏中勾选【Time】、【Output】,均选择默认的变量名;在 Save options 栏中选择数据格式为 Array。

②　在工作空间中定义变量 t、u,可设:

$$t = (0 : 0.01 : 3 * pi)'$$

u＝[sin(pi * t), cos(pi * t)];　%必须是 2 列,对应 In1 和 In2

[说明]此时系统的仿真时间由输入的 t 决定,应将 Solver 页中的 Start time 和 Stop time 按 t 设置,即分别设为 0 和 3 * pi。

启动 Simulink 仿真运行,图 2-35b 显示了第一路输入和系统的输出,并且在工作空间中生成了 tout、yout 和 simout 三个数组。其中 tout 为仿真运行的时间向量(与 t 不同),yout、simout 内容均与示波器显示的信号相同。

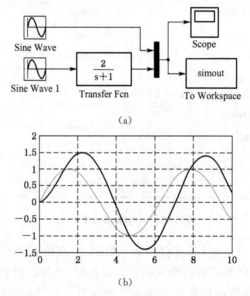

(a)

(b)

图 2-35　例 2-25 Simulink 与工作空间的数据传递

③　Diagnostics 页　该页分为仿真选项和配置选项。配置选项下的列表框中主要列举了一些常见的事件类型,以及当 Simulink 检查到了这些事件时给予什么样的处理(由用户确定)。

④　Real-Time Workshop 页　该页是用来对直接从 Simulink 模型生成代码,并且自动建立可以在不同环境下运行的程序(RTW)进行控制的用户界面。该页的参数设置不影响其他页,但其他页的设置会影响该页。

(2) Simulink 中的 LTI Viewer

在 Simulink 中建立的仿真模型也可直接输入到 LTI Viewer 中进行分析,具体方法如下:

① 在 Simulink 模型窗建立起仿真模型（线性系统）。

② 点击 Simulink 模型窗上的【Tool：Linear analysis】，在弹出的界面中将输入输出接点分别复制到仿真模型的输入和输出，如图 2-36 所示。

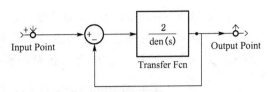

图 2-36　仿真模型的输入输出接点

③ 再次点击 Simulink 模型窗上的［Tool：Linear analysis］，打开 LTI Viewer 仿真界面，点击该界面上【Simulink：Get Linearized Model】选项（图 2-37），即画出系统的阶跃响应曲线（图 2-38）。表明 Simulink 中的仿真模型已和 LTI Viewer 相连接，因此可利用 LTI Viewer 对该系统进行分析。

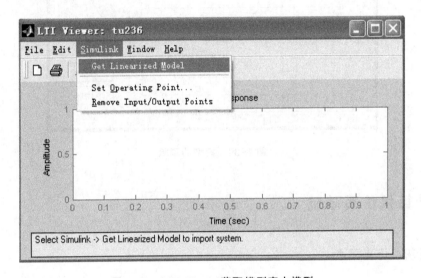

图 2-37　LTI Viewer 获取模型窗中模型

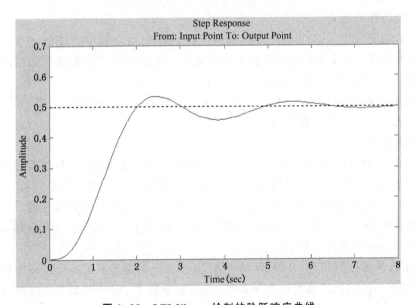

图 2-38　LTI Viewer 绘制的阶跃响应曲线

④ 如果在 Simulink 模型窗对已输入到 LTI Viewer 中的模型进行了修改,应重复步骤3),重新装入模型,并删除掉旧模型。方法是点击 LTI Viewer 仿真界面上的【Edit:Delete systems】,在弹出的对话框中,进行模型的删除,如图 2-39 所示。

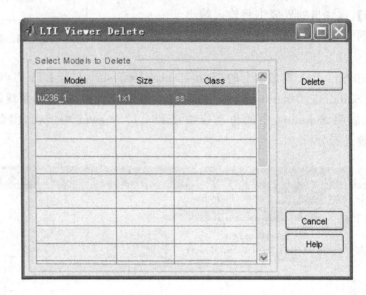

图 2-39　模型的删除

2.3　计算机仿真基础

2.3.1　计算机仿真概述

1) 系统仿真及其分类

(1) 系统仿真的定义

"仿真"译自英文 simulation,指对现实系统某一层次抽象属性的模仿或指在实际系统尚不存在的情况下,所研究系统或活动本质的复现。在工程技术中则是指通过对系统模型的实验,研究一个存在的或设计中的系统。

系统仿真则是根据被研究的真实系统的数学模型研究系统性能的一门学科,现在尤指利用计算机去研究系统数学模型行为的方法。

(2) 系统仿真的分类

① 基于物理模型的仿真　基于物理模型的仿真也称为实物仿真,是指通过物理模型对研究对象的实际行为和过程进行仿真,早期的仿真大都属于这一类。由于它具有直观、形象的优点,在航天、建筑、船舶、汽车等许多行业至今仍然是一种重要的研究手段。但是构造一个复杂的物理模型十分耗时、耗资,而且调整模型结构、参数十分不便,因此使得基于数学模型的仿真成为现代仿真的主要方法。

② 基于数学模型的仿真　用数学的语言、方法去近似描述系统运动过程中各个参变量及其相互之间的关系,就是系统的数学模型,包括解析模型、统计模型等。这种仿真方法的优点是快捷、方便,但由于数学模型只能是实际系统的一种近似描述,因此仿真结果的有效

性取决于所建模型准确性。按照数学模型的不同种类,基于数学模型的仿真可分为以下不同类型:

a. 按计算机分类

• 模拟计算机仿真:在模拟计算机上编排系统模型,并运行。

• 数字计算机仿真:在数字计算机上用程序来描述系统模型,并运行。

• 模拟数字混合仿真:将系统模型分成数字和模拟两部分,同时利用数字和模拟机进行仿真。

b. 按时间系统模型分类

• 连续系统仿真:系统模型中的状态变量是连续变化的(包括离散时间系统仿真)。

• 离散事件系统仿真:模型中的状态变量只在模型某些离散时刻因某种事件而发生变化。这类系统模型一般不能表示为方程式的形式。

③ 混合仿真　混合仿真又称为数学—物理仿真,或半实物仿真,就是把物理模型和数学模型以及实物组合在一起进行实验的方法。这种方法既具有基于物理模型仿真方法的直观、形象,又具有基于数学模型仿真方法的快捷、方便,是一种非常有效的仿真方法。

2) 仿真模型与仿真研究

(1) 仿真模型

模型是仿真的基础,建立模型是进行系统仿真的第一步。图 2-40 列出了各种模型的概括表述。而本教材主要介绍对机电系统的动态仿真,因此所涉及的仿真模型则主要是具有集中参数的动态连续系统,包括采样控制系统。

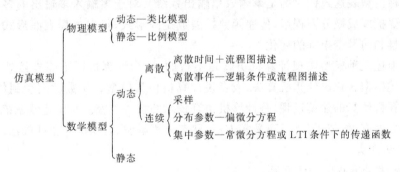

图 2-40　仿真模型分类

一般地讲,系统数学模型是系统的一次近似模型,而仿真数学模型则是系统的二次近似模型。

(2) 计算机仿真过程

① 建模所建立的计算机模型(仿真数学模型)应与对象的功能和参数之间具有相似性和对应性。可以先建立一个简单模型,然后根据仿真的结果不断完善。

② 模型实现利用数学公式、逻辑公式和各种算法等来表示系统的内部状态和输入输出关系。这一阶段通常要花费大量时间,优秀的仿真软件,如 MATLAB 软件,将会大大提高仿真的效率和可靠性。

③ 仿真分析　确定仿真方案,如输入信号的类型、仿真运行的时间,通过运行仿真程序,对仿真结果进行分析,并利用实际系统的数据对其进行验证。

2.3.2 计算机仿真的基本原理

1）线性连续系统的数学模型

对于一个线性连续时不变的系统，常用的数学模型有三种：常系数微分方程、传递函数和状态方程，其中微分方程的表达式形如

$$\frac{\mathrm{d}^n}{\mathrm{d}t^n}c(t) + a_1\frac{\mathrm{d}^{n-1}}{\mathrm{d}t^{n-1}}c(t) + \cdots + a_{n-1}\frac{\mathrm{d}}{\mathrm{d}t}c(t) + a_n c(t)$$

$$= b_0\frac{\mathrm{d}^m}{\mathrm{d}t^m}r(t) + b_1\frac{\mathrm{d}^{m-1}}{\mathrm{d}t^{m-1}}r(t) + \cdots + b_m r(t)$$

传递函数的表达式形如

$$G(s) = \frac{C(s)}{R(s)} = \frac{b_0 s^m + b_1 s^{m-1} + \cdots + b_{n-1}s + b_m}{a_0 s^n + a_1 s^{n-1} + \cdots + a_{n-1}s + a_n}$$

状态方程的表达式形如

$$\dot{x} = Ax + Bu$$

$$y = Cx + Du$$

如果是时变系统，则上述模型的系数不再是常系数。本书只限于讨论时不变系统，所以以下论及的系统均为时不变系统，不再一一指明。

上述三种模型表达式针对的是单输入单输出系统。对于多输入多输出的多变量系统，微分方程式要扩展成微分方程组，传递函数扩展成矩阵形式，状态方程表面形式不变，但已有标量变向量和向量变矩阵的变化。

直接用上述三种模型实现计算机仿真是不行的，因为计算机还不能直接处理微积分。必须先把上述模型转化成计算机算法，或者说计算机仿真模型。从数学模型到仿真模型的过程就是计算机仿真的建模过程，是计算机仿真技术的核心内容。对于连续系统，建立仿真模型的基本方法有：数值积分法、离散相似法、状态方程解法、替换法和根匹配法。

2）数值积分法

（1）一阶微分方程的初值问题

已知一阶微分方程 $\dot{y} = f(t, y)$ 和初值 $y(t_0) = c$，求在区间 $[a, b]$ 的 $y(t)$ 函数。这就是求一阶微分方程的解析解问题。若要是求其数值解，则是求 $\{y_i, i = 1, 2, \cdots, n\}$，其中 y 是 $y(t)$ 的近似值，$t_i = a + ih$，$i = 1, 2, \cdots, n$，h 为等间隔离散步长。

（2）数值积分解法

对一阶微分方程 $\dot{y} = f(t, y)$ 在区间 $[t_i, t_{i+1}]$ 上求积分，可得

$$y(t_{i+1}) - y(t_i) = \int_{t_i}^{t_{i+1}} f[t, y(t)]\mathrm{d}t$$

若认为在区间 $[t_i, t_{i+1}]$，$f(t, y)$ 为 $t = t_i$ 时的值保持不变，则可得数值解计算式

$$y_{i+1} = y_i + hf(t_i, y_i) = y_i + hf_i$$

于是得到一阶微分方程 $\dot{y} = f(t, y)$ 的数值解计算公式（又称为欧拉公式）：

$$y_0 = c, \ y_{i+1} = y_i + hf_i, \ i = 1, 2, \cdots, n-1$$

显然,认为在区间 $[t_i, t_{i+1}]$, $f(t, y)$ 值保持不变的近似处理带来了误差。假设在 t_{i+1} 的 $f(t, y)$ 可得,则有更精确的数值解计算公式——梯形公式:

$$y_0 = c, \ y_{i+1} = y_i + \frac{h}{2}(f_i + f_{i+1}), \ i = 1, 2, \cdots, n-1$$

问题是 $f_{i+1} = f(t_{i+1}, y_{i+1})$,使计算无法进行。为此,可用迭代法解决算 y_{i+1} 又要先用 y_{i+1} 的矛盾。此外还有许多更准确的改进算法,如多步法和预估校正法。

(3) 常用数值解法公式

常用的数值积分法有三类:单步法、多步法和预估校正法。它们的计算公式形式如下所列:

单步法:　　　　　$y_{i+1} = f(y_i, t_i)$

多步法显式:　　　$y_{i+1} = f(y_i, y_{i-1}, \cdots, y_{i-m}, t_i, \cdots, t_{i-m},)$

多步法隐式:　　　$y_{i+1}^{(k+1)} = f(y_{i+1}^{(k)} y_i, y_{i-1}, \cdots, y_{i-m}, t_{i+1}, t_i, \cdots, t_{i-m},)$

预估校正法:　　　$\begin{cases} y_{i+1}^{(0)} = f(y_i, t_i) \\ y_{i+1}^{(k+1)} = f(y_{i+1}^{(k)}, y_i, y_{i-1}, \cdots, y_{i-m}, t_{i+1}, t_i, \cdots, t_{i-m},) \end{cases}$

单步法公式也可由泰勒级数展开法推得。多步法公式是牛顿插值多项式用于数值积分的结果。预估校正法公式是单步法公式和多步法公式中的显式公式与隐式公式相结合后产生的。用单步法公式,计算量小,可自启动,但精度低。用多步法公式精度高,但因需要多步初值而不能自启动,若用隐式需迭代运算,计算量大。用预估校正法公式,计算量较小,精度高,但计算式复杂。此外,在数值计算稳定性等方面,三类方法也各具特点。

(4) 用四阶龙格—库塔法建立线性连续系统的仿真模型

如果待仿真的系统是一阶微分方程可描述的系统,那么,上述的任一种数值解法公式都可用作为系统的仿真模型。但是,当待仿真的系统高于一阶的系统时,上述公式就不能直接使用了。幸运的是线性高阶系统可以转化成用一阶微分方程组描述,也就是用状态方程来描述。于是,可用扩展成矩阵形式的数值解法公式作为系统的仿真模型。例如,对于一个用状态方程描述的高阶系统,应用最常用的单步法公式——四阶龙格—库塔公式,可以推得仿真模型:

$$x_{i+1} = A^* x_i + B^* u_i$$

$$A^* = I + hA\left\{I + \frac{h}{2}A\left[I + \frac{h}{3}A\left(I + \frac{h}{4}A\right)\right]\right\}$$

$$B^* = h\left\{I + \frac{h}{2}A\left[I + \frac{h}{3}A\left(I + \frac{h}{4}A\right)\right]\right\}B$$

$$x_{i+1} = x_i + \frac{h}{6}(K_1 + 2K_2 + 2K_2 + K_4)$$

$$K_1 = Ax_i + Bu(t_i)$$

$$K_2 = A\left(x_i + \frac{h}{2}K_1\right) + Bu\left(t_i + \frac{h}{2}\right)$$

$$K_3 = A\left(x_i + \frac{h}{2}K_2\right) + Bu\left(t_i + \frac{h}{2}\right)$$

$$K_4 = A(x_i + hK_3) + Bu(t_i + h)$$

若假设 $u\left(t_i + \dfrac{h}{2}\right) = u(t_i + h) = u(t_i) = u_i$，再经过简化推算可得更简练的仿真模型。

（5）基于一阶线性环节的连续系统仿真。

在控制系统仿真研究中，常常是研究某一环节对整个系统的影响。如果每改变一次某环节的结构或参数都要把整个系统的状态方程重新推导一次，然后才能进行仿真就太麻烦了。因此，通用的基于一阶线性环节的连续系统仿真方法被提出。

2.3.3　系统数学模型

系统数学模型分为系统时域模型和系统传递函数模型。

系统时域模型也就是指系统运动变化过程的时间域描述，可用微分方程、差分方程表示，也可以用状态空间方程表示。

由系统的常微分方程和差分方程模型，还可得到 LTI 条件、零初始状态下的系统传递函数模型、状态空间模型以及频率特性模型等。本节只简要的介绍系统传递函数模型。

1）连续系统传递函数模型的建立

对于 SISO 连续时间系统，由其系统的传递函数

$$\phi(s) = \frac{b_0 s^m + b_1 s^{m-1} + \cdots + b_m}{a_0 s^n + a_1 s^{n-1} + \cdots + a_n}$$

在 MATLAB 中，用指令 tf( ) 可建立连续系统的传递函数模型，其调用格式为 sys = tf(num, den)。

［说明］num 为传递函数分子系数向量，den 为传递函数分母系数向量。

【例 2-26】　用 MATLAB 建立系统传递函数模型：$G(s) = \dfrac{s+2}{s^2 + s + 10}$。

解：在 MATLAB 命令窗口中键入"num = [1, 2]; den = [1 1 10]; sys = tf(num, den)"，并按 Enter 键。

得到的运行结果为：

Transfer function：

$$\frac{s+2}{s^\wedge 2 + s + 10}$$

2）系统模型的连接

（1）模型串联

两个线性模型串联及其等效模型如图 2-41 所示，且 sys = sys1 × sys2。

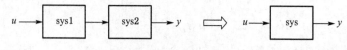

图 2-41　模型串联

MATLAB 对串联模型的运算如下：

$$sys = series(sys1，sys2)$$

[说明] 上式可等价写成：sys＝sys1 * sys2。

【例 2-27】　模型串联运算演示，模型 1、2 分别为：$G_1(s) = \dfrac{s+2}{s^2+s+10}$，$G_2(s) = \dfrac{2}{s+3}$。

解：在 MATLAB 命令窗口中键入

sys1＝tf([1，2]，[1，1，10])；

sys2＝tf(2，[1，3])；

sys＝series(sys1，sys2)

并按 Enter 键。

得到的运行结果为：

Transfer function：

$$\frac{2s+4}{s^\wedge 3+4s^\wedge 2+13s+30}$$

（2）模型并联

两个线性模型并联及其等效模型如图 2-42 所示，且 sys＝sys1＋sys2。

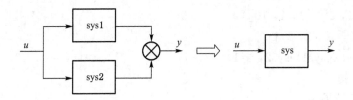

图 2-42　模型并联及其等效

MATLAB 对模型并联的运算如下：

sys：parallel(sys1，sys2)

[说明] 上式可等价写成：sys＝sys1＋sys2。

【例 2-28】　模型并联运算演示，模型 1、2 分别为：$G_1(s) = \dfrac{s+2}{s^2+s+10}$，$G_2(s)$

$= \dfrac{2}{s+3}$。

解：在 MATLAB 命令窗口中键入

sys1＝tf([1，2]，[1，1，10])；

sys2＝tf(2，[1，3])；

sys＝parallel(sys1，sys2)

并按 Enter 键。

得到的运行结果为：

Transfer function：

$$\frac{3s^\wedge 2+7s+26}{s^\wedge 3+4s^\wedge 2+13s+30}$$

（3）反馈连接

两个线性模型反馈连接及其等效模型如图 2-43 所示。

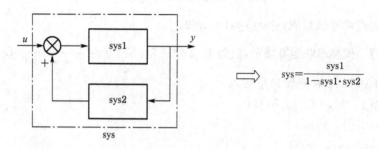

$$sys = \frac{sys1}{1 - sys1 \cdot sys2}$$

图 2-43　系统反馈连接及其等效

MATLAB 对反馈连接的运算如下：

sys＝feedback(sys1, sys2, sign)

［说明］sign 表示反馈连接符号：负反馈连接 sign＝－1，正反馈连接 sign＝1。

【例 2-29】　反馈连接运算演示。其中为前向环节 $G(s) = \frac{s+2}{s^2+s+10}$，$H(s) = \frac{2}{s+3}$ 为反馈环节，且为负反馈。

解：在 MATLAB 命令窗口中键入

sys1＝tf([1, 2], [1, 1, 10]);

sys2＝zpk([], －3, 2);

sys＝feedback(sys1, sys2, －1)

并按 Enter 键。

得到的运行结果为：

Transfer function：

$$\frac{(s+2)(s+3)}{(s+2.885)(s^\wedge 2 + 1.115s + 11.78)}$$

【例 2-30】　求图 2-44 所示系统模型的传递函数。已知图中 $G_1(s) = \frac{1}{s+10}$，$G_2(s) = \frac{1}{s+1}$，$G_3(s) = \frac{s+1}{s^2+4s+4}$，$G_4(s) = \frac{s+1}{s+6}$，$H_1(s) = \frac{s+1}{s+2}$，$H_2(s) = 2$，$H_3(s) = 1$。

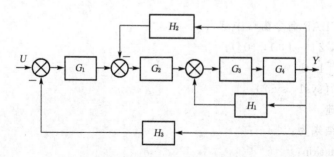

图 2-44　例 2-30 多环系统框图

解：在 MATLAB 命令窗口中键入

G1＝tf([1]，[1，10])；

G2＝tf([1]，[1，1])；

G3＝tf([1，1]，[1，4，4])；

G4＝tf([1，1]，[1，6])；

H1＝tf([1，1]，[1，2])；

H2＝2；

H3＝1；

GH1＝feedback(G3 * G4，H1)；

G5＝GH1 * G2；

GH2＝ feedback(G5，H2，－1)；

G6＝ GH2 * G1；

sys＝feedback(G6，H3，－1)

并按 Enter 键。

得到的运行结果为：

Transfer function：

$$\frac{s^\wedge 3 + 4s^\wedge 2 + 5s + 2}{s^\wedge 6 + 24s^\wedge 5 + 206s^\wedge 4 + 803s^\wedge 3 + 1566s^\wedge 2 + 1478s + 532}$$

思考与练习题

1. 用 MATLAB 简单命令求解线性系统

$$\begin{cases} 3x_1 + x_2 - x_3 = 3.6 \\ x_1 + 2x_2 + 4x_3 = 2.1 \\ -x_1 + 4x_2 + 5x_3 = -1.4 \end{cases}$$

提示：对于线性系统有 $\boldsymbol{A}x = \boldsymbol{b}$，先写出方程组系数组成的矩阵 $\boldsymbol{A}$，再写出方程组右边的系数组成的矩阵 $\boldsymbol{b}$，然后用左除。

2. 用星号做数据点的标示，绘制 $\sin x$ 在 $x = (0，\pi)$ 的曲线。

3. 在同一坐标下绘制函数 x，$\sin x$，$\cos x$ 在 $x = (0，2\pi)$ 的曲线，用不同线形区分。

4. 在极坐标下绘制函数 $\cos t$，$\sin t$，$t = (0，2\pi)$ 区间的曲线图。

5. 绘制函数 $y = x\mathrm{e}^{-x}$ 在 $0 \leqslant x \leqslant 1$ 时的曲线。

6. 利用 scope(示波器)观察 source(信号源)中 step、sine wave 和 signal generator 的信号并画出波形。

7. 控制系统结构图如图 2-45 所示，试仿真其单位阶跃响应。

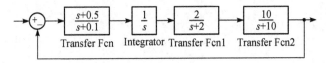

图 2-45

8. 控制系统方框图如图 2-46 所示,求此系统的传递函数。

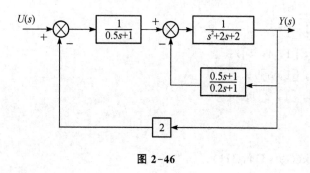

图 2-46

第3章 控制系统的数学模型

3.1 引 言

在控制系统的分析和设计中,首先要建立数学模型。数学模型就是利用数学表达式或其他形式来表示和描述系统动态特性及其变量之间关系。例如,在时域分析系统中,描述系统输入量和输出量之间的关系的微分方程就是系统的数学模型,它能全面的描述系统的动态特性。

3.1.1 数学模型的特点

1) 相似性和抽象化

尽管组成系统模型的参数的物理含义各不相同,但它们的数学模型的形式很可能是相同的。从数学观点来看,只要数学模型是相同的,那么它们就应该有相同的运动规律,而不论它们的具体参数含义是什么。因此这些具有相同数学模型的不同的具体系统之间就是相似系统。

2) 简化性和精确性

在建模的时候,要在简化和精确之间作折中选择,其原则是简化后的数学方程的解的结果必须满足工程实际的要求并留有一定的余地。

3) 动态模型

所谓动态模型是指描述系统变量各阶导数之间关系的微分方程称为系统的动态模型。

4) 静态模型

所谓静态模型是指在静态条件下,即描述系统变量的各阶导数为零,描述变量之间关系的代数方程称为静态模型。

3.1.2 数学模型的种类

数学模型有多种形式,例如微分方程、差分方程、状态方程和传递函数、结构图、频率特性等等,究竟选用哪种模型,一般要看采用的分析方法和系统的类型而定,例如:连续系统的单输入/单输出系统的时域分析法,可采用微分方程;连续多输入多输出系统的时域分析法可以采用状态方程;分析频域法可以采用频率特性;离散系统可以采用差分方程等等。

3.2 系统微分方程的建立

3.2.1 建立系统微分方程的一般步骤

(1) 确定系统的输入量、输出量及中间变量,分清楚各变量之间的关系。

（2）依据合理的假设，忽略一些次要因素，使问题简化。

（3）根据支配系统各部分动态特性的基本定律，列写出各部分的原始方程，其一般原则是：

① 从系统输入端开始，依次列写组成系统各部分的运动方程。

② 相邻元部件之间后一级若作为前一级负载的，要考虑这种负载效应。

③ 常见的基本定律主要有：牛顿三大定律（惯性定律、加速度定律、作用力和反作用力定律）、能量守恒定律、动量守恒定律、科希霍夫电压、电流定律、物质守恒定律以及各学科的有关导出定律等等。

④ 列写中间变量与其他变量的因果关系式（称为辅助方程式）。

⑤ 联立上述方程组，消去中间变量，最终得到系统关于输入输出变量的微分方程。

⑥ 标准化，即将与输入变量有关的各项放到方程式等号的右侧，将与输出变量有关的各项放到方程式等号的左侧，且各阶导数按降幂排列。

3.2.2 关于国际单位制

列写微分方程时，各变量和有关参数的单位（量纲）均需采用国际标准制，见表 3-1。

表 3-1 参数单位表

	变量名称	单位	符号
基本单位	长度	米	m
	质量	千克	kg
	时间	秒	s
	温度	开	K
	电流	安	A
导出单位	速度	米/秒	m/s
	面积	平方米	m^2
	力	牛	$N = kg \cdot m/s^2$
	力矩	千克·米	$kg \cdot m$
	压强	帕	$Pa = N/m^2$
	能量	焦	$J = N \cdot m$
	功率	瓦	$W = J/s$

3.2.3 理想元件的微分方程描述

在电气和机械系统中几种最常见的理想元件有：

1）电容

电容的电路符号如图 3-1 所示，电容两端电压与电流的关系为：

$$i(t) = C \frac{du_c(t)}{dt} \text{ 或 } u_c(t) = \frac{1}{C} \int i(t) dt \qquad (3-1)$$

图 3-1 电容

2）电感

电感的电路符号如图 3-2 所示，流过电感的电流与两端的电压的关系为：

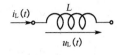

图 3-2　电感

$$u_{\mathrm{L}}(t) = L\frac{\mathrm{d}i_{\mathrm{L}}}{\mathrm{d}t} \quad 或 \quad i_{\mathrm{L}}(t) = \frac{1}{L}\int u_{\mathrm{L}}(t)\mathrm{d}t \qquad (3\text{-}2)$$

3）弹性力

它是一种弹簧的弹性恢复力，其大小与机械变形成正比，弹性力分平动和旋转两种，关系式为：

$$F = ky = k\int v\mathrm{d}t \quad 或 \quad v = \frac{1}{k}\frac{\mathrm{d}F}{\mathrm{d}t},$$

式中 k 为弹簧的弹性系数，F 为作用于弹簧的外力，y 为直线位移量，v 为直线位移速度。

4）阻尼器

平动阻尼器的阻尼力：

$$F = fv = f\frac{\mathrm{d}y}{\mathrm{d}t},$$

式中 f 为阻尼系数，F 为阻尼力。

旋转阻尼器的阻尼力矩：

$$T = f\omega = f\frac{\mathrm{d}\theta}{\mathrm{d}t},$$

式中 ω 为旋转角速度，θ 为旋转角度，T 为阻尼力矩。

阻尼器本身不储存能量，它吸收能量并以热的形式耗散掉。

3.2.4　数学建模举例

【例 3-1】　弹簧—质量—阻尼器串联系统如图 3-3 所示，试列写以外力 $F(t)$ 为输入，以质量位移 $y(t)$ 为输出的微分方程式。

解： 这是一个经典的直线机械位移动力学系统，m 为质点。

（1）系统的输入为 $F(t)$，输出为 $y(t)$，弹簧的弹性阻力为 $F_{\mathrm{k}}(t)$，阻尼器的阻尼力为 $F_{\mathrm{f}}(t)$ 均为中间变量。

（2）画出 m 的受力图。

（3）由牛顿第二定律（即加速度定律）：

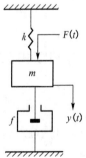

$$\sum F_{\mathrm{i}} = ma = m\frac{\mathrm{d}^2 y}{\mathrm{d}t^2}$$

即

$$F(t) - F_{\mathrm{k}}(t) - F_{\mathrm{f}}(t) = m\frac{\mathrm{d}^2 y}{\mathrm{d}t^2} \qquad (3\text{-}3)$$

图 3-3　例 3-1 弹簧—质量—阻尼器串联系统

（4）列写中间变量、$F_{\mathrm{f}}(t)$ 表达式

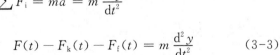

$$F_{\mathrm{k}}(t) = ky(t), \quad F_{\mathrm{f}}(t) = f\frac{\mathrm{d}y}{\mathrm{d}t} \qquad (3\text{-}4)$$

（5）将 3-4 的辅助方程代入 3-3，消去中间变量 $F_k(t)$ 和 $F_f(t)$，得：

$$F(t) - ky(t) - f\frac{dy}{dt} = m\frac{d^2y}{dt^2} \tag{3-5}$$

（6）标准化，得到：

$$m\frac{d^2y}{dt^2} + f\frac{dy}{dt} + ky(t) = F(t) \tag{3-6}$$

若令 $T_m^2 = \frac{m}{k}$，$T_f = \frac{f}{k}$，则 3-6 式可以表示为：

$$\frac{m}{k}\frac{d^2y}{dt^2} + \frac{f}{k}\frac{dy}{dt} + y = \frac{1}{k}F(t) \tag{3-7}$$

3-7 式中 T_m、T_f 系数的物理意义：

$$[T_m^2] = \left[\frac{m}{k}\right] = \frac{千克}{牛顿/米} = \frac{千克}{(千克\cdot米/秒^2)/米} = 秒^2，即 T_m 的量纲是时间单位；$$

$$[T_f] = \left[\frac{f}{k}\right] = \frac{牛顿/米/秒}{牛顿/米} = 秒，即 T_f 的量纲也是时间单位。$$

因此 T_m、T_f 称为该系统的时间常数。

静态方程为：$y(t) = \frac{1}{k}F(t)$，因此 $1/k$ 又称为系统的静态放大倍数。

【例 3-2】 $R-L-C$ 串联电路如图 3-4 所示，输入为电压 $u_r(t)$，输出为电容电压 $u_c(t)$，试求该电路的输入输出微分方程。

解：（1）确定系统的输入为电压 $u_r(t)$，输出为电容电压 $u_c(t)$，中间变量为电流 $i(t)$。

（2）网络按集中参数考虑，且输出为开路电压，即无后级负载。

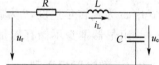

图 3-4　例 3-2 R-L-C 串联电路

（3）由克希霍夫定律写出原始方程：

$$L\frac{di}{dt} + Ri + u_c = u_r \tag{3-8}$$

（4）列写中间变量 $i(t)$ 与 $u_c(t)$ 的关系 s 式：

$$i = C\frac{du_c}{dt} \tag{3-9}$$

（5）将 $i(t)$ 代入原始方程，消去中间变量 $i(t)$，得到：

$$LC\frac{d^2u_c}{dt^2} + RC\frac{du_c}{dt} + u_c = u_r \tag{3-10}$$

（6）令 $T_1 = \frac{L}{R}$，$T_2 = RC$ 代入 3-10 式

$$T_1T_2\frac{d^2u_c}{dt^2} + T_2\frac{du_c}{dt} + u_c = u_r \tag{3-11}$$

显然式 3-11 中 $T_1 = \dfrac{L}{R}$，$T_2 = RC$ 为我们熟悉的两个时间常数。

从上述两个典型的例子我们可以看出，一个是机械系统，一个是电学系统，尽管是两个完全不同的系统，它们的参数的物理含义也完全不同，但微分方程的形式却是完全相同的，因此这两个系统的物理运动规律是完全一致的，它们是一对相似系统。

【例 3-3】　电枢控制的直流电机系统如图 3-5 所示，在系统中，输入电枢电压 u_a 在电枢回路中产生电枢电流 i_a，再由 i_a 与励磁磁通相互作用产生电磁转矩 M_D，从而使电枢旋转，拖动负载，完成了由电能在磁场作用下向机械能转换的过程。

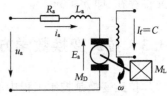

图 3-5　例 3-3 直流电机系统

图中 R_a、L_a 分别是电枢回路的电阻和电感，E_a 为电枢绕组的感应反电势。

（1）确定输入、输出量为：u_a 为输入电压，ω 为输出角频率，M_L 为负载扰动力矩。

（2）忽略电枢反应、磁滞、涡流效应等影响，当 $I_f = C$ 时，励磁磁通不变，变量关系可视为线性关系。

（3）列写原始方程

$$L_a \frac{\mathrm{d}i_a}{\mathrm{d}t} + R_a i_a + E_a = u_a \tag{3-12}$$

由刚体旋转定律写出电机轴上的机械运动方程

$$J \frac{\mathrm{d}^2\theta}{\mathrm{d}t^2} = J \frac{\mathrm{d}\omega}{\mathrm{d}t} = M_D - M_L \tag{3-13}$$

式中 J 为负载折合到电动机轴上的转动惯量。

（4）写出辅助方程式

电枢反应的反电势：$E_a = k_e\omega$，k_e 为电势系数，由电机结构参数决定。

电磁转矩：$M_D = k_m i_a$，k_m 为转矩系数，由电机结构参数决定。

（5）消去中间变量 i_a、E_a、M_D，M_L 为负载扰动输入力矩

$$\frac{L_a J}{k_e k_m} \frac{\mathrm{d}^2\omega}{\mathrm{d}t^2} + \frac{R_a J}{k_e k_m} \frac{\mathrm{d}\omega}{\mathrm{d}t} + \omega = \frac{1}{k_e} u_a - \frac{L_a}{k_e k_m} \frac{\mathrm{d}M_L}{\mathrm{d}t} - \frac{R_a}{k_e k_m} M_L \tag{3-14}$$

若令 $T_m = \dfrac{R_a J}{k_e k_m}$ 为机电时间常数，$T_a = \dfrac{L_a}{R_a}$ 为电磁时间常数，则 3-14 式可以写为：

$$T_a T_m \frac{\mathrm{d}^2\omega}{\mathrm{d}t^2} + T_m \frac{\mathrm{d}\omega}{\mathrm{d}t} + \omega = \frac{1}{k_e} u_a - \frac{T_a T_m}{J} \frac{\mathrm{d}M_L}{\mathrm{d}t} - \frac{T_m}{J} M_L \tag{3-15}$$

若忽略掉负载转矩 M_L，即空载时，则有：

$$T_a T_m \frac{\mathrm{d}^2\omega}{\mathrm{d}t^2} + T_m \frac{\mathrm{d}\omega}{\mathrm{d}t} + \omega = \frac{1}{k_e} u_a \tag{3-16}$$

3.2.5　微分方程的一般特征

微分方程的一般形式：

$$a_0 \frac{\mathrm{d}^n c}{\mathrm{d}t^n} + a_1 \frac{\mathrm{d}^{n-1}c}{\mathrm{d}t^{n-1}} + a_2 \frac{\mathrm{d}^{n-2}c}{\mathrm{d}t^{n-2}} + \cdots + a_{n-1} \frac{\mathrm{d}c}{\mathrm{d}t} + a_n c$$

$$= b_0 \frac{\mathrm{d}^m r}{\mathrm{d}t^m} + b_1 \frac{\mathrm{d}^{m-1}r}{\mathrm{d}t^{m-1}} + b_2 \frac{\mathrm{d}^{m-2}r}{\mathrm{d}t^{m-2}} + \cdots + b_{m-1} \frac{\mathrm{d}r}{\mathrm{d}t} + b_m r$$

(3-17)

（1）3-17 式中 a_i，b_j 为实常数，由物理系统的参数决定。

（2）方程输出变量的微分阶次高于输入变量的微分阶次，这是因为物理系统含有储能元件存在，即 $n > m$。

3.3 拉氏变换数学方法

拉氏变换是控制工程中的一个基本数学方法，其优点是能将时间函数的导数经拉氏变换后变成复变量 S 的乘积，将时间表示的微分方程变成以 S 表示的代数方程。

3.3.1 拉氏变换与拉氏反变换

设函数 $f(t)$ 对有限实数 σ 满足：

$$\int_0^{+\infty} |f(t)| \mathrm{d}t < \infty$$

则函数 $f(t)$ 的拉氏变换定义为

$$F(s) = L[f(t)] = \int_0^{+\infty} f(t)\mathrm{e}^{-st} \mathrm{d}t$$

式中 s 为拉氏算子，$s = \sigma + j\omega$。

L——拉氏变换符号；s——复变量；$F(s)$——象函数；$f(t)$——原函数。

拉氏变换存在，$f(t)$ 必须满足两个条件（狄里赫利条件）：

（1）在任何一有限区间内，$f(t)$ 分段连续，只有有限个间断点。

（2）当 $t \to \infty$ 时，$|f(t)| \leqslant M\mathrm{e}^{at}$，$M$，$a$ 为实常数。

将象函数 $F(s)$ 变换成与之相对应的原函数 $f(t)$ 的过程称之为拉氏反变换。

$$f(t) = L^{-1}[F(s)] = \frac{1}{2\pi j} \int_{c-j\infty}^{c+j\infty} F(s)\mathrm{e}^{st} \mathrm{d}s$$

式中 L^{-1} 表示拉氏反变换的符号。

关于拉氏变换及反变换的计算方法，常用的有查拉氏变换表和部分分式展开法。

3.3.2 典型时间函数的拉氏变换

在实际中，对系统进行分析所需的输入信号常可化简成一个或几个简单的信号，这些信号可用一些典型时间函数来表示，本节要介绍一些典型函数的拉氏变换。

1）阶跃函数

其数学定义为

$$f(t) = \begin{cases} 0 & t < 0 \\ R & t \geqslant 0 \end{cases}$$

$R=1$ 时,称为单位阶跃函数,记为 $l(t)$。其拉氏变换为

$$L[f(t)] = \int_0^\infty f(t) \cdot e^{-st}\,dt = \int_0^\infty k e^{-st}\,dt = -\frac{k}{s} e^{-st}\Big|_0^\infty = \frac{k}{s}$$

2）单位脉冲函数

其数学定义为

$$f(t) = \begin{cases} 0 & t<0 \text{ 及 } t>h \\ \dfrac{A}{h} & 0<t<h \end{cases}$$

$H \to \infty$ 时,称为单位脉冲函数。

$$\delta(t) = \begin{cases} \infty & t=0 \\ 0 & t \neq 0 \end{cases}$$

其拉氏变换为

$$L[\delta(t)] = \int_0^\infty \delta(t) e^{-st}\,dt = 1$$

3）斜坡函数

其数学定义为

$$f(t) = \begin{cases} Rt & t>0 \\ 0 & t<0 \end{cases}$$

$R=1$ 时,称为单位斜坡函数。其拉氏变换为

$$Lf(t) = \int_0^\infty t e^{-st}\,dt = -\frac{1}{s}\left[t e^{-st}\Big|_0^\infty - \int_0^\infty e^{-st}\,dt\right] = \frac{1}{s^2}$$

4）指数函数

其数学定义为

$$f(t) = \begin{cases} e^{at} \cdot 1(t) \\ e^{-at} \cdot 1(t) \end{cases}$$

其拉氏变换为

$$L[f(t)] = \int_0^\infty e^{at} \cdot e^{-st}\,dt = \int_0^\infty e^{-(s-a)t}\,dt$$

$$= \frac{-1}{s-a}\left[e^{-(s-a)t}\right]_0^\infty = \frac{-1}{s-a}(0-1) = \frac{1}{s-a}$$

5）正弦函数 $\sin wt$

由欧拉公式：

$$e^{jwt} = \cos wt + j\sin wt$$

$$e^{-jwt} = \cos wt - j\sin wt$$

所以，

$$\sin wt = \frac{1}{2j}(e^{jwt} - e^{-jwt})$$

$$L[\sin wt] = \int_0^\infty \frac{1}{2j}(e^{jwt} - e^{-jwt})e^{-st}dt$$

$$= \frac{1}{2j}\int_0^\infty (e^{-(s-jw)t} - e^{-(s+jw)t})dt$$

$$= \frac{1}{2j}\left(\frac{1}{s-jw} - \frac{1}{s+jw}\right) = \frac{w}{s^2+w^2}$$

6) 余弦函数 $\cos wt$

由欧拉公式：

$$e^{jwt} = \cos wt + j\sin wt$$
$$e^{-jwt} = \cos wt - j\sin wt$$

$$\cos wt = \frac{1}{2}(e^{jwt} + e^{-jwt})$$

所以，

$$L[\cos wt] = \frac{s}{s^2+w^2}$$

3.3.3 拉氏变换的性质

1) 线性性质

若有常数 k_1，k_2，函数 $f_1(t)$，$f_2(t)$，且 $f_1(t)$，$f_2(t)$ 的拉氏变换为 $F_1(s)$，$F_2(s)$，则有：$L[k_1 f_1(t) + k_2 f_2(t)] = k_1 F_1(s) + k_2 F_2(s)$，此式可由定义证明。

2) 微分性质

设 $f(t)$ 的拉氏变换为 $F(s)$，

则
$$L\left[\frac{df(t)}{dt}\right] = L[f'(t)] = sF(s) - f(0^+)$$

其中 $f(0^+)$ 是由正向使 $t \to 0^+$ 的 $f(t)$ 值。

同理可推广到 n 阶：

$$L[f^{(n)}(t)] = s^n F(s) - s^{n-1}f(0^+) - \cdots f^{(n-1)}(0^+)$$

当初始条件为 0 时，即 $f(0) = f'(0) = \cdots = 0$

则有

$$L[f'(t)] = sF(s) \quad L[f^{(n)}(t)] = s^n F(s)$$

3) 积分性质

设 $f(t)$ 的拉氏变换为 $F(s)$，则

$L\left[\int_0^t f(t)dt\right] = \frac{F(s)}{s} + \frac{1}{s}f^{(-1)}(0^+)$，其中 $f^{(-1)}(0^+)$ 是在 $t \to 0^+$ 时的值。

证明：

$$L\left[\int_0^t f(t)\,\mathrm{d}t\right] = \int_0^\infty \int_0^t f(t)\,\mathrm{d}t \cdot \mathrm{e}^{-st}\,\mathrm{d}t$$

$$= -\frac{1}{s}\left[\int_0^t f(t)\,\mathrm{d}t \cdot \mathrm{e}^{-st}\Big|_0^\infty - \int_0^\infty \mathrm{e}^{-st} f(t)\,\mathrm{d}t\right]$$

$$= \frac{F(s)}{s} + \frac{1}{s}f^{(-1)}(0^+)$$

同理可得 n 阶积分的拉氏变换：

$$L\left[\int_0^t \int_0^t \cdots \int_0^t f(t)\,(\mathrm{d}t)^n\right] = \frac{1}{s^n}F(s) + \frac{1}{s^n}f^{(-1)}(0^+) + \cdots + \frac{1}{s^n}f^{(-n)}(0^+)$$

当初始条件为 0 时，$f(t)$ 的各重积分在 $t \to 0^+$ 时，均为 0，则有

$$L\left[\int_0^t f(t)\,\mathrm{d}t\right] = \frac{F(s)}{s} \qquad L\left[\int_0^{t^{(n)}} f(t)\,\mathrm{d}t\right] = \frac{F(s)}{s^n}。$$

4）延迟性质

若 $f(t)$ 的拉氏变换为 $F(s)$，则对任一正实数 a 有 $L[f(t-a)] = \mathrm{e}^{-as}F(s)$，其中，当 $t < 0$ 时，$f(t)=0$，$f(t-a)$ 表 $f(t)$ 延迟时间 a。

证明：$L[f(t-a)] = \displaystyle\int_0^\infty f(t-a)\mathrm{e}^{-st}\,\mathrm{d}t$，

令 $t-a=\tau$，则有上式 $= \displaystyle\int_0^\infty f(\tau)\mathrm{e}^{-s(a+\tau)}\,\mathrm{d}\tau = \mathrm{e}^{-as}F(s)$

5）初值定理

设 $f(t)$ 的拉氏变换为 $F(s)$，则函数 $f(t)$ 的初值定理表示为：

$$f(0^+) = \lim_{t \to 0^+} f(t) = \lim_{s \to \infty} sF(s)$$

证明：由微分性质知：

$$L\left[\frac{\mathrm{d}f(t)}{\mathrm{d}t}\right] = \int_0^\infty \frac{\mathrm{d}f(t)}{\mathrm{d}t}\mathrm{e}^{-st}\,\mathrm{d}t = sF(s) - f(0^+)$$

对等式两边取极限：$s \to \infty$，则有

$$\lim_{s \to \infty}\int_0^\infty \frac{\mathrm{d}f(t)}{\mathrm{d}t}\mathrm{e}^{-st}\,\mathrm{d}t = \lim_{s \to \infty}[sF(s) - f(0^+)]$$

$$0 = \lim_{s \to \infty} sF(s) - f(0^+)$$

$$f(0^+) = \lim_{t \to 0^+} f(t) = \lim_{s \to \infty} sF(s)$$

6）终值定理

若 $f(t)$ 的拉氏变换为 $F(s)$，则终值定理表示为：

$$\lim_{t \to \infty} f(t) = \lim_{s \to 0} sF(s)$$

证明：由微分性质知：

$$L\left[\frac{\mathrm{d}f(t)}{\mathrm{d}t}\right] = \int_0^\infty \frac{\mathrm{d}f(t)}{\mathrm{d}t}\mathrm{e}^{-st}\,\mathrm{d}t = sF(s) - f(0^+)$$

令 $s \to 0$，对上式两边取极限，

$$\int_0^\infty \frac{\mathrm{d}f(t)}{\mathrm{d}t}\mathrm{d}t = \lim_{s\to 0}sF(s) - f(0^+)$$

$$f(t)\Big|_0^\infty = \lim_{s\to 0}sF(s) - f(0^+)$$

$$f(\infty) = \lim_{t\to\infty}f(t) = \lim_{s\to 0}sF(s)$$

这个定理在稳态误差中经常使用。

3.3.4　应用 MATLAB 求解拉氏变换和反变换

MATLAB 中，可以采用符号运算工具箱进行拉氏变换和拉氏反变换。

拉氏变换和拉氏反变换的函数为 Laplace 和 Ilaplace。

Laplace 变换函数格式：

先声明一个符号

$$\text{syms } t$$

然后写出相应的表达式

$$F = \text{Laplace}(f)$$

f 为时域表达式，约定的自变量是 t，得到的拉氏变换函数是 $F(s)$。

反拉氏变换也相同，就是 $f = \text{Ilaplace}(F)$。

【例 3-4】　(1) 求 $f(t) = 3(1 - \cos 2t)$ 的拉氏变换；(2) 求 $F(s)$ 的拉氏反变换 $f(t)$。

解：(1)

```
clear                %清除所有变量
clc                  %清屏
syms t               %声明变量 t
f1=3*(1-cos(2*t));
F1=laplace(f1)
F1 =3/s-3*s/(s^2+4)
```

(2)

```
syms s
F2=(s+1)/s/(s-1)/(s+3)/(s+4)^2;
f2=ilaplace(F2)
```

f2 $= -1/48 + 1/50 * \exp(t) - 1/6 * \exp(-3*t) + 3/20 * t * \exp(-4*t) + 67/400 * \exp(-4*t)$

3.4　线性系统的传递函数

3.4.1　微分方程的求解

微分方程的求解分为时域法和变换域法，它们之间的关系可以用图 3-6 图来表示：

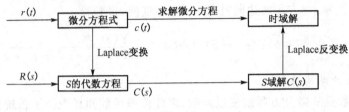

图 3-6

从图中可知，通过 Laplace 变换，可以将微分方程的解简化为复变域中关于 s 的代数方程，并得到输出的 Laplace 变换 $C(s)$ 后，反变换得到微分方程的时间域解 $c(t)$。

3.4.2　传递函数(Transfer Function)

1) 传递函数定义

在线性系统中，当初始条件为零时，系统输出的 Laplace 变换象函数 $C(s)$ 与输入的 Laplace变换象函数 $R(s)$之比，称为系统的传递函数。

设线性时不变系统的微分方程为：

$$\begin{aligned} & a_0 \frac{\mathrm{d}^n c}{\mathrm{d}t^n} + a_1 \frac{\mathrm{d}^{n-1} c}{\mathrm{d}t^{n-1}} + a_2 \frac{\mathrm{d}^{n-2} c}{\mathrm{d}t^{n-2}} + \cdots + a_{n-1} \frac{\mathrm{d}c}{\mathrm{d}t} + a_n c \\ = & b_0 \frac{\mathrm{d}^m r}{\mathrm{d}t^m} + b_1 \frac{\mathrm{d}^{m-1} r}{\mathrm{d}t^{m-1}} + b_2 \frac{\mathrm{d}^{m-2} r}{\mathrm{d}t^{m-2}} + \cdots + b_{m-1} \frac{\mathrm{d}r}{\mathrm{d}t} + b_m r \end{aligned} \tag{3-18}$$

在零初始条件下，对 3-18 式微分方程两边同时求 Laplace 变换，并令输出 $c(t)$的 Laplace变换为$C(s)$，输入$r(t)$的 Laplace 变换为$R(s)$，利用 Laplace 变换的微分性质，得到：

$$\begin{aligned} & (a_0 s^n + a_1 s^{n-1} + \cdots + a_{n-1} s + a_n) C(s) \\ = & (b_0 s^m + b_1 s^{m-1} + \cdots + b_{m-1} s + b_m) R(s) \end{aligned} \tag{3-19}$$

求得传递函数：

$$G(s) = \frac{C(s)}{R(s)} = \frac{b_0 s^m + b_1 s^{m-1} + \cdots + b_{m-1} s + b_m}{a_0 s^n + a_1 s^{n-1} + \cdots + a_{n-1} s + a_n} \tag{3-20}$$

【例 3-5】 试求 RLC 串联电路传递函数，如图 3-7 所示。

解：该电路的微分方程前面已经求得

$$LC \frac{\mathrm{d}^2 u_c}{\mathrm{d}t^2} + RC \frac{\mathrm{d}u_c}{\mathrm{d}t} + u_c = u_r \tag{3-21}$$

图 3-7　例 3-5 RLC 串联电路

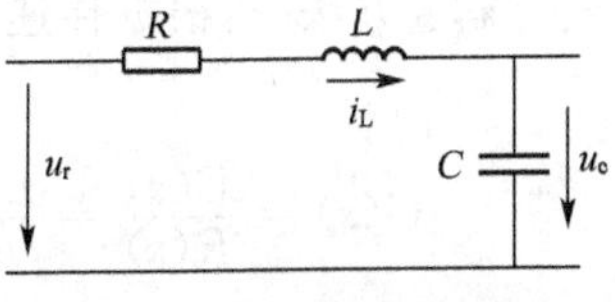

令初始条件为零，对 3-21 方程两边同时求 Laplace 变换，

得到：

$$LCs^2 U_c(s) + RCsU_c(s) + U_c(s) = U_r(s) \tag{3-22}$$

$$(LCs^2 + RCs + 1)U_c(s) = U_r(s) \Rightarrow G(s) = \frac{U_c(s)}{U_r(s)} = \frac{1}{LCs^2 + RCs + 1} \tag{3-23}$$

【例 3-6】 动力学系统如图 3-3，试求传递函数。

解： 该系统的微分方程为：$my'' + fy' + ky = f(t)$

令初始条件为零，对方程两边同时求 Laplace 变换，得到：

$$(ms^2 + fs + k)Y(s) = F(s) \Rightarrow G(s) = \frac{Y(s)}{F(s)} = \frac{1}{ms^2 + fs + k} \tag{3-24}$$

2) 传递函数的结构特征

(1) 传递函数是从微分方程演变过来的，因此传递函数同样表征了系统的固有特性，它是系统在复变域中的一种数学模型。

(2) 由于传递函数适用于线性系统，所以传递函数不会因为输入量或输出量函数而异。

(3) 传递函数包含了微分方程的全部系数，所以它与微分方程是完全相通的，如果传递函数中不存在分子分母对消的因子，那么传递函数与微分方程一样包含了系统的全部信息。

(4) 传递函数的分母多项式就是微分方程左端函数的微分算子符多项式，也就是系统的特征多项式，不过它是复变域里的表现形式。传递函数的分子多项式就是微分方程右端函数的微分算子符多项式。

(5) 虽然传递函数与微分方程是相通的，但从形式上说，传递函数毕竟是一个函数，而微分方程是一个方程，因此传递函数在运算和作图方面是比较方便的，但它也带来了分子分母相消等问题。

(6) 由于传递函数与微分方程的相通性，因此只要将微分方程中的微分算子符 $P = \dfrac{\mathrm{d}}{\mathrm{d}t}$ 换成复变量 s，即可得到传递函数。

令 $P = \dfrac{\mathrm{d}}{\mathrm{d}t} \to s, c(t) \to C(s), r(t) \to R(s)$，则可得到传递函数 $G(s)$。

(7) 传递函数 $G(s)$ 与系统的冲击响应 $g(t)$ 为一对变换对，即 $G(s) \leftrightarrow g(t)$

为我们提供了传递函数的一种求取方法，即若已知系统的冲击响应 $g(t)$，则其传递函数 $G(s) = L[g(t)]$。

(8) 对于一个物理上可实现的线性集中参数对象，其传递函数必定是严格有理函数，也即传递函数的分子多项式的阶次 m 总是小于分母多项式的阶次 n，$m < n$。

【例 3-7】 设系统的单位阶跃响应为 $c(t) = 1 - \mathrm{e}^{-2t} + \mathrm{e}^{-t}$，试求系统的传递函数和脉冲响应函数。

解： 方法一：根据传递函数的定义，系统的传递函数为：

$$G(s) = \frac{C(s)}{R(s)} = \frac{L(1 - \mathrm{e}^{-2t} + \mathrm{e}^{-t})}{L[l(t)]} = \frac{\dfrac{1}{s} - \dfrac{1}{s+2} + \dfrac{1}{s+1}}{\dfrac{1}{s}} = \frac{s^2 + 4s + 2}{(s+1)(s+2)} \tag{3-25}$$

脉冲响应函数为：

$$g(t) = L^{-1}[G(s)] = \delta(t) + 2e^{-2t} - e^{-t} \tag{3-26}$$

方法二：根据线性系统的性质，系统的脉冲响应函数为：

$$g(t) = \frac{\mathrm{d}c(t)}{\mathrm{d}t} = \delta(t) + 2e^{-2t} - e^{-t} \tag{3-27}$$

系统的传递函数为：

$$G(s) = L[g(t)] = L[\delta(t) + 2e^{-2t} - e^{-t}] = 1 + \frac{2}{s+2} - \frac{1}{s+1} = \frac{s^2 + 4s + 2}{(s+1)(s+2)}$$

$$\tag{3-28}$$

3) 传递函数的零、极点

(1) 传递函数的零点与极点

$$G(s) = \frac{C(s)}{R(s)} = \frac{b_0 s^m + b_1 s^{m-1} + \cdots + b_{m-1} s + b_m}{a_0 s^n + a_1 s^{n-1} + \cdots + a_{n-1} s + a_n} = \frac{M(s)}{N(s)} \tag{3-29}$$

定义传递函数分子多项式 $M(s) = 0$ 的 m 个根 z_1，z_2，$\cdots$，z_m 为零点，分母多项式 $N(s) = 0$ 的 n 个根 p_1，p_2，$\cdots$，p_n 为极点，实际上极点也就是特征方程式的根，即特征根。零点和极点可以是实数或共轭复数。

(2) 传递函数的表示形式

① 零极点表达式

$$G(s) = \frac{b_0 s^m + b_1 s^{m-1} + \cdots + b_{m-1} s + b_m}{a_0 s^n + a_1 s^{n-1} + \cdots + a_{n-1} s + a_n} = K_g \frac{(s-z_1)(s-z_2)\cdots(s-z_m)}{(s-p_1)(s-p_2)\cdots(s-p_n)} \tag{3-30}$$

式中 $K_g = \dfrac{b_0}{a_0}$ 称为传递系数或根轨迹增益。

② 归一化（时间常数）表达式

$$G(s) = \frac{b_0 s^m + b_1 s^{m-1} + \cdots + b_{m-1} s + b_m}{a_0 s^n + a_1 s^{n-1} + \cdots + a_{n-1} s + a_n} = K \frac{(\tau_1 s + 1)(\tau_2^2 s^2 + 2\tau_2 \xi_2 s + 1)\cdots}{(T_1 s + 1)(T_2^2 s^2 + 2T_2 \xi_2 s + 1)\cdots}$$

$$\tag{3-31}$$

式中 $K = \dfrac{b_m}{a_n}$ 称为系统传递函数的静态（稳态）放大系数。

K 与 K_g 的关系：

$$K = K_g \frac{(-z_1)(-z_2)\cdots(-z_m)}{(-p_1)(-p_2)\cdots(-p_n)} = K_g \frac{\prod\limits_{i=1}^{m}(-1)^m z_i}{\prod\limits_{j=1}^{n}(-1)^n p_j} \tag{3-32}$$

(3) 零点、极点图

习惯上在 s 平面上以"O"表示零点，以"×"表示极点的图称为零极点图（如图 3-8）。

例如：系统的传递函数为 $G(s) = \dfrac{(s+2)}{(s+3)(s^2+2s+2)}$，则传

递函数可表示为：$G(s) = \dfrac{(s+2)}{(s+3)(s+1+j)(s+1-j)}$。

4）零点、极点、传递系数与系统响应的关系

当系统的传递函数 $G(s)$ 为有理函数时，它的几乎全部信息都集中表现为它的零点、极点和传递系数，因此系统的响应也就有它的零点、极点和传递系数来决定。

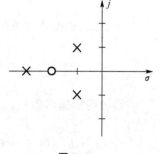

图 3-8

（1）极点决定了系统自由（固有）运动属性

无论是外部的输入信号（包括扰动信号）还是系统的初始状态，都可激发出由传递函数 $G(s)$ 极点决定的自由运动，因此系统的自由运动是系统的固有运动属性，而与外部输入信号无关。

一般而言，传递函数 $G(s)$ 极点的形式，决定了系统自由运动模态的具体形式。

- 当极点为互不相等的实数根 p_1，p_2，$\cdots$，p_n 时，自由运动的模态形式为：

$$\mathrm{e}^{p_1 t}，\mathrm{e}^{p_2 t}，\cdots，\mathrm{e}^{p_n t}$$

- 当极点有共轭复数根，如 $p_i = \sigma_i \pm j\omega_i$ 时，自由运动的模态形式将出现：

$$\mathrm{e}^{\sigma_i t}\cos\omega_i t \text{ 或 } \mathrm{e}^{\sigma_i t}\sin\omega_i t$$

- 当极点出现实数重根，如 m 重实数根 p_i 时，自由运动的模态形式将出现：

$$\mathrm{e}^{p_i t}，t\mathrm{e}^{p_i t}，\cdots，t^{m-1}\mathrm{e}^{p_i t}$$

- 当极点出现复数重根，如 m 重复数根 $p_i = \sigma_i \pm j\omega_i$ 时，自由运动的模态形式将出现：

$$\mathrm{e}^{\sigma_i t}\cos\omega_i t，t\mathrm{e}^{\sigma_i t}\cos\omega_i t，\cdots，t^{m-1}\mathrm{e}^{\sigma_i t}\cos\omega_i t$$

或
$$\mathrm{e}^{\sigma_i t}\sin\omega_i t，t\mathrm{e}^{\sigma_i t}\sin\omega_i t，\cdots，t^{m-1}\mathrm{e}^{\sigma_i t}\sin\omega_i t$$

- 当极点既有互异的实数根、共轭复数根，又有重实数根、重复数根时，自由运动的模态形式将是上述几种形式的线性组合。

（2）极点位置决定了系统响应的稳定性和快速性

系统传递函数的开环极点的实部均小于零，从 s 平面来看，所有极点均位于其左半平面，则其模态就会随着时间 t 的增长而衰减，最终消失。很显然所有极点中，只要有一个极点的实部不小于零，即或大于零，或等于零，则其对应的模态随着时间 t 的增加或趋于无穷大或呈现等幅振荡，从而系统响应的自由运动分量就不会消失，系统响应也就得不到稳态响应。系统响应的自由运动分量（即能得到稳态响应）能够消失的称为稳定系统，因此系统的稳定性由其全部极点的位置来决定。

对于稳定的系统，即所以极点均位于 s 左半平面，每个极点所对应的运动模态，随着时间 t 衰减的快慢，则由该极点离开虚轴的距离来决定。显然离开虚轴越远，则衰减得越快；离开虚轴越近，则衰减越慢。而系统响应响应的快速性，即暂态响应衰减的快慢，就是由极点决定的自由运动模态衰减的快慢，因此系统响应的快速性，也就由其全部极点在 s 左半平面上的分布决定。

（3）零点决定了运动模态的比重

零点决定了各模态在响应中所占的"比重"，因而也就影响系统响应的曲线形状，因此也就会影响系统响应的快速性。

从工程的角度来看，决不能认为系统的动态性质唯一地由或主要地由传递函数的极点决定，必须注意到零点的作用。

一般来讲，零点离极点较远时，相应于该极点模态所占的比重较大，离极点较近时，相应于该极点模态所占的比重较小。当零点与极点重合，出现零极点对消现象，此时相应于该极点的模态也就消失了（实际上是该模态的比重为零）。因此零点有阻断极点模态"产生"或"生成"的作用。

（4）传递系数决定了系统稳态传递性能

系统的传递函数可以表示为零极点和归一化两种形式，其中零极点形式中的 K_g 称为传递系数，归一化形式中的 K 称为静态放大倍数，而传递系数 K_g 与静态放大倍数 K 有着确定的关系

$$K = K_g \frac{(-z_1)(-z_2)\cdots(-z_m)}{(-p_1)(-p_2)\cdots(-p_n)} = K_g \frac{\prod\limits_{i=1}^{m}(-1)^m z_i}{\prod\limits_{j=1}^{n}(-1)^n p_j} \tag{3-33}$$

K 决定了稳态响应的放大倍数关系。

3.5　典型环节及其传递函数

无论控制系统的传递函数有多么复杂，其传递函数总能表示为基本因子的乘积形式，在控制理论中这些基本因子叫做基本单元或典型环节。熟悉这些典型环节的传递函数、响应特征对于分析控制系统的性能十分重要。

1）比例环节

比例环节又称放大环节，其输出量以一定比例复现输入信号，如图 3-9 所示。

运动方程：$c(t) = Kr(t)$，传递函数为：$G(s) = K$。

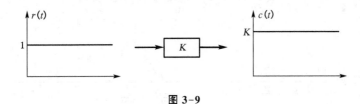

图 3-9

比例环节的典型例子有运算放大器、齿轮变速箱、电位器、测速发电机等。

2）惯性环节

运动方程：

$$T \frac{\mathrm{d}c(t)}{\mathrm{d}t} + c(t) = r(t),$$

传递函数：

$$G(s) = \frac{1}{Ts+1} = \frac{\omega_0}{s+\omega_0}, \ \omega_0 = \frac{1}{T}$$

T 称为惯性时间常数,只有一个实数极点 $-1/T$,没有零点。

若输入为阶跃函数 $r(t) = ul(t)$,则该惯性环节的输出为:

$$c(t) = u + [c(0) - u] e^{-t/T} \tag{3-34}$$

$c(0)$ 为 c 的初值。

典型的实例有一阶 RC 电路。

3）积分环节

运动方程: $T \dfrac{\mathrm{d}c(t)}{\mathrm{d}t} = r(t)$ 或 $c(t) = \dfrac{1}{T} \displaystyle\int_0^t r(t)\mathrm{d}t$,即环节输出为输入信号的积分,环节由此得名。

传递函数: $G(s) = \dfrac{1}{Ts}$

积分环节的特点是除非输入信号 $r(t)$ 恒为 0,否则积分环节的输出量 $c(t)$ 不可能维持为常数不变。

4）微分环节

运动方程:

$$c(t) = T \frac{\mathrm{d}r(t)}{\mathrm{d}t},$$

即环节输出量为输入信号的微分,环节由此得名。

传递函数:

$$G(s) = Ts,$$

有时 $G(s) = Ts + 1$ 也称为微分环节。

5）振荡环节

运动方程:

$$T^2 \frac{\mathrm{d}^2 c(t)}{\mathrm{d}t^2} + 2\xi T \frac{\mathrm{d}c(t)}{\mathrm{d}t} + c(t) = r(t) \tag{3-35}$$

传递函数:

$$G(s) = \frac{1}{T^2 s^2 + 2\xi Ts + 1} = \frac{\dfrac{1}{T^2}}{s^2 + \dfrac{2\xi s}{T} + \dfrac{1}{T^2}} = \frac{\omega_n^2}{s^2 + 2\xi \omega_n s + \omega_n^2} \tag{3-36}$$

其中 $\omega_n = \dfrac{1}{T}$,$0 \leqslant \xi < 1$。该环节具有一对共轭复数极点,无零点。其单位阶跃响应呈典型的振荡衰减形式。

6）延时环节

运动方程: $c(t) = r(t - \tau)$,这个方程实际上不是微分方程而是差分方程。

传递函数: $G(s) = e^{-\tau s}$,是 s 的无理函数,函数 $e^{-\tau s}$ 在 $s = \infty$ 点有无穷多个极点和零点。

3.6 系统的动态结构图

3.6.1 定义

控制系统的动态结构图是描述系统各元件之间信号流向和传递关系的数学图示模型，它表示系统各变量之间的因果关系以及对各变量所进行的运算，是控制理论中描述复杂系统的一种简便方法，它适用于线性和非线性系统。

3.6.2 结构图的组成

结构图由信号线、分支点、相加（综合）点和方框等单元。

【例 3-8】 直流电机转速控制系统（空载）。

受控对象传递函数：

$$G_1(s) = \frac{\Omega(s)}{U_a(s)} = \frac{\dfrac{1}{K_e}}{T_m T_a s^2 + T_m s + 1}$$

控制器（放大器）传递函数：

$$G_2(s) = \frac{U_a(s)}{E(s)} = K_a$$

比较环节传递函数：

$$E(s) = U_r(s) - U_T(s)$$

反馈测量（测速发电机）传递函数：

$$G_3(s) = \frac{U_T(s)}{\Omega(s)} = K_T$$

根据上述各环节的信号传递和变换关系，得到其结构图如图 3-10 所示：

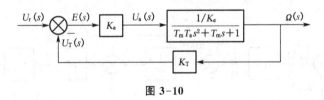

图 3-10

3.6.3 结构图的绘制方法

结构图的绘制步骤：

（1）列写每个元件的原始微分方程，并注意负载效应。

（2）将原始微分方程求 Laplace 变换，并将得到的传递函数写入方框中。

（3）将这些方框按信号的流向和传递关系用信号线、相加点和分支点连接起来，即得到整个系统的结构图。

【例 3-9】 画出图 3-11 中 *RC* 电网络的结构图。

解：列写原始微分方程，求 Laplace 变换：

$$\begin{cases} u_R(t) = u_1(t) - u_2(t) \\ i(t) = \dfrac{u_R(t)}{R} \\ u_2(t) = \dfrac{1}{C}\displaystyle\int i(t)\,\mathrm{d}t \end{cases} \Rightarrow \begin{cases} U_R(s) = U_1(s) - U_2(s) \\ I(s) = \dfrac{U_R(s)}{R} \\ U_2(s) = \dfrac{I(s)}{sc} \end{cases}$$

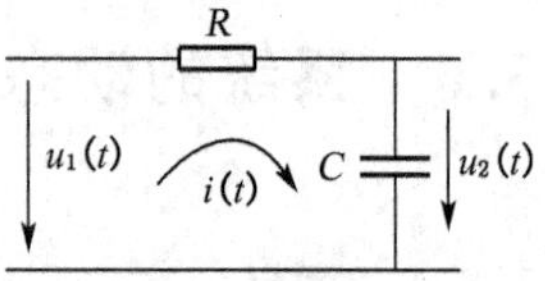

图 3-11　例 3-9 *RC* 电网络

画出结构图（见图 3-12）：

该网络的传递函数为：

$$G(s) = \frac{U_2(s)}{U_1(s)} = \frac{1}{RCs+1} \tag{3-37}$$

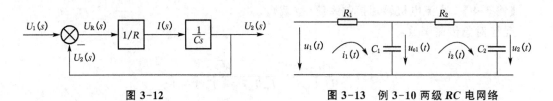

图 3-12　　　　　图 3-13　例 3-10 两级 *RC* 电网络

【**例 3-10**】　画出两级 *RC* 电网络（图 3-13）的结构图。

解：列写原始方程与求 Laplace 变换：

$$\begin{cases} u_{R1}(t) = u_1(t) - u_{c1}(t) \\ i_1(t) = \dfrac{u_{R1}(t)}{R_1} \\ u_{c1}(t) = \dfrac{1}{C_1}\displaystyle\int [i_1(t) - i_2(t)]\mathrm{d}t \\ u_2(t) = \dfrac{1}{C_2}\displaystyle\int i_2(t)\,\mathrm{d}t \end{cases} \Rightarrow \begin{cases} U_{R1}(s) = U_1(s) - U_{c1}(s) \\ I_1(s) = \dfrac{U_{R1}(s)}{R_1} \\ U_{c1}(s) = \dfrac{I_1(s) - I_2(s)}{sC_1} \\ U_2(s) = \dfrac{I_2(s)}{sC_2} \end{cases}$$

画出结构图 3-14：

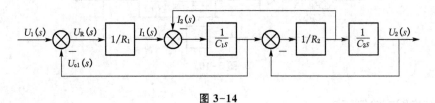

图 3-14

网络传递函数为：

$$G(s) = \frac{U_2(s)}{U_1(s)} = \frac{1}{R_1C_1R_2C_2s^2 + (R_1C_1 + R_2C_2 + R_1C_2)s + 1} \tag{3-38}$$

3.6.4　结构图的基本连接形式

（1）串联（Series），如图 3-15 所示。

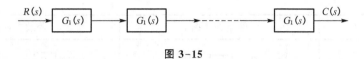

图 3-15

$$G(s) = \frac{C(s)}{R(s)} = G_1(s)G_2(s)\cdots G_n(s) = \prod_{i=1}^{n} G_i(s) \tag{3-39}$$

（2）并联（Parallel），如图 3-16 所示。

$$G(s) = \frac{C(s)}{R(s)} = G_1(s) + G_2(s) + \cdots + G_n(s) = \sum_{i=1}^{n} G_i(s) \tag{3-40}$$

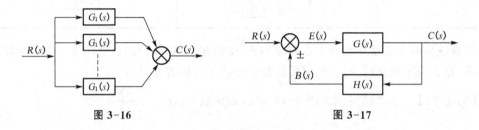

图 3-16　　　　　　　　　　　图 3-17

（3）反馈连接（Feedback），如图 3-17 所示。

$$\Phi_B(s) = \frac{C(s)}{R(s)} = \frac{G(s)}{1 \pm G(s)H(s)}, \quad \Phi_E(s) = \frac{E(s)}{R(s)} = \frac{1}{1 + G(s)H(s)} \tag{3-41}$$

3.6.5　结构图的等效变换

结构图的等效变换法则主要有：分支点前移、分支点后移、相加点前移、相加点后移、单位反馈变换、简化反馈回路等。具体法则见表 3-2。

表 3-2　结构图等效变换法则表

	原始方块图	等效方块图
1. 相加点前移	$A \rightarrow \boxed{G} \xrightarrow{AG} \otimes \xrightarrow{AG-B}$ $B \uparrow -$	$A + \otimes \xrightarrow{A-\frac{B}{G}} \boxed{G} \xrightarrow{AG-B}$ $\frac{B}{G} - \boxed{\frac{1}{G}} \leftarrow B$
2. 相加点后移	$A + \otimes \xrightarrow{A-B} \boxed{G} \xrightarrow{(A-B)G}$ $B \uparrow -$	$A \rightarrow \boxed{G} \xrightarrow{AG} \otimes + \xrightarrow{(A-B)G}$ $B \rightarrow \boxed{G} \xrightarrow{BG} -$
3. 引出点前移	$A \rightarrow \boxed{G} \xrightarrow{AG}$ $\xrightarrow{AG}$	$A \rightarrow \boxed{G} \xrightarrow{AG}$ $\rightarrow \boxed{G} \xrightarrow{AG}$

	原始方块图	等效方块图
4. 引出点后移		
5. 单位反馈变换		
6. 简化反馈回路		

等效变换的方法是移动分支点和相加点,交换相加点,减少内反馈回路。通过重新排列和代换,将方块图简化后,可以使以后的数学分析工作很容易进行。

【例 3-11】 系统结构图如图 3-18,求传递函数 $G(s) = \dfrac{C(s)}{R(s)}$。

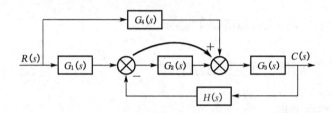

图 3-18 例 3-11 系统结构图

解:等效过程见图 3-19。

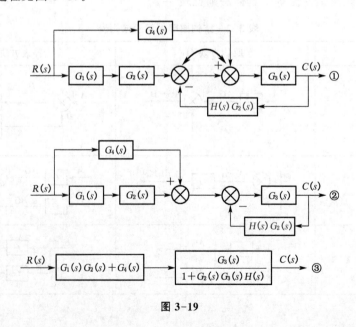

图 3-19

$$\therefore G(s) = \frac{G_1(s)G_2(s)G_3(s) + G_3(s)G_4(s)}{1 + G_2(s)G_3(s)H(s)}$$

3.6.6　系统的常用传递函数

从典型控制系统结构图(图 3-20)中可以总结有如下几点:

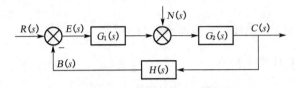

图 3-20　典型控制系统结构图

(1) 前向通道传递函数:　　　$\dfrac{C(s)}{E(s)} = G_1(s)G_2(s)$

(2) 反馈通道传递函数:　　　$\dfrac{B(s)}{C(s)} = H(s)$

(3) 开环传递函数:　　　$G_0(s) = \dfrac{B(s)}{E(s)} = G_1(s)G_2(s)H(s)$

(4) 闭环传递函数:　　　$\Phi_c(s) = \dfrac{C(s)}{R(s)} = \dfrac{G_1(s)G_2(s)}{1 + G_1(s)G_2(s)H(s)}$

(5) 误差传递函数:　　　$\begin{cases} \Phi_E(s) = \dfrac{E(s)}{R(s)} = \dfrac{1}{1 + G_1(s)G_2(s)H(s)} \\[3mm] \Phi_N(s) = \dfrac{E(s)}{N(s)} = -\dfrac{G_2(s)H(s)}{1 + G_1(s)G_2(s)H(s)} \end{cases}$

(6) 闭环特征方程式:　　　$1 + G_1(s)G_2(s)H(s) = 1 + G_0(s) = 0$

以上式子表明:

(1) 系统的闭环特征方程式为开环传递函数有理分式的分母多项式与分子多项式之和。

(2) 只要开环传递函数是严格有理函数,则闭环系统与开环系统的特征多项式就具有相同的阶次。

(3) 闭环系统与开环系统的传递函数没有公共极点。

(4) 闭环系统与开环系统的传递函数具有相同的零点。

3.7　数学模型的 MATLAB 描述

控制系统常用的数学模型有三种:传递函数、零极点增益和状态空间。每种模型均有连续/离散之分,它们各有特点,有时需在各种模型之间进行转换。本节主要介绍它们的 MATLAB 表示及三种模型之间的相互转换。

3.7.1　连续系统数学模型的 MATLAB 表示

1) 传递函数模型

当传递函数:

$$G(s) = \frac{Y(s)}{X(s)} = \frac{\mathrm{num}(s)}{\mathrm{den}(s)} = \frac{b_0 s^m + b_1 s^{m-1} + \cdots + b_{m-1}s + b_m}{a_0 s^n + a_1 s^{n-1} + \cdots + a_{n-1}s + a_n}$$

时,则在 MATLAB 中,直接用分子/分母的系数构成的向量表示,即

$$\mathrm{num} = [b_0, b_1, \cdots, b_m];$$
$$\mathrm{den} = [a_0, a_1, \cdots, a_n]。$$

【例 3-12】 用 MATLAB 表示传递函数为 $\dfrac{s+1}{s^2+3s+2}$ 的系统。

解: 在 MATLAB 环境下输入

$$\mathrm{num} = [1\ 1];\ \mathrm{den} = [1\ 3\ 2];$$

printsys(num, den)   % 此处 printsys 命令是传递函数显示命令。

则执行后得到如下结果:

$$\mathrm{num/den} = \frac{s+1}{s^\wedge 2 + 3s + 2}$$

2) 零极点增益模型

当:

$$G(s) = k\,\frac{(s - z_0)(s - z_1)\cdots(s - z_m)}{(s - p_0)(s - p_1)\cdots(s - p_n)}$$

时,则在 MATLAB 中,用[z, p, k]矢量组表示,即

$$z = [z_0, z_1, \cdots, z_m];$$
$$p = [p_0, p_1, \cdots, p_n];$$
$$k = [k]。$$

【例 3-13】 用 MATLAB 表示传递函数为 $\dfrac{1.5(s+1)}{s(s+1)(s+2)}$ 的系统。

解: 在 MATLAB 环境下输入

$$z = -1;\ p = [0\ -1\ -2];\ k = 1.5;$$

$$[\mathrm{num}, \mathrm{den}] = \mathrm{zp2tf}(z, p, k);$$

printsys(num, den)   % 此处 printsys 命令是传递函数显示命令。

则执行后得到如下结果:

$$\mathrm{num/den} = \frac{1.5s + 1.5}{s^\wedge 3 + 3s^\wedge 2 + 2s}$$

3) 状态空间模型

当 $\begin{cases} \dot{x} = ax + bu \\ y = cx + du \end{cases}$ 时,则在 MATLAB 中,该控制系统可用(a, b, c, d)矩阵组表示。

4) 传递函数的部分分式展开

当: $G(s) = \dfrac{Y(s)}{X(s)} = \dfrac{\mathrm{num}(s)}{\mathrm{den}(s)} = \dfrac{b_0 s^m + b_1 s^{m-1} + \cdots + b_{m-1}s + b_m}{a_0 s^n + a_1 s^{n-1} + \cdots + a_{n-1}s + a_n}$

时,在 MATLAB 中直接用分子/分母的系数表示时有

$$\text{num} = [b_0, b_1, \cdots, b_m];$$

$$\text{den} = [a_0, a_1, \cdots, a_n]$$

则命令

$$[r, p, k] = \text{residue}(\text{num}, \text{den})$$

将求出两个多项式 $Y(s)$ 和 $X(s)$ 之比的部分分式展开的留数、极点和直接项。$Y(s)/X(s)$ 的部分分式展开由下式给出:

$$\frac{Y(s)}{X(s)} = \frac{r(1)}{s-p_1} + \frac{r(2)}{s-p_2} + \cdots + \frac{r(n)}{s-p_n} + k(s)$$

【例 3-14】　考虑下列传递函数:

$$\frac{Y(s)}{X(s)} = \frac{2s^3 + 5s^2 + 3s + 6}{s^3 + 6s^2 + 11s + 6}$$

命令　　　　　　　　　$[r, p, k] = \text{residue}(\text{num}, \text{den})$

将给出下列结果:

```
[r, p, k]=residue(num, den)
r=
—6.000
—4.000
3.000
p=
—3.000
—2.000
—1.000
k=
2
```

留数为列向量 r,极点位置为列向量 p,直接项是行向量 k。以下是 $Y(s)/X(s)$ 的部分分式展开的 MATLAB 表达形式:

$$\frac{Y(s)}{X(s)} = \frac{2s^3 + 5s^2 + 3s + 6}{(s+1)(s+2)(s+3)} = \frac{-6}{s+3} + \frac{-4}{s+2} + \frac{3}{s+1} + 2$$

命令

$$[\text{num}, \text{den}] = \text{residue}(r, p, k)$$

执行后得到如下结果:

$[\text{num}, \text{den}]=\text{residue}(r, p, k)$

num＝

2.0000　5.0000　3.0000　6.0000

den＝

1.0000　6.0000　11.0000　6.0000

3.7.2　离散系统数学模型的 MAT LAB 表示

1）传递函数模型

$$G(z) = \frac{b_0 z^m + b_1 z^{m-1} + \cdots + b_{m-1} z + b_m}{a_0 z^0 + a_1 z^{n-1} + \cdots + a_{n-1} z + a_n}$$

2）零极点增益模型

$$G(z) = k \frac{(z - z_0)(z - z_1)\cdots(z - z_m)}{(z - p_0)(z - p_1)\cdots(z - p_n)}$$

3）状态空间模型

$$\begin{cases} x(k+1) = ax(k) + bu(k) \\ y(k+1) = cx(k+1) + du(k+1) \end{cases}$$

3.7.3　模型之间的转换

同一个控制系统都可用上述三种不同的模型表示,为分析系统的特性,有必要在三种模型之间进行转换。MATLAB 的信号处理和控制系统工具箱中,都提供了模型变换的函:ss2tf, ss2zp, tf2ss, tf2zp, zp2ss, zp2tf,它们的关系可用图 3-21 所示的结构来表示。

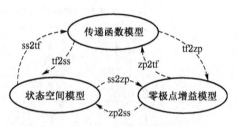

图 3-21　三种模型之间的转换

模型转换的说明如下：

ss2tf 命令:将状态空间模型转换成传递函数模型。格式为：

$$[\text{num}, \text{den}] = \text{ss2tf}(A, B, C, D, iu)$$

式中,iu 为输入的序号。

ss2zp 命令:将状态空间模型转换成零极点增益模型。格式为：

$$[Z, P, K] = \text{ss2zp}(A, B, C, D, iu)$$

式中,iu 为输入的序号。

tf2ss 命令:将传递函数模型转换成状态空间模型。格式为：

$$[A, B, C, D] = \text{tf2ss}(\text{num}, \text{den})$$

tf2zp 命令:将传递函数模型转换成零极点增益模型。格式为：

$$[Z, P, K] = \text{tf2zp}(\text{num}, \text{den})$$

zp2ss 命令:将零极点增益模型转换成状态空间模型。格式为：

$$[A, B, C, D] = zp2ss(Z, P, K)$$

zp2tf 命令:将零极点增益模型转换成传递函数模型。格式为:

$$[num, den] = zp2tf(Z, P, K)$$

3.8　控制系统建模

对简单系统的建模可直接采用三种基本模型:传递函数、零极点增益、状态空间模型。但实际中经常遇到几个简单系统组合成一个复杂系统。常见形式有:并联、串联、闭环及反馈等连接。

(1) 并联:将两个系统按并联方式连接,在 MATLAB 中可用 parallel 函数实现。

命令格式为:

$$[nump, denp] = parallel(num1, den1, num2, den2)$$

其对应的结果为:

$$G(s) = G_1(s) + G_2(s)$$

(2) 串联:将两个系统按串联方式连接,在 MATLAB 中可用 series 函数实现。

命令格式为:

$$[nums, dens] = series(num1, den1, num2, den2)$$

其对应的结果为:

$$G(s) = G_1(s) \cdot G_2(s)$$

(3) 闭环:将系统通过正负反馈连接成闭环系统,在 MATLAB 中可用 feedback 函数实现。

命令格式为:

$$[numf, denf] = feedback(num1, den1, num2, den2, sign)$$

sign 为可选参数,sign=-1 为负反馈,而 sign=1 对应为正反馈。缺省值为负反馈。

其对应的结果为:

$$G_f(s) = \frac{G(s)}{1 + G_1(s)G_2(s)}$$

(4) 单位反馈:将两个系统按反馈方式连接成闭环系统(对应于单位反馈系统),在 MATLAB 中可用 cloop 函数实现。

命令格式为:

$$[numc, denc] = cloop(num, den, sign)$$

sign 为可选参数,sign=-1 为负反馈,而 sign=1 对应为正反馈。缺省值为负反馈。

其对应的结果为:

$$G_c(s) = \frac{G(s)}{1+G(s)}$$

思考与练习题

1. 什么是系统的数学模型？主要的类型有哪些？

2. 线性化是指在工作点附近用_____代替曲线。

3. 传递函数等于_____比_____。

4. 传递函数只与_____有关，与输出量、输入量_____。

5. 拉氏变换定义式存在的条件是什么？有什么应用意义？

6. 惯性环节的惯性时间常数越大，系统快速性越_____。

7. 复杂方框图简化应注意哪些原则(至少列出四项)？

8. 什么是定常系统？

9. 试说明两个系统 $G_1(s)$ 和 $G_2(s)$ 是串联的。

10. 系统数学建模的主要步骤有哪几步？

11. 什么是传递函数的零点、极点和传递系数？

12. 求下列系统传递函数。

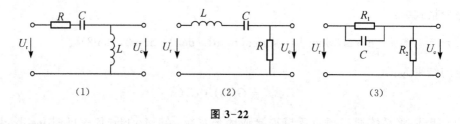

(1)   (2)   (3)

图 3-22

13. 化简方框图，求传递函数。

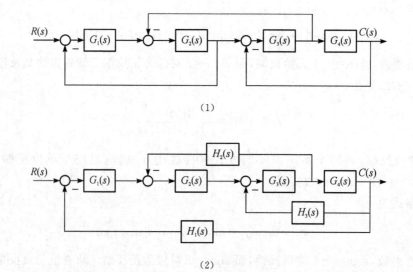

(1)

(2)

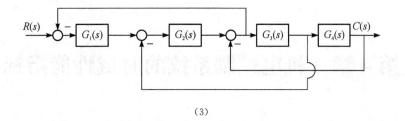

（3）

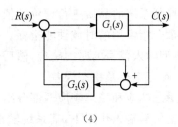

（4）

图 3-23

14. 将下列传递函数用 MATLAB 语句描述。

（1）$G(s) = \dfrac{12s^3 + 24s^2 + 20}{2s^4 + 4s^3 + 6s^2 + 2s + 2}$ 　　（2）$G(s) = \dfrac{12s^3 + 24s^2 + s + 1}{2s^4 + 4s^3 + 6s^2 + 2s + 2}$

（3）$G(s) = \dfrac{4(s+2)(s^2 + 6s + 6)^2}{s(s+1)^3(s^3 + 3s^2 + 2s + 5)}$

第4章 机电控制系统的时域性能指标

控制系统的性能指标是对控制系统的品质进行评价的依据,包括时域性能指标、频域性能指标和综合性能指标等。本章介绍常用的时域性能指标。根据描述系统的微分方程或传递函数,直接求解控制系统对典型输入信号的时间响应,然后依据响应曲线和响应的数学表达式确定系统的性能—稳定性、瞬态指标及稳态误差。

控制系统的时间响应是由瞬态响应和稳态响应两部分组成。

瞬态响应是系统在某一典型信号输入作用下,其系统输出量从初始状态到稳定状态的变化过程。瞬态响应也称动态响应或过渡过程或暂态响应。

稳态响应是系统在某一典型信号输入的作用下,当时间趋于无穷大时的输出状态,稳态响应有时也称为静态响应。

控制系统随时间变化的状态,即时域响应取决于系统本身的参数和结构,同时还受系统的初始状态以及输入信号的影响。在本章的分析中,给定典型和理想化的输入信号,使问题简单化的同时更加具有代表性。

4.1 典型输入信号

一般系统可能受到的外加作用有控制输入和扰动,扰动通常是随机的,即使对控制输入,有时其函数形式也不可能事先获得。在时间域进行分析时,为了比较不同系统的控制性能,需要规定一些具有典型意义的输入信号建立分析比较的基础。这些信号称为控制系统的典型输入信号。

所谓典型输入信号,是指根据系统常遇到的输入信号形式,在数学描述上加以理想化的一些基本输入函数。

分析瞬态响应,选择典型输入信号,有如下优点:

(1)数学处理简单,在给定典型信号作用下,易确定系统的性能指标,便于系统分析和设计。

(2)在典型信号作用下的瞬态响应,往往可以作为分析系统在复杂信号作用下的依据。

(3)便于进行系统辨识,确定未知环节的参数和传递函数。

常用的典型输入信号有阶跃信号、斜坡信号、抛物信号、脉冲信号及正弦信号。

4.1.1 阶跃函数

其数学定义为

$$r(t) = \begin{cases} R & t > 0 \\ 0 & t < 0 \end{cases} \tag{4-1}$$

$R=1$ 时,称为单位阶跃函数,记为 $l(t)$。

如图 4-1 所示,其拉氏变换为

$$R(s)=L[r(t)]=L[l(t)]=\frac{1}{s}。 \tag{4-2}$$

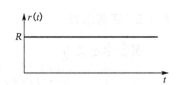

图 4-1　阶跃函数

4.1.2　斜坡函数(匀速函数)

其数学定义为

$$r(t)=\begin{cases} Rt & t>0 \\ 0 & t<0 \end{cases} \tag{4-3}$$

$R=1$ 时,称为单位斜坡函数。

如图 4-2 所示,其拉氏变换为

$$R(s)=L[r(t)]=L(t)=\frac{1}{s^2}。 \tag{4-4}$$

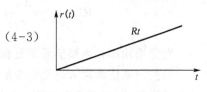

图 4-2　斜坡函数

4.1.3　抛物线函数(匀加速函数)

其数学定义为

$$r(t)=\begin{cases} Rt^2 & t>0 \\ 0 & t<0 \end{cases} \tag{4-5}$$

$R=\dfrac{1}{2}$ 时,称为单位抛物线函数。

s 如图 4-3 所示,其拉氏变换为

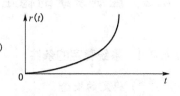

图 4-3　抛物线函数

$$R(s)=L[r(t)]=L\left(\frac{1}{2}t^2\right)=\frac{1}{s^3}。 \tag{4-6}$$

4.1.4　脉冲函数

其数学定义为

$$r(t)=\begin{cases} 0 & t<0 \text{ 及 } t>h \\ \dfrac{A}{h} & 0<t<h \end{cases} \tag{4-7}$$

$H \to \infty$ 时,称为单位脉冲函数。

$$\delta(t)=\begin{cases} \infty & t=0 \\ 0 & t\neq 0 \end{cases}$$

如图 4-4 所示,其拉氏变换为

$$R(s)=L[r(t)]=L[\delta(t)]=1。 \tag{4-8}$$

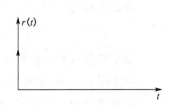

图 4-4　单位脉冲函数

4.1.5 正弦函数

其数学定义为

$$r(t) = A\sin(\omega t - \varphi) \qquad (4-9)$$

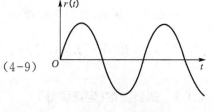

图 4-5 正弦函数

如图 4-5 所示,其拉氏变换为

$$R(s) = \frac{A\omega}{s^2 + \omega^2} \quad \varphi = 0 \qquad (4-10)$$

究竟采用哪种典型信号来分析和研究系统,可以参照系统正常工作时的实际情况。

如控制系统的输入量是突变的,采用阶跃信号,如室温调节系统。如控制系统的输入量是随时间等速变化,采用斜坡信号作为实验信号。如控制系统的输入量是随时间等加速变化,采用抛物线信号,如宇宙飞船控制系统。如控制系统为冲击输入量,则采用脉冲信号。如控制系统的输入随时间往复变化时,采用正弦信号,如电源及振动的噪音等均可看作正弦信号。

4.2 控制系统的稳定性

4.2.1 系统稳定的条件

1) 稳定的概念

原来处在平衡状态的系统受到扰动后会偏离原来的平衡状态,扰动消失后,系统能否回到原来的平衡状态或达到新的平衡状态的性能称为稳定性。

2) 线性定常系统稳定的充分必要条件

$$\text{系统响应 } c(t) = \text{稳态分量} + \text{暂态分量}$$

稳态分量与 $R(s)$ 有关,暂态分量与系统的结构、参数和初始条件有关,是系统齐次方程的解,由特征方程决定。

线性定常系统

$$\phi(s) = \frac{b_0 s^m + b_1 s^{m-1} + \cdots + b_{\mathrm{m}}}{s^n + a_1 s^{n-1} + \cdots + a_{\mathrm{n}}}$$

特征方程为

$$D(s) = s^n + a_1 s^{n-1} + \cdots + a_{\mathrm{n}} = 0$$

稳定性与特征方程根的关系

对实根 $s_1 = \sigma$,通解为 $Ae^{\sigma t}$,$\sigma < 0$ 时稳定;

对共轭复根 $s_{1,2} = \sigma + j\omega$,通解为 $Be^{\sigma t}\cos\omega t + Ce^{\sigma t}\sin\omega t = De^{\sigma t}\sin(\omega t + \varphi)$,$\sigma < 0$ 时稳定。

一般情况,无重根时,方程通解

$$c_1(t) = \sum_{i=1}^{q} A_i e^{s_i t} + \sum_{k=1}^{r} B_k e^{\sigma_k t} \sin(\omega_k t + \varphi_k),$$

有重根,如 l 重 s_j 或 h 重 $\sigma_f + j\omega_f$,则出现

$$A_{j1} e^{s_j t}, \ A_{j2} t e^{s_j t} \cdots A_{jl} t^{l-1} e^{s_j t};$$

$$B_{f1} e^{\sigma_f t} \sin(\omega_f t + \phi_f), B_{f2} t e^{\sigma_f t} \sin(\omega_f t + \phi_f) \cdots B_{fh} t^{h-1} e^{\sigma_f t} \sin(\omega_f t + \phi_f)$$

只有 $\mathrm{Re}(s_i)(I = 1, 2, \cdots, n) < 0$,$c_1$ 才收敛

线性定常系统稳定的充要条件:$\mathrm{Re}(s_i)(i = 1, 2, \cdots, n)$ 均为负。可用间接方法,判特征根实部均为负。若特征根中有一个或一个以上具有正实部,则系统必为不稳定。或者说所有闭环特征根均位于复平面 s 的左半部,则系统是稳定的;反之,若闭环特征根中有一个或一个以上位于复平面 s 的右半部,则系统必为不稳定。

4.2.2 稳定判据

由系统稳定的充要条件可知,判断系统的稳定与否的问题,就变成求解特征方程的根,并检验其特征根是否具有负实部的问题。但是当系统阶次较高时,求解其特征根将会遇到较大的困难,于是就出现了一些不需要求解特征方程的根而能间接判断特征方程根的孵化的方法。

系统特征方程的各项系数与系统的稳定性之间一定存在着某种内在的联系,揭示其内在联系的著名学者分别是英国学者劳斯(Routh)和瑞士学者赫尔维茨(A. Hurwitz),他们分别于 1877 年和 1895 年发表了研究线性系统稳定性检验方法的论文。这一成果被称为劳斯-赫尔维茨稳定判据,我们简称为代数稳定判据。

1) 劳斯稳定判据

设线性系统的特征方程为:

$$D(s) = a_0 s^n + a_1 s^{n-1} + \cdots + a_{n-1} s + a_n = 0 \quad (a_0 > 0)$$

根据特征方程式的系数,可建立劳斯表如下:

s^n	a_0	a_2	a_4	a_6 $\cdots$
s^{n-1}	a_1	a_3	a_5	a_7 $\cdots$
s^{n-2}	$b_1 = \dfrac{a_1 a_2 - a_0 a_3}{a_1}$	$b_2 = \dfrac{a_1 a_4 - a_0 a_5}{a_1}$	$b_3 = \dfrac{a_1 a_6 - a_0 a_7}{a_1}$	
s^{n-3}	$c_1 = \dfrac{b_1 a_3 - a_1 b_2}{b_1}$	$c_2 = \dfrac{b_1 a_5 - a_1 b_3}{b_1}$		
$\vdots$				
s^2	p_1	p_2		
s^1	q_1	0		
s^0	r_1			

线性系统稳定的充分必要条件是:劳斯表中第一列系数全部为正。

劳斯判据指出,若劳斯表中第一列系数全部为正,则所有闭环极点均位于左半 s 平面;

若劳斯表第一列系数有负数,则系统是不稳定的,说明有闭环极点位于右半 s 平面,位于右半 s 平面的闭环极点数正好等于劳斯表第一列系数符号改变的次数。

【例 4-1】 设线性系统特征方程式为:

$$D(s) = s^4 + 2s^3 + 3s^2 + 4s + 5 = 0$$

试判断系统的稳定性。

解:建立劳斯表:

$$
\begin{array}{llll}
s^4 & 1 & 3 & 5 \\
s^3 & 2 & 4 & 0 \\
s^2 & 1 & 5 & \\
s^1 & -6 & 0 & \\
s^0 & 5 & &
\end{array}
$$

劳斯表中第一列系数符号改变 2 次,系统是不稳定的。

2)劳斯判据中的特殊情况

(1)劳斯表第一列出现系数为零。

【例 4-2】 设线性系统特征方程式为:

$$D(s) = s^4 + 2s^3 + 2s^2 + 4s + 5 = 0$$

试判断系统的稳定性。

解:建立劳斯表:

$$
\begin{array}{lll}
s^4 & 1 & 2 & 5 \\
s^3 & 2 & 4 & 0 \\
s^2 & 0 & 5 & \\
s^1 & & & \\
s^0 & & &
\end{array}
$$

若劳斯表某行第一列系数为零,则劳斯表无法计算下去,可以用无穷小的正数 ε 代替 0,接着进行计算,劳斯判据结论不变。

$$
\begin{array}{lll}
s^4 & 1 & 2 & 5 \\
s^3 & 2 & 4 & 0 \\
s^2 & \varepsilon & 5 & \\
s^1 & \dfrac{4\varepsilon - 10}{\varepsilon} & & \\
s^0 & 5 & &
\end{array}
$$

由于劳斯表中第一列系数有负数,系统是不稳定的。

(2)劳斯表中出现某行系数全为零

【例 4-3】 设线性系统特征方程式为:

$$D(s) = s^6 + 2s^5 + 8s^4 + 12s^3 + 20s^2 + 16s + 16 = 0$$

试判断系统的稳定性。

解：建立劳斯表：

$$
\begin{array}{lllll}
s^6 & 1 & 8 & 20 & 16 \\
s^5 & 2 & 12 & 16 & 0 \\
s^4 & 2 & 12 & 16 \\
s^3 & 0 & 0 \\
s^2 &
\end{array}
$$

劳斯表中出现某行系数全为零，这是因为在系统的特征方程中出现了对称于原点的根（如大小相等，符号相反的实数根；一对共轭纯虚根；对称于原点的两对共轭复数根），对称于原点的根可由全零行上面一行的系数构造一个辅助方程式 $F(s)=0$ 求得，而全零行的系数则由全零行上面一行的系数构造一个辅助多项式 $F(s)$ 对 s 求导后所得的多项式系数来代替，劳斯表可以继续计算下去。

需要指出的是，一旦劳斯表中出现某行系数全为零，则系统的特征方程中出现了对称于原点的根，系统必是不稳定的。劳斯表中第一列系数符号改变的次数等于系统特征方程式根中位于右半 s 平面的根的数目。对于本例：

$$
\begin{array}{lllll}
s^6 & 1 & 8 & 20 & 16 \\
s^5 & 2 & 12 & 16 & 0 \\
s^4 & 2 & 12 & 16
\end{array}
$$

$$\rightarrow 2s^4 + 12s^2 + 16$$
$$\downarrow$$
$$8s^3 + 24s$$

$$
\begin{array}{lll}
s^3 & 8 & 24 \\
s^2 & 6 & 16 \\
s^1 & \dfrac{16}{6} \\
s^0 & 16
\end{array}
$$

结论：系统是不稳定的。由辅助方程式可以求得系统对称于原点的根：

$$s^4 + 6s^2 + 8 = 0$$

$$(s^2 + 2)(s^2 + 4) = 0$$

$$s_{1,2} = \pm j\sqrt{2} \qquad s_{3,4} = \pm j2$$

利用长除法，可以求出特征方程其余的根 $s_{5,6} = -1 \pm j1$

根据劳斯判据的计算方法以及稳定性结论，可知在劳斯表的计算过程中，允许某行各系数同时乘以一个正数，而不影响稳定性结论。

【例 4-4】 设线性系统特征方程式为：

$$D(s) = s^6 + s^5 - 2s^4 - 3s^3 - 7s^2 - 4s - 4 = 0$$

试判断系统的稳定性。

解：建立劳斯表：

$$
\begin{array}{lllll}
s^6 & 1 & -2 & -7 & -4 \\
s^5 & 1 & -3 & -4 & 0 \\
s^4 & 1 & -3 & -4 \\
\end{array}
$$

$\rightarrow s^4 - 3s^2 - 4$

$\downarrow$

$4s^3 - 6s$

$$
\begin{array}{lll}
s^3 & 4 & -6 \\
s^2 & -\dfrac{6}{4} & -4 \\
s^1 & -\dfrac{100}{6} \\
s^0 & -16 \\
\end{array}
$$

系统是不稳定的。特征方程共有 6 个根：

$$
s_{1,2} = \pm 2, \quad s_{3,4} = \pm j, \quad s_{5,6} = \frac{-1 \pm j\sqrt{3}}{2}。
$$

3）稳定判据的应用

（1）利用稳定判据，可以判断系统的稳定性。

（2）利用稳定判据，可以判断系统稳定时，参数的取值范围。

【例 4-5】 设单位负反馈系统，开环传递函数为：

$$
G(s) = \frac{K}{s(0.05s^2 + 0.4s + 1)}
$$

试确定系统稳定时 K 的取值范围。

解：系统的特征方程式为：

$$
0.05s^3 + 0.4s^2 + s + K = 0
$$

建立劳斯表：

$$
\begin{array}{lll}
s^3 & 0.05 & 1 \\
s^2 & 0.4 & K \\
s^1 & \dfrac{0.4 - 0.05K}{0.4} \\
s^0 & K \\
\end{array}
$$

系统稳定时，要求 $0 < K < 8$

（3）利用稳定判据，也可以判断系统的稳定裕度。

系统稳定时，要求所有闭环极点在 s 平面的左边，闭环极点离虚轴越远，系统稳定性越好，闭环极点离开虚轴的距离，可以作为衡量系统的稳定裕度。

在系统的特征方程 $D(s) = 0$ 中，令 $s = s_1 - a$，得到 $D(s_1) = 0$，利用稳定判据，若 $D(s_1) = 0$ 的所有解都在 s_1 平面左边，则原系统的特征根在 $s = -a$ 左边。

【例 4-6】 设单位负反馈系统，开环传递函数为：

$$
G(s) = \frac{K}{s(0.05s^2 + 0.4s + 1)}
$$

若要求闭环极点在 $s = -1$ 左边，试确定 K 的取值范围。

解：系统的特征方程式为：

$$0.05s^3 + 0.4s^2 + s + K = 0$$

令 $s = s_1 - 1$

$$0.05(s_1 - 1)^3 + 0.4(s_1 - 1)^2 + s_1 - 1 + K = 0$$

$$0.05s_1^3 + 0.25s_1^2 + 0.35s_1 + K - 0.25 = 0$$

$$
\begin{array}{lll}
s_1^3 & 0.05 & 0.35 \\
s_1^2 & 0.25 & K - 0.25 \\
s_1^1 & 0.4 - 0.2K & \\
s_1^0 & \dfrac{K - 0.25}{0.4 - 0.2K} & \\
\end{array}
$$

$$0.25 < K < 2$$

4) 赫尔维茨（Hurwitz）判据

设线性系统的特征方程为：

$$D(s) = a_0 s^n + a_1 s^{n-1} + \cdots + a_{n-1}s + a_n = 0 \quad (a_0 > 0)$$

线性系统稳定的充分必要条件是：由系统特征方程系数所构成的主行列式 Δn 及其各阶顺序主子式 $\Delta_i (i = 1, 2, \cdots, n-1)$ 全部为正。其中：

$$
\Delta_n =
\begin{vmatrix}
a_1 & a_3 & a_5 & \cdots & 0 \\
a_0 & a_2 & a_4 & \cdots & 0 \\
0 & a_1 & a_3 & \cdots & 0 \\
0 & a_0 & a_2 & \cdots & 0 \\
0 & 0 & a_1 & \cdots & 0 \\
0 & 0 & a_0 & \cdots & 0 \\
& & \cdots & &
\end{vmatrix}
$$

$$
\Delta_1 = a_1 \quad
\Delta_2 =
\begin{vmatrix}
a_1 & a_3 \\
a_0 & a_2
\end{vmatrix}
\quad
\Delta_3 =
\begin{vmatrix}
a_1 & a_3 & a_5 \\
a_0 & a_2 & a_4 \\
0 & a_1 & a_3
\end{vmatrix}
\cdots
$$

【例 4-7】 设线性系统特征方程式为：

$$D(s) = s^4 + 2s^3 + 3s^2 + 4s + 5 = 0$$

试判断系统的稳定性。

解：

$$
\Delta_1 = a_1 = 2 \quad
\Delta_2 =
\begin{vmatrix}
a_1 & a_3 \\
a_0 & a_2
\end{vmatrix}
=
\begin{vmatrix}
2 & 4 \\
1 & 3
\end{vmatrix}
= 2 \quad
\Delta_3 =
\begin{vmatrix}
a_1 & a_3 & a_5 \\
a_0 & a_2 & a_4 \\
0 & a_1 & a_3
\end{vmatrix}
= -12
$$

$$
\Delta_4 =
\begin{vmatrix}
2 & 4 & 0 & 0 \\
1 & 3 & 5 & 0 \\
0 & 2 & 4 & 0 \\
0 & 1 & 3 & 5
\end{vmatrix}
= -60
$$

∴ 系统不稳定。

4.2.3 结构不稳定系统的改进措施

如果无论怎样调整系统的参数,也无法使其稳定,则称这类系统为结构不稳定系统。如图 4-6(a)所示的系统。

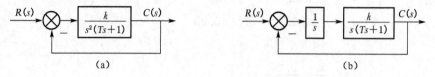

图 4-6　结构不稳定系统结构图

闭环传递函数为

$$G(s) = \frac{C(s)}{R(s)} = \frac{K}{Ts^3 + s^2 + K}$$

特征方程式为

$$Ts^3 + s^2 + K = 0。$$

根据劳斯判据,由于方程中 s 一次项的系数为零,故无论 K 取何值,该方程总是有根不在 s 左半平面,即系统总是不稳定。这类系统称为结构不稳定系统。解决这个问题的办法一般有以下两种:

1) 改变环节的积分性质

可用比例反馈来包围有积分作用的环节。例如,在积分环节外面加单位负反馈,见图 4-7,这时,环节的传递函数变为 $\frac{C(s)}{R(s)} = \frac{1}{s+1}$,从而使原来的积分环节变成了惯性环节。

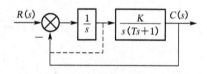

图 4-7　积分环节外加单位负反馈

图 4-6(a)所示系统中的一个积分环节加上单位负反馈后,系统开环传递函数变成为

$$G(s) = \frac{C(s)}{R(s)} = \frac{K}{s(s+1)(Ts+1)}$$

系统的闭环传递函数为:

$$\frac{C(s)}{R(s)} = \frac{K}{s(s+1)(Ts+1)+K}$$

特征方程式为:

$$Ts^3 + (1+T)s^2 + s + k = 0$$

建立劳斯表:

s^3	T	1
s^2	$1+T$	K
s^1	$\dfrac{1+T-TK}{1+T}$	
s^0	K	

根据劳斯判据,系统稳定的条件为 $\begin{cases} 1 + T - TK > 0 \\ K > 0 \end{cases}$,即 $\begin{cases} K < \dfrac{1+T}{T} \\ K > 0 \end{cases}$

所以,K 的取值范围为 $0 < K < \dfrac{1+T}{T}$

可见,此时只要适当选取 K 值就可使系统稳定。

2) 加入比例微分环节

如图 4-8 所示,在前述结构不稳定系统的前向通道中加入比例微分环节,系统的闭环传递函数为

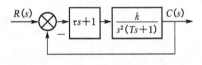

图 4-8　系统中加入比例微分环节

$$\Phi(s) = \frac{C(s)}{R(s)} = \frac{K(\tau s + 1)}{Ts^3 + s^2 + K\tau s + K}$$

建立劳斯表:

$$
\begin{array}{ccc}
s^3 & T & K\tau \\
s^2 & 1 & K \\
s^1 & K(\tau - T) & \\
s^0 & K &
\end{array}
$$

根据劳斯判据,系统稳定的条件为 $\begin{cases} \tau - T > 0 \\ K > 0 \end{cases}$,即 $\begin{cases} \tau > T \\ K > 0 \end{cases}$

可见,此时只要适当选取系统参数,就可使系统稳定。

4.3　控制系统的稳态误差

4.3.1　稳态误差的概念

众所周知,误差可以定义为:误差 = 希望值 − 实际值。

对于图 4-9 所示一般线性控制系统,若按输入端定义:

$$e(t) = r(t) - b(t), \quad E(s) = R(s) - B(s)$$

若按输出端定义:

$$E(s) = R(s) - C(s)H(s)$$

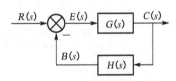

图 4-9　一般线性控制系统

对于单位负反馈系统,两种定义方法是一致的。在系统分析和设计中,一般采用按输入端定义误差。

稳态误差是指误差信号的稳态值,即:

$$e_{ss} = \lim_{t \to \infty} e(t)$$

若系统的误差传递函数为 $\Phi e(s)$,则 $E(s) = \Phi e(s)R(s)$,若 $E(s)$ 满足拉氏变换终值定理的条件(要求系统稳定,且 $R(s)$ 的所有极点在左半 s 开区间),可以利用终值定理来求稳态误

差,即

$$e_{ss} = \lim_{s \to 0} sE(s)。$$

【例 4-8】 设单位负反馈系统的开环传递函数为:$G(s) = \dfrac{1}{Ts}$,求 $r(t) = 1(t)$,$r(t) = t$,$r(t) = \dfrac{t^2}{2}$ 以及 $r(t) = \sin \omega t$ 时系统的稳态误差。

解:误差传递函数为:

$$\Phi_e(s) = \frac{1}{1 + G(s)} = \frac{Ts}{Ts + 1}$$

$$r(t) = 1(t), \quad R(s) = \frac{1}{s}$$

系统是稳定的。

$$e_{ss} = \lim_{s \to 0} sE(s) = \lim_{s \to 0} s \cdot \frac{Ts}{Ts + 1} \cdot \frac{1}{s} = 0$$

$$r(t) = t \quad R(s) = \frac{1}{s^2}$$

$$e_{ss} = \lim_{s \to 0} sE(s) = \lim_{s \to 0} s \cdot \frac{Ts}{Ts + 1} \cdot \frac{1}{s^2} = T$$

$$r(t) = \frac{1}{2}t^2 \quad R(s) = \frac{1}{s^3}$$

$$e_{ss} = \lim_{s \to 0} sE(s) = \lim_{s \to 0} s \cdot \frac{Ts}{Ts + 1} \cdot \frac{1}{s^3} = \infty$$

若输入信号为正弦信号,则不能应用拉氏变换终值定理。

$$r(t) = \sin \omega t, \quad R(s) = \frac{\omega}{s^2 + \omega^2}$$

$$E(s) = \frac{Ts}{Ts + 1} \cdot \frac{\omega}{s^2 + \omega^2}$$

$$= -\frac{T\omega}{(T\omega)^2 + 1} \cdot \frac{1}{s + \dfrac{1}{T}} + \frac{T\omega}{(T\omega)^2 + 1} \cdot \frac{s}{s^2 + \omega^2} + \frac{(T\omega)^2}{(T\omega)^2 + 1} \cdot \frac{\omega}{s^2 + \omega^2}$$

$$e(t) = -\frac{T\omega}{(T\omega)^2 + 1} e^{-t/T} + \frac{T\omega}{(T\omega)^2 + 1} \cos \omega t + \frac{(T\omega)^2}{(T\omega)^2 + 1} \sin \omega t$$

稳态误差为:

$$e_{ss}(t) = \frac{T\omega}{(T\omega)^2 + 1} \cos \omega t + \frac{(T\omega)^2}{(T\omega)^2 + 1} \sin \omega t$$

4.3.2　系统的型别和给定信号作用下的稳态误差

1) 系统的型别

设系统开环传递函数为

$$G(s)H(s) = \frac{K(\tau_1 s + 1)(\tau_2 s + 1)\cdots(\tau_m s + 1)}{s^v(T_1 s + 1)(T_2 s + 1)\cdots(T_n s + 1)}$$

式中：K 为开环增益，v 为开环传递函数中包含积分环节的个数。

按稳定误差划分的型：

0 型系统　$v = 0$，即不含积分环节。

1 型系统　$v = 1$，即含有 1 个积分环节。

2 型系统　$v = 2$，即含有 2 个积分环节。

……

$$
\begin{aligned}
e_{ss} &= \lim_{s \to 0} sE(s) = \lim_{s \to 0} \frac{s}{1 + G(s)H(s)} \cdot R(s) \\
&= \lim_{s \to 0} \frac{s^{v+1}(T_1 s + 1)\cdots(T_n s + 1)}{s^v(T_1 s + 1)\cdots(T_n s + 1) + K(\tau_1 s + 1)\cdots(\tau_m s + 1)} \cdot R(s) \\
&= \lim_{s \to 0} \frac{s^{v+1}}{s^v + K} R(s)
\end{aligned}
$$

2）给定信号作用下的稳态误差

（1）阶跃输入信号下的稳态误差与静态位置误差系数 K_p

$$r(t) = A \cdot 1(t), R(s) = \frac{A}{s},$$

$$e_{ss} = \lim_{s \to 0} sE(s) = \lim_{s \to 0} \frac{s}{1 + G(s)H(s)} \cdot \frac{A}{s} = \frac{A}{1 + \lim_{s \to 0} G(s)H(s)}$$

令 $K_p = \lim_{s \to 0} G(s)H(s) \to$ 静态位置误差系数

$\therefore e_{ss} = \dfrac{A}{1 + K_p}$

$v = 0$，$K_p = K$，$e_{ss} = \dfrac{A}{1 + K}$

$v \geqslant 1$，$K_p = \infty$，$e_{ss} = 0$

结论：0 型系统在阶跃输入作用下有误差，常称有差系统。

要使 $e_{ss} \downarrow$，可 $\uparrow K$。对阶跃输入，要使 $e_{ss} = 0$，必须 $v \geqslant 1$。

（2）斜坡输入信号下的稳态误差与静态速度误差系数 K_v

$$r(t) = A \cdot t, R(s) = \frac{A}{s^2}$$

$$e_{ss} = \lim_{s \to 0} \frac{s}{1 + G(s)H(s)} \cdot \frac{A}{s^2} = \lim_{s \to 0} \frac{A}{s + sG(s)H(s)} = \lim_{s \to 0} \frac{A}{sG(s)H(s)}$$

令 $K_v = \lim_{s \to 0} sG(s)H(s) \to$ 静态速度误差系数。

$\therefore e_{ss} = \dfrac{A}{K_v}$

$v = 0$，$K_v = 0$，$e_{ss} = \infty$

$v = 1$，$K_v = K$，$e_{ss} = \dfrac{A}{K}$

$v \geqslant 2, K_v = \infty, e_{ss} = 0$

结论： 0 型系统不能跟踪斜坡输入；1 型可跟踪，但有与 K 有关的误差；2 型及以上在斜坡输入下的 $e_{ss} = 0$。

（3）抛物线输入信号下的稳态误差与静态加速度误差系数 K_a

$$r(t) = \frac{A}{2}t^2, R(s) = \frac{A}{s^3}$$

$$e_{ss} = \lim_{s \to 0} \frac{s}{1 + G(s)H(s)} \cdot \frac{A}{s^3} = \lim_{s \to 0} \frac{A}{s^2 G(s)H(s)}$$

令 $K_a = \lim_{s \to 0} s^2 G(s)H(s) \rightarrow$ 静态加速度误差系数

$$e_{ss} = \frac{A}{K_a}$$

$$v = 0, \quad K_a = 0, \quad e_{ss} = \infty$$
$$v = 1, \quad K_a = 0, \quad e_{ss} = \infty$$
$$v = 2, \quad K_a = K, \quad e_{ss} = \frac{A}{K}$$
$$v \geqslant 3, \quad K_a = \infty, \quad e_{ss} = 0$$

结论： 0 型和 1 型不能跟踪 $r(t) = \frac{A}{2}t^2$，2 型可跟踪但有误差，3 型及以上才有准确跟踪。

（4）复合输入下的稳态误差 $r(t) = A_0 + A_1 t + \frac{1}{2}A_2 t^2$ 时，

$$e_{ss} = \frac{A_0}{1 + K_p} + \frac{A_1}{K_v} + \frac{A_2}{K_a}$$

至少 $v \geqslant 2$，e_{ss} 才能满足要求，但 v 大会降低系统稳定性。

【例 4-9】 对如图 4-10 所示的系统，$r(t) = 4 + 6t + 3t^2$，$G(s)$ 分别为

① $G(s) = \dfrac{10}{s(s+4)}$

② $G(s) = \dfrac{10(s+1)}{s^2(s+4)}$

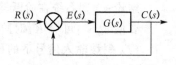

图 4-10　例 4-9 方框图

求 e_{ss}。

解： ① $G(s) = \dfrac{10}{s(s+4)} = \dfrac{2.5}{s(0.25s+1)}$

$\therefore v = 1, K = 2.5$　则

$$K_p = \infty, K_v = 2.5, K_a = 0$$

$$\therefore e_{ss} = \frac{4}{1 + K_p} + \frac{6}{K_v} + \frac{6}{K_a} = \infty$$

② $G(s) = \dfrac{10(s+1)}{s^2(s+4)} = \dfrac{2.5(s+1)}{s^2(0.25s+1)}$

$$\therefore v = 2, K = 2.5, 则 K_p = \infty, K_v = \infty, K_a = 2.5$$

$$\therefore e_{ss} = \frac{4}{1 + K_p} + \frac{6}{K_v} + \frac{6}{K_a} = 2.4$$

4.3.3　扰动信号作用下的稳态误差

扰动信号作用下的稳态误差又称为扰动误差。如图 4-11 所示的系统结构图,对调节系统 $R(s) = 0$,其框图如图 4-12 所示。

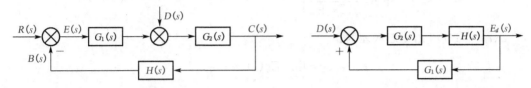

图 4-11　有扰动的控制系统　　　　图 4-12　扰动信号作用下的系统结构

扰动误差信号为:

$$E_d(s) = -C(s)H(s) = -\frac{G_2 H}{1 + G_1 G_2 H} \cdot D(s) = \Phi_{ed}(s)D(s)$$

$$\Phi_{ed}(s) = \frac{E(s)}{D(s)} = -\frac{G_2(s)H(s)}{1 + G_1(s)G_2(s)H(s)} \Rightarrow 扰动误差传递函数$$

引起的扰动误差为:

$$e_{ssd} = \lim_{s \to 0} sE_d(s) = \lim_{s \to 0}\left[\frac{sG_2(s)H(s)}{1 + G_1(s)G_2(s)H(s)}D(s)\right]$$

$R(s)$ 和 $D(s)$ 共同作用时,

$$E(s) = \Phi_e(s)R(s) + \Phi_{ed}(s)D(s)$$

稳态误差为

$$e_{ss} = \lim_{s \to 0} sE(s) = \lim_{s \to 0}\left[\frac{sR(s)}{1 + G(s)H(s)}\right] + \lim_{s \to 0}\left[\frac{sG_2(s)H(s)}{1 + G_1(s)G_2(s)H(s)}D(s)\right]$$

【例 4-10】　对于如图 4-13 所示系统,试求 $r(t) = t$, $d(t) = 1(t)$ 时系统的稳态误差。

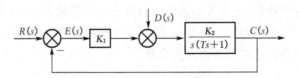

图 4-13　例 4-10 方框图

解:系统的开环传递函数为

$$G(s) = \frac{K_1 K_2}{s(Ts + 1)}$$

为 1 型二阶系统,系统是稳定的,在 $r(t) = t$,稳态误差

$$e_{ss1} = \frac{1}{K_v} = \frac{1}{K_1 K_2}$$

在扰动信号作用下的误差表达式为:

$$E_d(s) = -\frac{\dfrac{K_2}{s(Ts+1)}}{1 + K_1 \dfrac{K_2}{s(Ts+1)}} \cdot D(s) = -\frac{K_2}{s(Ts+1) + K_1 K_2} \cdot D(s)$$

$d(t) = 1(t)$ 时,稳态误差为:

$$e_{ss2} = \lim_{s \to 0} s E_d(s) = -\frac{1}{K_1}$$

系统总的稳态误差为

$$e_{ss} = e_{ss1} + e_{ss2} = \frac{1}{K_1 K_2} - \frac{1}{K_1}$$

4.3.4 改善系统稳态精度的方法

系统的稳态误差主要是由积分环节的个数和放大系数来确定的。为了提高精度等级,可增加积分环节的数目;为了减小有限误差,可增加放大系数。但这样一来都会使系统的稳定性变差。而采用补偿的方法,则可在保证系统稳定的前提下减小稳态误差。

1) 引入输入补偿

系统如图 4-14 所示,为了减小给定信号引起的稳态误差,从输入端引入一补偿环节 $G_c(s)$,这时系统的稳态误差为

$$E(s) = R(s) - C(s) = R(s)[1 - \Phi(s)] = R(s)\left[1 - \frac{G_1(s)G_2(s) + G_2(s)G_c(s)}{1 + G_1(s)G_2(s)}\right]$$

$$= \frac{1 - G_2(s)G_c(s)}{1 + G_1(s)G_2(s)} R(s)$$

可见 $1 - G_2(s)G_c(s) = 0$,则 $E(s) = 0$。

即取 $G_c(s) = \dfrac{1}{G_2(s)}$

就能实现所谓完全补偿,使系统的输出 $c(t)$ 始终等于其输入 $r(t)$,无误差产生。由于补偿环节 $G_c(s)$ 位于系统闭环回路之外,它对系统闭环传递函数的分母不会产生任何影响,即系统的闭环稳定性不会因它的加入而发生变化。

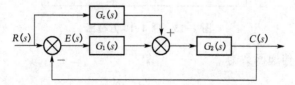

图 4-14 引入输入补偿的复合系统

2）引入扰动补偿

系统如图 4-15 所示，为了减小扰动信号引起的误差，利用扰动信号经过来进行补偿。

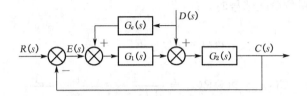

图 4-15　引入扰动补偿的复合系统

设 $R(s) = 0$，

$$E(s) = -C(s) = \frac{G_2(s)[G_1(s) + G_c(s)]D(s)}{1 + G_1(s)G_2(s)}$$

可见，要使 $E(s) = 0$，必须满足

$$1 + G_1(s)G_c(s) = 0，$$

即取 $G_c(s) = -\dfrac{1}{G_1(s)}$，就能实现所谓完全补偿。

在工程实践中，由于 $G_c(s)$ 物理实现上的原因，上述两种完全补偿的条件一般难以全部满足，而只能近似地实现。虽然在实践中采用的补偿是近似的，但它对改善系统的稳态性能可产生十分有效的作用。

4.4　瞬态响应

4.4.1　一阶系统的单位阶跃响应

1）一阶系统的数学模型

一阶系统的时域微分方程：

$$T\frac{dc(t)}{dt} + c(t) = r(t) \quad (t \geqslant 0)$$

式中 T 为时间常数。

一阶系统的结构图如图 4-16 所示，

其开环传递函数为

$$G(s) = \frac{1}{Ts} = \frac{K}{s}$$

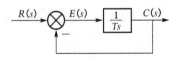

图 4-16　一阶系统的结构图

闭环传递函数为

$$\Phi(s) = \frac{K}{s+K} = \frac{1}{Ts+1}$$

此系统称为典型一阶系统。

2）一阶系统的响应

（1）单位阶跃响应

当输入信号为单位阶跃信号时，

$$r(t) = 1(t), \ R(s) = \frac{1}{s}$$

$$C(s) = \Phi(s)R(s) = \frac{1}{s(Ts+1)} = \frac{1}{s} - \frac{1}{s + \frac{1}{T}}$$

$$c(t) = L^{-1}[C(s)] = 1 - e^{-t/T}$$

可以画出一阶系统的单位阶跃响应如图 4-17 所示。

根据动态性能指标的定义，一阶系统的动态性能指标为：

$$t_d = 0.69T$$

$$t_r = 2.20T$$

$$t_s = 3T \ (\pm 5\%)$$

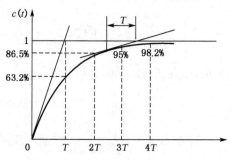

图 4-17 一阶系统的单位阶跃响应

对性能指标的说明：

上升时间 t_r：系统阶跃响应从零开始第一次上升到稳态值的时间（有时取响应的稳态值的 10% 到 90% 所对应的时间）。

延迟时间 t_d：系统阶跃响应从零开始第一次上升到稳态值 50% 的时间。

峰值时间 t_p：系统阶跃响应从零开始第一次超过稳态值达到第一个峰值的时间。

调节时间 t_s：系统阶跃响应曲线进入规定允许的误差带 $c(\infty) \times \Delta\%$ 范围，并且以后不再超出这个误差带所需的时间。

对于一阶系统的单位阶跃响应，响应曲线呈单调上升，无超调，无振荡。响应速度与时间常数 T 成反比，即 T 越小，响应速度越快，在 $t=0$ 处最大，并随时间增大而变小，直至为零。

（2）单位脉冲响应

当输入信号为单位脉冲信号时，

$$r(t) = \delta(t) \quad R(s) = 1$$

$$C(s) = \Phi(s)R(s) = \frac{1}{Ts+1} = \frac{\frac{1}{T}}{s + \frac{1}{T}}$$

$$c(t) = L^{-1}[C(s)] = \frac{1}{T}e^{-t/T}$$

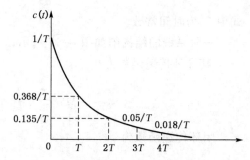

图 4-18 一阶系统的单位脉冲响应

可以画出一阶系统的单位脉冲响应如图 4-18 所示。

响应曲线呈单调下降，无超调，无振荡，在 $t=0$ 处下降速率最大，之后速率变小，且下降

速率与时间常数 T 成反比,即 T 越小,下降速率越快。

（3）单位斜坡响应

当输入信号为单位斜坡信号时,

$$r(t) = t \cdot 1(t), R(s) = \frac{1}{s^2}$$

$$C(s) = \Phi(s)R(s) = \frac{1}{s^2(Ts+1)}$$

$$c(t) = L^{-1}[C(s)] = t - T + Te^{-t/T}$$

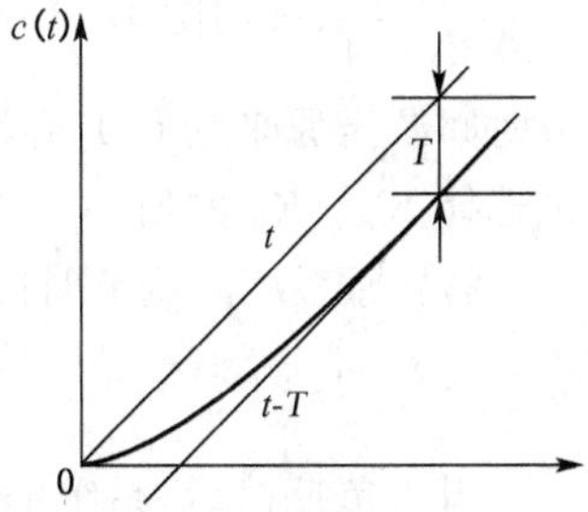

可以画出一阶系统的单位斜坡响应如图 4-19 所示。对于一阶系统的单位斜坡响应,$e_{ss} = \lim\limits_{t \to \infty} e(t) = \lim\limits_{t \to \infty}[r(t) - c(t)] = T$,说明一阶系统跟踪单位斜坡输入信号时,稳态误差为 T。

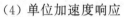

图 4-19　一阶系统的单位斜坡响应

（4）单位加速度响应

当输入信号为单位加速度信号时,

$$r(t) = \frac{1}{2}t^2 \cdot 1(t), R(s) = \frac{1}{s^3}$$

$$C(s) = \Phi(s)R(s) = \frac{1}{s^3(Ts+1)}$$

$$c(t) = L^{-1}[C(s)] = \frac{1}{2}t^2 - Tt + T^2(1 - e^{-t/T})$$

$$e(t) = r(t) - c(t) = Tt - T^2(1 - e^{-t/T}), e_{ss} = \infty$$

说明一阶系统无法跟踪加速度输入信号。

【例 4-11】　一阶系统如图 4-20 所示,试求系统单位阶跃响应的调节时间 t_s,如果要求 $t_s = 0.1$ 秒,试问系统的反馈系数应如何调整。

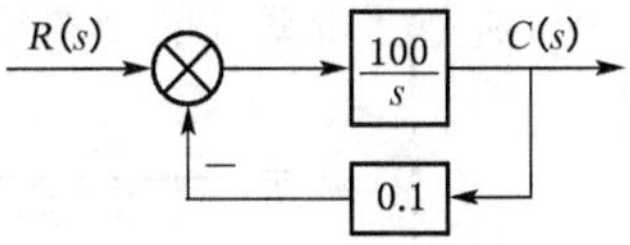

解：系统的闭环传递函数为：

图 4-20　例 4-11 一阶系统框图

$$\Phi(s) = \frac{\dfrac{100}{s}}{1 + 0.1 \times \dfrac{100}{s}} = \frac{10}{0.1s + 1}$$

这是一个典型一阶系统,调节时间 $t_s = 3T = 0.3$ 秒。

若要求调节时间 $t_s = 0.1$ 秒,可设反馈系数为 α,则系统的闭环传递函数为：

$$\Phi(s) = \frac{\dfrac{100}{s}}{1 + \alpha \times \dfrac{100}{s}} = \frac{\dfrac{1}{\alpha}}{\dfrac{1}{100\alpha}s + 1}$$

$$t_s = 3T = \frac{3}{100\alpha} = 0.1, \alpha = 0.3$$

【例4-12】 已知某元部件的传递函数为:$G(s) = \dfrac{10}{0.2s+1}$,采用图4-21所示方法引入负反馈,将调节时间减至原来的0.1倍,但总放大系数保持不变,试选择K_H、K_0的值。

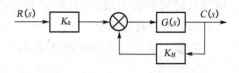

图4-21 例4-12负反馈框图

解: 原系统的调节时间为

$$t_s = 3 \times 0.2 = 0.6$$

引入负反馈后,系统的传递函数为:

$$\frac{C(s)}{R(s)} = K_0 \times \frac{G(s)}{1+G(s) \times K_H} = \frac{\dfrac{10K_0}{0.2s+1}}{1+\dfrac{10K_H}{0.2s+1}} = \frac{\dfrac{10K_0}{1+10K_H}}{\dfrac{0.2}{1+10K_H}s+1}$$

若将调节时间减至原来的0.1倍,但总放大系数保持不变,则:

$$\frac{10K_0}{1+10K_H} = 10$$

$$\frac{0.2}{1+10K_H} = 0.02$$

$$K_H = 0.9$$

$$K_0 = 10$$

4.4.2 二阶系统的单位阶跃响应

1)典型二阶系统的数学模型

典型二阶系统的动态结构图如图4-22所示,其开环传递函数为:

$$G(s) = \frac{\omega_n^2}{s(s+2\xi\omega_n)} = \frac{K}{s(Ts+1)}$$

闭环传递函数为:

$$\Phi(s) = \frac{\omega_n^2}{s^2+2\xi\omega_n s+\omega_n^2}$$

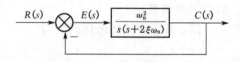

图4-22 二阶系统的动态结构图

式中:ω_n称为二阶系统的无阻尼振荡频率或自然振荡频率,单位是rad/s,$T = \dfrac{1}{\omega_n}$称为二阶系统的时间常数,ξ称为阻尼比,一般是无量纲的。

根据ξ的取值,可把系统分为欠阻尼、临界阻尼和过阻尼三种情况进行分析。

2)二阶系统的单位阶跃响应

(1)欠阻尼情况($0 < \xi < 1$)

系统的特征方程为:

$$s^2+2\xi\omega_n s+\omega_n^2 = 0$$

在欠阻尼的情况下,闭环极点为共轭复数:

$$s_{1,2} = -\xi\omega_n \pm j\sqrt{1-\xi^2}\,\omega_n = \sigma \pm j\omega_d$$

其中:$\sigma = -\xi\omega_n \quad \omega_d = \sqrt{1-\xi^2}\,\omega_n$

极点分布如图 4-23 所示。图中:$\beta = \cos^{-1}\xi$

若输入信号为单位阶跃信号,

$$r(t) = 1(t) \quad R(s) = \frac{1}{s}$$

$$C(s) = \Phi(s)R(s) = \frac{\omega_n^2}{s^2 + 2\xi\omega_n s + \omega_n^2} \cdot \frac{1}{s}$$

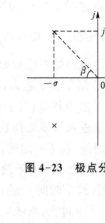

图 4-23　极点分布图

$$= \frac{\omega_n^2}{(s+\xi\omega_n)^2 + \omega_d^2} \cdot \frac{1}{s}$$

$$= \frac{1}{s} - \frac{s+\xi\omega_n}{(s+\xi\omega_n)^2 + \omega_d^2} - \frac{\xi\omega_n}{(s+\xi\omega_n)^2 + \omega_d^2}$$

$$c(t) = L^{-1}[C(s)] = 1 - e^{-\xi\omega_n t}\cos\omega_d t - \frac{\xi\omega_n}{\omega_d}e^{-\xi\omega_n t}\sin\omega_d t$$

$$= 1 - \frac{1}{\sqrt{1-\xi^2}}e^{-\xi\omega_n t}\sin(\omega_d t + \beta)$$

$c(t)$ 包含稳态分量和动态分量,其稳态分量为 1,动态分量呈现振荡衰减特性,注意到 $c(t)$ 的包络线为:$1 \pm \frac{1}{\sqrt{1-\xi^2}}e^{-\xi\omega_n t}$,可以画出 $c(t)$ 曲线如图 4-24 所示,根据动态性能指标的定义,可以求出性能指标为:

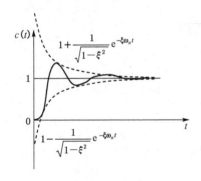
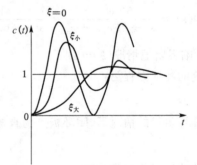

图 4-24　$c(t)$ 曲线

① 上升时间:$t_r = \dfrac{\pi - \beta}{\omega_d}$

② 峰值时间:$t_p = \dfrac{\pi}{\omega_d}$

③ 超调量:$\sigma\% = e^{\frac{\xi\pi}{\sqrt{1-\xi^2}}} \times 100\%$

④ 调节时间:$t_s = \dfrac{3}{\xi\omega_n}$

稳态误差为 0，说明典型二阶系统跟踪阶跃输入信号时，无稳态误差，系统为无静差系统。在绘制 $c(t)$ 曲线时，应注意到：$\dfrac{\mathrm{d}c(t)}{\mathrm{d}t}\bigg|_{t=0} = 0$

由 $c(t)$ 的表达式和性能指标的计算公式可以得出以下结论：

① 阻尼比 ξ 越大，系统的超调量越小，响应平稳；阻尼比 ξ 越小，系统的超调量越大，响应的平稳性越差；当 $\xi = 0$ 时，系统的响应为：$c(t) = 1 - \cos\omega_n t$，为频率为 ω_n 的等幅振荡，系统无法进入平衡工作状态，不能正常工作。

另外，在 ξ 一定时，ω_n 越大，系统的振荡频率 ω_d 越大，响应的平稳性较差。

故 ξ 大，ω_n 小，系统响应的平稳性好。

② 调节时间 t_s 的计算公式为近似表达式，事实上，ξ 小，系统响应时收敛速度慢，调节时间长，若 ξ 过大，系统响应迟钝，调节时间也较长。因此 ξ 应取适当的数值，$\xi = 0.707$ 时的典型二阶系统称为最佳二阶系统，此时超调量为 4.3%，调节时间为 $\dfrac{3}{\omega_n}$。

【例 4-13】 设典型二阶系统的单位阶跃响应曲线如图 4-25 所示，试确定系统的传递函数。

解： 根据题意 $\sigma\% = 30\%$，$t_p = 0.1$

$$\sigma\% = \mathrm{e}^{-\frac{\xi\pi}{\sqrt{1-\xi^2}}} \times 100\% = 30\%$$

$$\xi = 0.361$$

$$t_p = \frac{\pi}{\omega_d} = 0.1$$

$$\omega_d = 34.1, \quad \omega_n = 36.6$$

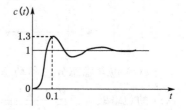

图 4-25 例 4-13 典型二阶系统的单位阶跃响应曲线

$$\Phi(s) = \frac{\omega_n^2}{s^2 + 2\xi\omega_n s + \omega_n^2} = \frac{1\,340}{s^2 + 26.4s + 1\,340}$$

（2）临界阻尼情况（$\xi = 1$）

系统的特征方程为：

$$s^2 + 2\xi\omega_n s + \omega_n^2 = 0$$

在临界阻尼的情况下，闭环极点为重极点：

$$s_{1,2} = -\xi\omega_n$$

系统的闭环传递函数为：

$$\Phi(s) = \frac{\omega_n^2}{s^2 + 2\omega_n s + \omega_n^2},$$

当输入信号为阶跃信号时，

$$r(t) = 1(t), \quad R(s) = \frac{1}{s}$$

$$C(s) = \Phi(s)R(s) = \frac{\omega_n^2}{s^2 + 2\omega_n s + \omega_n^2} \cdot \frac{1}{s} = \frac{\omega_n^2}{(s + \omega_n)^2} \cdot \frac{1}{s}$$

$$c(t) = L^{-1}[C(s)] = 1 - (1 + \omega_n t)\mathrm{e}^{\omega_n t}$$

响应具有非周期性,没有振荡和超调,其响应曲线如图 4-26 所示。该响应曲线不同于典型一阶系统的单位阶跃响应,$\dfrac{\mathrm{d}c(t)}{\mathrm{d}t}\bigg|_{t=0}=0$。动态性能指标为:$t_s=\dfrac{4.75}{\omega_n}$,稳态误差为 0,说明典型二阶系统跟踪阶跃输入信号时,无稳态误差,系统为无静差系统。

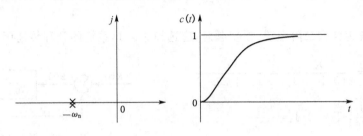

图 4-26 响应曲线

（3）过阻尼情况（$\xi>1$）

系统的特征方程为:$s^2+2\xi\omega_n s+\omega_n^2=0$

在过阻尼的情况下,闭环极点为两个负实数极点:$s_{1,2}=-\xi\omega_n\pm\omega_n\sqrt{\xi^2-1}$。若令 $T_1=\dfrac{1}{\xi\omega_n-\omega_n\sqrt{\xi^2-1}}$,$T_2=\dfrac{1}{\xi\omega_n+\omega_n\sqrt{\xi^2-1}}$,则 $s_1=-\dfrac{1}{T_1}$,$s_2=-\dfrac{1}{T_2}$

当输入信号为阶跃信号时,$r(t)=1(t)$,$R(s)=\dfrac{1}{s}$。

$$C(s)=\Phi(s)R(s)=\frac{\omega_n^2}{s^2+2\xi\omega_n s+\omega_n^2}\cdot\frac{1}{s}=\frac{\omega_n^2}{\left(s+\dfrac{1}{T_1}\right)\left(s+\dfrac{1}{T_2}\right)}\cdot\frac{1}{s}$$

$$c(t)=L^{-1}\big[C(s)\big]=1+\frac{1}{\dfrac{T_2}{T_1}-1}\mathrm{e}^{-\frac{t}{T_1}}+\frac{1}{\dfrac{T_1}{T_2}-1}\mathrm{e}^{-\frac{t}{T_2}}$$

响应具有非周期性,没有振荡和超调,其响应曲线如图 4-27 所示。该响应曲线不同于典型一阶系统的单位阶跃响应,$\dfrac{\mathrm{d}c(t)}{\mathrm{d}t}\bigg|_{t=0}=0$。动态性能指标为:$t_s=\dfrac{1}{\omega_n}(6.45\xi-1.7)$（$\xi\geqslant 0.7$），稳态误差为 0,说明典型二阶系统跟踪阶跃输入信号时,无稳态误差,系统为无静差系统。

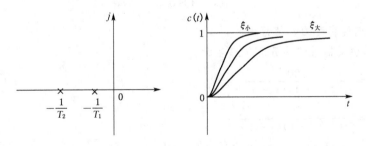

图 4-27 响应曲线

需要说明的是,对于临界阻尼和过阻尼的二阶系统,其单位阶跃响应都没有振荡和超调,系统的调节时间随 ξ 的增加而变大。在所有无超调的二阶系统中,处在临界阻尼时,响应速度最快。

【例 4-14】 图 4-28 示系统,要求单位阶跃响应无超调,调节时间不大于 1 秒,求开环增益 K。

解: 该系统为典型二阶系统,根据题意,应选择 $\xi=1$,系统的开环传递函数为:

$$G(s) = \frac{K}{s(0.1s+1)} = \frac{\omega_n^2}{s(s+2\xi\omega_n)}$$

$$K = \frac{\omega_n}{2\xi}, \ T = 0.1 = \frac{1}{2\xi\omega_n}$$

$$\omega_n = 5, \ K = 2.5。$$

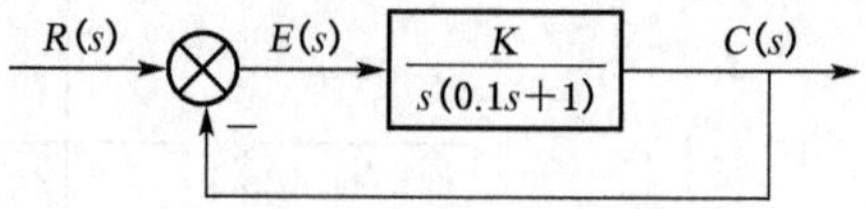

图 4-28　例 4-14 方框图

思考与练习题

1. 典型信号的概念是什么？选择典型信号的优点是什么？

2. 控制系统稳定的概念是什么？控制系统稳定的条件是什么？

3. 设系统微分方程式如下：

(1) $0.2\dot{c}(t) = 2r(t)$

(2) $0.04\ddot{c}(t) + 0.24\dot{c}(t) + c(t) = r(t)$

试求系统的单位脉冲响应 $k(t)$ 和单位阶跃响应 $h(t)$,已知全部初始条件为零。

4. 已知特征方程为 $3s^4 + 10s^3 + 5s^2 + s + 2 = 0$,试用劳斯稳定判据和赫尔维茨稳定判据确定系统的稳定性。

5. 已知系统特征方程如下,试求系统在 s 右半平面的根数及虚根值。

(1) $s^5 + 3s^4 + 12s^3 + 24s^2 + 32s + 48 = 0$

(2) $s^6 + 4s^5 - 4s^4 + 4s^3 - 7s^2 - 8s + 10 = 0$

(3) $s^5 + 3s^4 + 12s^3 + 20s^2 + 35s + 25 = 0$

6. 已知单位反馈系统的开环传递函数为：

$$G(s) = \frac{k(0.5s+1)}{s(s+1)(0.5s^2+s+1)}$$

试确定系统稳定时的 k 值范围。

7. 已知单位反馈系统的开环传递函数：

(1) $G(s) = \dfrac{100}{(0.1s+1)(s+5)}$

(2) $G(s) = \dfrac{50}{s(0.1s+1)(s+5)}$

(3) $G(s) = \dfrac{10(2s+1)}{s^2(s^2+6s+100)}$

试求输入分别为 $r(t) = 2t$ 和 $r(t) = 2 + 2t + t^2$ 时系统的稳态误差。

8. 设系统微分方程式如下：

(1) $0.2c(t)=2r(t)$

(2) $0.04c(t)+0.24c(t)+c(t)=r(t)$

试求系统的单位脉冲响应 $k(t)$ 和单位阶跃响应 $h(t)$，已知全部初始条件为零。

9. 已知控制系统的单位阶跃响应为 $h(t)=1+0.2\mathrm{e}^{-60t}-1.2\mathrm{e}^{-10t}$，试确定系统的阻尼比 ξ 和自然频率 ω_n。

10. 已知单位反馈系统的开环传递函数为

$$G(s)=\frac{k(0.5s+1)}{s(s+1)(0.5s^2+s+1)}$$

试确定系统稳定时的 k 值范围。

第5章 机电控制系统的设计与综合校正

5.1 机电控制系统的设计

5.1.1 控制系统的设计步骤

控制系统设计的一般步骤如下：

1）了解控制对象，熟悉控制要求

设计人员应深入现场熟悉工艺，明确被控对象在生产过程中的作用和地位，了解国内外同类对象的技术水平，明确控制性能指标，有否其他特殊要求。另外，还应进行市场调查，了解可供选择的控制仪表的种类、先进性、配套程度及价格等情况。

2）确定控制系统的结构

根据系统要求确定系统是开环控制还是闭环控制，是简单控制系统还是复合控制系统，是用常规控制器控制还是微机控制系统控制。画出控制系统的方框图，确定被控参数和控制量。

3）选择检测传感器及执行机构

根据系统结构确定的被控参数和控制参数分别进行合理选择。

4）建立控制系统的数学模型

选用或设计控制元件、建立控制系统的数学模型。进行系统动态特性分析和校正设计，直到满足控制系统的性能指标。最终确定控制器或校正装置。

系统结构及控制器的正确选择，在很大程度上取决于设计者的经验和独创精神。

5）完成设计文件

画出控制系统原理图、组成框图、带控制点的工艺流程图，列出元件明细表，做出成本估算等。

5.1.2 控制系统的设计原则

1）选择被控参数的一般原则

（1）选择对产品的产量和质量、安全生产、经济运行和环境保护等具有决定作用的、可直接测量的工艺参数。

（2）当不能用直接参数作为被控参数时，应选与直接参数有单值函数关系的间接参数作为被控参数。

（3）被控参数必须具有足够的灵敏度。

（4）必须考虑工艺过程的合理性和所采用仪表的性能。

2) 选择控制参数的一般原则

当被控参数确定后,应先进行干扰分析,找出影响被控参数的各种可控干扰。通过对各种可控干扰的静、动态参数的比较,确定控制参数,构成控制通道;而其他可控干扰则构成扰动通道。

(1) 选择控制通道的静态放大系数 K_0 要适当大,时间常数 T_0 应适当小,纯滞后时间 τ_0 则愈小愈好。

(2) 选择扰动通道的静态放大系数 K_f 应尽可能小,时间常数 T_f 愈大、纯滞后时间 τ_f 愈大愈好。扰动引入系统的位置离被控参数愈远,控制质量愈高。

(3) 当广义对象的控制通道由几个一阶惯性环节组成时,为了提高系统的性能指标,应尽量拉开各个时间常数。

(4) 注意工艺上的合理性。

【例 5-1】　设某被控参数具有 3 个可控干扰,其对象通道的传递函数分别为 $G_1(s) = \dfrac{8}{5s+1}e^{-2s}$, $G_2(s) = \dfrac{5}{6s+1}e^{-3s}$, $G_3(s) = \dfrac{2}{3s+1}e^{-5s}$, 试确定控制参数。

解:$K_1 = 8$　$K_2 = 5$　$K_3 = 2$

$T_1 = 5$　$T_2 = 6$　$T_3 = 3$

$\tau_1 = 2$　$\tau_2 = 3$　$\tau_3 = 5$

$k_1 > k_2 > k_3$, $T_2 > T_1 > T_3$, $\tau_1 < \tau_2 < \tau_3$

根据选择原则,确定第 1 个可控干扰可作为控制参数,相应的 $G_1(s)$ 将成为控制通道,此时 $K_0 = K_1 = 8$, $T_0 = T_1 = 5$, $\tau_0 = \tau_1 = 2$。

5.2　常用的 PID 调节器

调节器是自动控制系统中进行控制的基本部件,它的有关参数对系统的性能产生重大影响,是调节和改善系统性能的主要环节,也是系统设计与调试中主要的调整对象。在自动控制系统中,调节器的功能,既可以通过硬件来实现,也可以通过软件来实现。

5.2.1　PID 调节的概述

在工程实际中,应用最为广泛的调节器控制规律为比例、积分、微分控制,简称 PID 控制,又称 PID 调节。PID 控制器问世至今已有近 70 年历史,它以其结构简单、稳定性好、工作可靠、调整方便而成为工业控制的主要技术之一。当被控对象的结构和参数不能完全掌握或得不到精确的数学模型,控制理论的其他技术难以采用,系统控制器的结构和参数必须依靠经验和现场调试来确定,这时应用 PID 控制技术最为方便。即当我们不完全了解一个系统和被控对象, 或不能通过有效的测量手段来获得系统参数时,最适合用 PID 控制技术。目前,PID 控制及其控制器或智能 PID 控制器(仪表)已经有很多,产品已在工程实际中得到了广泛的应用,有各种各样的 PID 控制器产品,各大公司均开发了具有 PID 参数自整定功能的智能调节器(Intelligent Regulator),其中 PID 控制器参数的自动调整是通过智能化调整或自校正、自适应算法来实现的。有利用 PID 控制实现的压力、温度、流量、液位控制器,能实现 PID 控制功能的可编程控制器(PLC),还有可实现 PID 控制的 PC 系统等等。

PID 控制,实际中也有 PI 和 PD 控制。PID 控制器就是根据系统的误差,利用比例、积分、微分计算出控制量进行控制的。

5.2.2 硬 PID

在电气线路中作为硬件的调节器,通常由运放器构成,并可根据不同的输入回路阻抗和不同的反馈回路阻抗,构成不同的调节线路。下面对常用的调节器作扼要的介绍。

1) 比例调节器(P)

比例调节器是一种最简单的控制方式。其控制器的输出与输入误差信号成比例关系。当仅有比例控制时系统输出存在稳态误差。

比例控制器的电路如图 5-1 所示。

其输出量为:

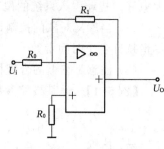

$$U_0 = -\frac{R_1}{R_0}U_i = -K_P U_i \tag{5-1}$$

图 5-1 比例控制器的电路

由式(5-1)可知,比例调节器的输出电压与输入电压成正比,其输出量能立即响应输入量。传递函数为:

$$G(s) = \frac{U_o(s)}{U_i(s)} = K_P = \frac{1}{\delta} \tag{5-2}$$

K_P 为比例系数,它决定控制作用的强弱。

δ 为比例系数 K_p 的倒数,即当调节机关的位置改变 100% 时,偏差应有的改变量,称为比例带,δ 越大比例作用越弱 。

比例调节器的特点是简单、快速。缺点是对具有自平衡性的控制对象有静差;对有滞后(惯性)的系统,可能产生震荡;动态特性也差。

2) 积分调节器(I)

比例调节器具有静差,为了解决此问题,可引入积分环节。输出量正比于输入量对时间的积分。积分调节器的电路如图 5-2 所示。

其输出量为:

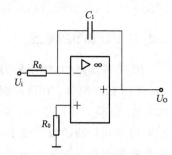

$$U_0 = -\frac{1}{R_0 C_1}\int U_i \mathrm{d}t = -\frac{1}{T_I}\int U_i \mathrm{d}t \tag{5-3}$$

传递函数为:

图 5-2 积分调节器的电路

$$G(s) = \frac{U_o(s)}{U_i(s)} = \frac{1}{T_1 s} \tag{5-4}$$

积分调节器的特点为:

(1) 控制过程结束时,被调量与其给定值之间没有稳态偏差(无差调节);

(2) 积分作用在控制系统中是使控制过程振荡的因素,很少单独使用。

3）比例积分调节器（PI）

比例微分调节器的电路如图 5-3 所示。

其输出量为：

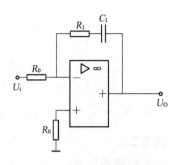

$$U_o = -\left[KU_i + \frac{1}{R_0 C_1}\int_{t_1}^{t_2} U_i dt\right] + U_{o1} \qquad (5-5)$$

$$= -\left[KU_i + \frac{1}{T_I}\int_{t_1}^{t_2} U_i dt\right] + U_{o1}$$

图 5-3　比例积分调节器的电路

其中 $K_I = \dfrac{R_1}{R_0}$，K_I 为比例系数；$T_I = R_0 C_1$，T_I 为积分时间常数。

t_1 时刻的输出量为 U_{o1}，U_o 为经过一段时间 t 后的输出量，$t_2 = t_1 + t$。

传递函数为：

$$G(s) = \frac{U_o(s)}{U_i(s)} = \frac{1}{\delta}\left(1 + \frac{1}{T_I s}\right) \qquad (5-6)$$

T_I 为微积分常数。T_I 越大，积分作用越弱。

积分控制可提高系统的抗干扰能力，减小静差。它适用于有自平衡性的系统，但它有滞后现象，使系统响应速度变慢。超调量变大，也可能产生振荡。

4）比例微分调节器（PD）

在比例调节器的基础上增加微分（Difference）环节，可减小超调，使系统趋于稳定。比例微分调节器的电路如图 5-4 所示。

其输出量为：

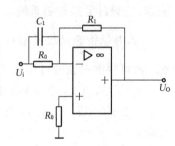

$$U_o = -\frac{R_1}{R_0}U_i\left(1 - e^{\frac{t}{T}}\right) \qquad (5-7)$$

其中，$K_P = \dfrac{R_1}{R_0}$，K_P 为比例系数；$T_D = R_1 C_1$，T_D 为惯性时间常数。

传递函数为：

图 5-4　比例微分调节器的电路

$$G(s) = \frac{U_o(s)}{U_i(s)} = \frac{1}{\delta}(1 + T_D s) \qquad (5-8)$$

微分时间越长，表示微分作用越强；比例带 δ 不但影响比例作用的强弱而且也影响微分作用的强弱。

5）比例积分微分调节器（PID）

PID 调节器包含有比例器、积分器、微分器。

积分器能消除静差，提高精度，但使系统的响应速度变慢，稳定性变坏。微分器能增加稳定性，加快响应速度。比例器为基本环节。PID 调节器如图 5-5 所示。

三者和用选择适当的参数，可实现稳定的控制。PID 调节器的控制输出为：

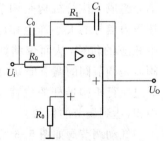

图 5-5　比例积分微分调节器的电路

$$U_o = -\left[KU_i + \frac{1}{R_0 C_1}\int_1^2 U_i \,\mathrm{d}t + R_1 C_0 \frac{\mathrm{d}U_i}{\mathrm{d}t} \right] + U_{o1} \qquad (5\text{-}9)$$

$$= -\left[KU_i + \frac{1}{T_I}\int_1^2 U_i \,\mathrm{d}t + T_D \frac{\mathrm{d}U_i}{\mathrm{d}t} \right] + U_{o1}$$

其中,$K_P = \dfrac{R_1}{R_0}$,K_P 为比例系数;$T_I = R_0 C_1$,T_I 为积分时间常数;$T_D = R_1 C_0$,T_D 为惯性时间常数。

传递函数为:

$$G(s) = \frac{U_o(s)}{U_i(s)} = \frac{1}{\delta}\left(1 + \frac{1}{T_I s} + T_D s \right) \qquad (5\text{-}10)$$

5.2.3 控制系统的参数整定

1) 控制规律的选择

通常控制器控制规律应根据对象特性、负荷变化、主要扰动和系统控制要求等情况选择。

(1) 广义对象控制通道的时间常数较大时,应引入微分动作。如工艺容许有静差,可选用 PD 控制;如工艺要求无静差时,则选用 PID 控制。

(2) 广义对象控制通道时间常数较小,负荷变化也不大,而工艺要求无静差时,可选择 PI 控制。

(3) 广义对象控制通道时间常数较小,负荷变化较小,工艺要求不高时,可选择 P 控制。

(4) 广义对象控制通道的时间常数很大,负荷变化也很大时,简单控制系统已不能满足要求,应设计复杂控制系统。

若对象传递函数可用 $G_0(s) = \dfrac{K_0 \mathrm{e}^{-\tau_o s}}{T_0 s + 1}$ 近似,则可根据对象的可控比选择控制规律:

$\tau_0/T_0 < 0.2$,选用 PD 控制或 P 控制;

$0.2 < \tau_0/T_0 < 1.0$,选用 PI 控制或 PID 控制;

$\tau_0/T_0 > 1.0$,选用串级控制、前馈控制等复杂系统。

2) 气动调节阀的开闭形式选择

气动调节阀由气动薄膜执行机构和阀体两部分组成。执行机构是调节阀的推动装置,它按压力信号的大小产生相应的推力,使推杆产生相应的位移,从而带动调节阀的阀芯动作。阀体是调节阀的调节部分,它直接与介质接触,通过执行机构推杆的位移,改变调节阀的节流面积,达到调节的目的。

气动调节阀如图 5-6 所示。图中由正作用气动执行机构和正装阀组合成气关式,来自气

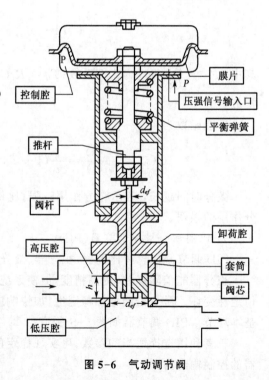

图 5-6 气动调节阀

动调节器的压力信号 P 作用于橡胶膜片上方的气室,当 P 增加时,阀杆下移,阀芯和阀座间隙减小,即阀门开度减小,相反则开大。

(1) 调节阀作用方式的选择

气动调节阀按作用方式不同,分为气开阀与气闭阀两种。气开阀随着信号压力的增加而打开,无信号时,阀处于关闭状态。气闭阀即随着信号压力的增加,阀逐渐关闭,无信号时,阀处于全开状态。

(2) 气动薄膜执行机构作用方式的决定

选定了调节阀作用方式之后,即可决定气动薄膜执行机构的作用方式,即决定正作用或反作用执行机构的问题。传统的执行机构与阀体部件的配用情况见表 5-1。依据所选的气开阀或气闭阀,从该表中即可决定执行机构的作用方式及型号。

表 5-1 阀作用方式和执行机构的作用方式

执行机构	作用方式	正作用		反作用
	型 号	ZMA		ZMB
	动作情况	信号压力增加,推杆运动向下		信号压力增加,推杆运动向上
阀芯导向型式		双导向		单导向
执行机构作用方式		正作用		反作用
阀的作用方式	气开式	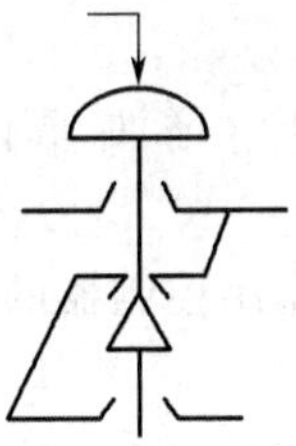		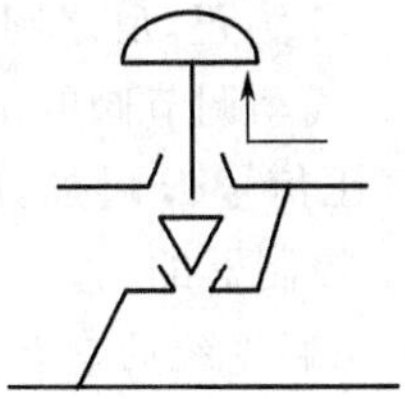
	气闭式	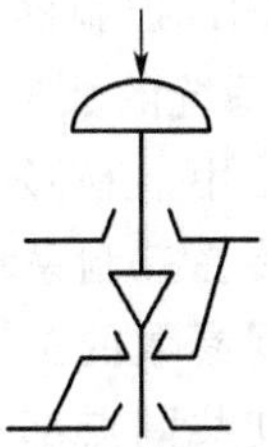	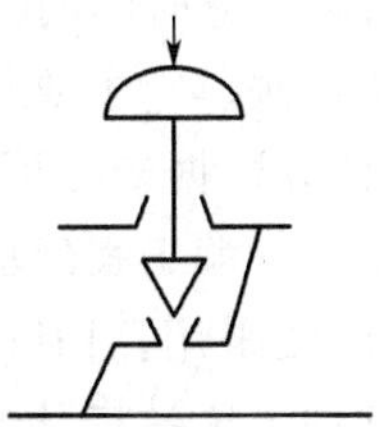	
结 论		双导向阀气开、气闭均配正作用执行机构,单导向阀气开反作用,气闭配正作用执行机构(但现在双导向阀气开式也配反作用了)		

调节阀气开、气关形式的选择原则是从生产安全考虑。当气源系统故障或控制信号突然中断时,应使调节阀的阀芯处于使生产装置安全的状态,避免事故。例如进入工艺设备的流体是易燃易爆气体,为防止爆炸,调节阀应选气开式,而锅炉进水管的调节阀应选气关式,以防止锅炉水位急剧下降引起事故。如流体容易结晶,调节阀应选气关式。

3) 控制器的正、反作用方式选择

为了适应不同被控对象实现负反馈控制的需要,工业调节器都设置有正、反作用开关,以便根据需要将控制器置于正作用或者反作用方式。所谓正作用方式是指控制器的输出信号 u 随被调量 y 的增大而增大,此时控制器的增益 K_c 为负;处于反作用方式时 u 随 y 的增大而减小,K_c 为正。例如用蒸汽加热某种介质使之保持在某一设定温度上,设蒸汽流量的调节阀随控制信号 u 的加大而加大,那么就广义对象看,显然介质温度 y 将随信号 u 的加大而升高。如果介质温度 y 降低了,控制器应自动加大其输出信号 u 才能正确地起负反馈控制作用,因此控制器应置于反作用方式。

控制器正、反作用方式可以借助于控制系统方框图加以确定。图 5-7 所示为反馈控制系统。

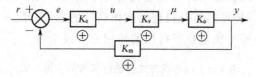

图 5-7 根据控制系统方框图确定控制器正反作用

图 5-7 中,K_o、K_v 和 K_m 分别表示被控对象、执行机构和测量变送装置的增益,K_c 为控制器的增益。为了保证负反馈的实现,系统各环节的增益之乘积必须为正,由于测量变送器的增益 K_m 通常为正,故只需满足 $K_o K_v K_c > 0$ 即可。

控制系统中各个环节的增益正负按以下方法确定:

(1) 被控对象的 K_o。 被控参数随流入对象的控制介质的增加(或减小),而增加(减小)时,$K_o > 0$ 为正,反之则 K_o 取负。

(2) 气动调节阀的 K_v。 气开式 K_v 为正(气压信号 P 增加,阀门开度加大);气关式 K_v 为负(气压信号 P 增加,阀门开度减小)。

(3) 控制器的 K_c。 正作用控制器的 K_c 为负;反作用控制器的 K_c 为正。

4) 控制系统的参数整定

PID 控制器的参数整定是控制系统设计的核心内容。它是根据被控过程的特性确定 PID 控制器的比例系数、积分时间和微分时间的大小。PID 控制器参数整定的方法很多,概括起来有两大类:一是理论计算整定法。它主要是依据系统的数学模型,经过理论计算确定控制器参数。这种方法所得到的计算数据未必可以直接用,还必须通过工程实际进行调整和修改。二是工程整定方法,它主要依赖工程经验,直接在控制系统的试验中进行,且方法简单、易于掌握,在工程实际中被广泛采用。PID 控制器参数的工程整定方法,主要有临界比例法、反应曲线法和衰减法。三种方法各有其特点,其共同点都是通过试验,然后按照工程经验公式对控制器参数进行整定。但无论采用哪一种方法所得到的控制器参数,都需要在实际运行中进行最后调整与完善。现在一般采用的是临界比例法。利用该方法进行 PID 控制器参数的整定步骤如下:

(1) 首先预选择一个足够短的采样周期让系统工作。

(2) 仅加入比例控制环节,直到系统对输入的阶跃响应出现临界振荡,记下这时的比例放大系数和临界振荡周期。

(3) 在一定的控制度下通过公式计算得到 PID 控制器的参数。

在实际调试中,只能先大致设定一个经验值,然后根据调节效果修改。

对于温度系统:P(%)20~60,I(分)3~10,D(分)0.5~3。

对于流量系统:P(%)40~100,I(分)0.1~1。

对于压力系统:P(%)30~70,I(分)0.4~3。

对于液位系统:P(%)20~80,I(分)1~5。

调试中谨记下列口诀:

参数整定找最佳,从小到大顺序查。

先是比例后积分,最后再把微分加。

曲线振荡很频繁,比例度盘要放大。

曲线漂浮绕大弯,比例度盘往小扳。

曲线偏离回复慢,积分时间往下降。

曲线波动周期长,积分时间再加长。

曲线振荡频率快,先把微分降下来。

动差大来波动慢,微分时间应加长。

理想曲线两个波,前高后低 4 比 1。

一看二调多分析,调节质量不会低。

5.3 改善机电控制系统性能的途径

将选定的控制对象和控制器组成控制系统,如果构成的系统不能满足或不能全部满足设计要求的性能指标,还必须增加合适的元件,按一定的方式连接到原系统中,使重新组合起来的系统全面满足设计要求。

能使系统的控制性能满足控制要求而有目的地增添的元件称为控制系统的校正元件或称校正装置。系统综合与校正示意图见图 5-8 所示。

图 5-8 系统综合与校正示意图

根据校正装置在系统中的位置不同,一般分为串联校正、反馈校正和顺馈校正。

究竟采用何种校正装置,主要取决于系统本身的结构特点以及采用的元件、信号性质、经济条件及设计者的经验等。

5.3.1 串联校正

串联校正的接入位置应视校正装置本身的物理特性和原系统的结构而定。一般情况下,对于体积小、重量轻、容量小的校正装置(电器装置居多),常加在系统信号容量不大的地方,即比较靠近输入信号的前向通道中。相反,对于体积、重量、容量较大的校正装置(如无源网络、机械、液压、气动装置等),常串接在容量较大的部位,即比较靠近输出信号的前向通道中,见图 5-9。

串联校正装置的分类见图 5-10。

图 5-9 串联校正

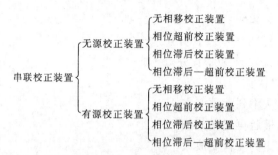

图 5-10 串联校正装置的分类

串联校正的特点：设计较简单，容易对信号进行各种必要的变换，但需注意负载效应的影响。

无源校正装置与有源校正装置的特点：

无源校正装置采用阻容元件，它的优点是校正元件的特性比较稳定。缺点是由于输出阻抗较高而输入阻抗较低，需要另加放大器并进行隔离；没有放大增益，只有衰减。

有源校正装置采用阻容电路和线性集成运算放大器。它的优点是带有放大器，增益可调，使用方便灵活。缺点是特性容易漂移。

1）无相移校正装置（比例控制）

（1）传递函数

$$G_c(s) = K$$

（2）实现形式

无相移校正装置的实现形式见表 5-2。

表 5-2　无相移校正装置

无　源　校　正	有　源　校　正
$K = \dfrac{R_2}{R_1 + R_2} \quad K \leqslant 1$	$K = \dfrac{R_2}{R_1}$

2）相位超前校正装置（PD 校正）

（1）传递函数

$$G_c(s) = \frac{1}{\alpha} \frac{Ts + 1}{\dfrac{T}{\alpha}s + 1}$$

（2）实现形式

相位超前校正装置的实现形式见表 5-3。

表 5-3　相位超前校正装置

无 源 校 正	有 源 校 正
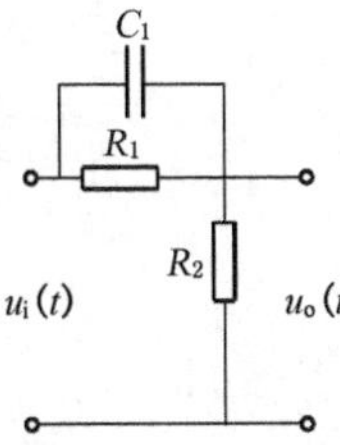 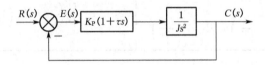	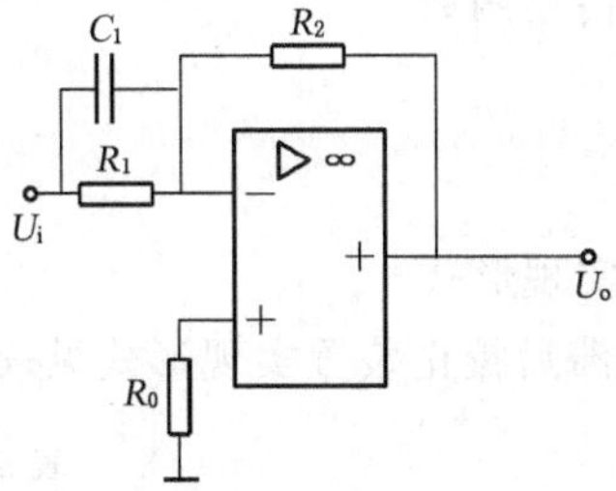
$a = \dfrac{R_1 + R_2}{R_2} > 1,\ T = R_1 C_1$ $G_c(s) = \dfrac{U_o(s)}{U_i(s)} = \dfrac{1}{\alpha}\,\dfrac{Ts+1}{\dfrac{T}{\alpha}s+1}$	$\dfrac{U_o(s)}{U_i(s)} = -\dfrac{R_2}{R_1}(R_1 C_1 s + 1)$ $T_1 = R_1 C_1,\ K_p = -\dfrac{R_2}{R_1}$ $G_c(s) = -K_p(T_1 s + 1)$

当 $|\alpha| \gg 1$ 时，$G_c(s) = \dfrac{1}{\alpha}(Ts+1)$，近似地实现 PD 控制。

采用阻容网络实现 PD 校正时，一般取 $\alpha \leqslant 20$。这是因为：

① 受超前校正装置物理结构的限制；

② α 太大，通过校正装置的信号幅值衰减太严重。

【例 5-2】　设 PD 控制系统如图 5-11 所示，试分析 PD 控制器对系统性能的影响。

$$R(s) \ \xrightarrow{\quad}\ \bigotimes \ \xrightarrow{E(s)}\ \boxed{K_P(1+\tau s)}\ \xrightarrow{\quad}\ \boxed{\dfrac{1}{Js^2}}\ \xrightarrow{C(s)}$$

图 5-11　例 5-2 PD 控制系统

解：① 无 PD 控制器时，系统的闭环传递函数为：

$$\frac{C(s)}{R(s)} = \frac{\dfrac{1}{Js^2}}{1 + \dfrac{1}{Js^2}} = \frac{1}{1 + Js^2}$$

则系统的特征方程为：

$$1 + Js^2 = 0$$

阻尼比等于零，其输出信号 $C(t)$ 具有不衰减的等幅振荡形式。

② 加入 PD 控制器时，系统的闭环传递函数为：

$$\frac{C(s)}{R(s)} = \frac{K_P(1+\tau s)\dfrac{1}{Js^2}}{1 + K_P(1+\tau s)\dfrac{1}{Js^2}} = \frac{K_P(1+\tau s)}{Js^2 + K_P(1+\tau s)}$$

则系统的特征方程为：$Js^2 + K_P \tau s + K_P = 0$

阻尼比 $\zeta = \tau \times \sqrt{K_P}/2\sqrt{J}$

因此系统是闭环稳定的。

3）相位滞后校正装置（PI 校正）

（1）传递函数

$$G_c(s) = \frac{Ts + 1}{aTs + 1}$$

（2）实现形式

相位滞后校正装置实现形式见表 5-4。

表 5-4　相位滞后校正装置

无　源　校　正	有　源　校　正
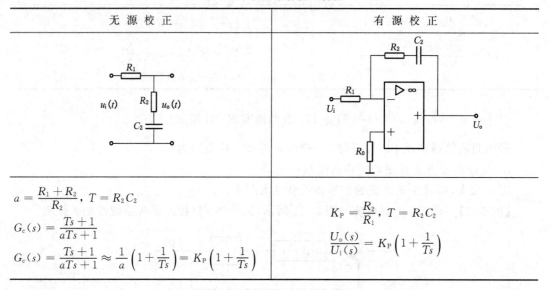	
$a = \dfrac{R_1 + R_2}{R_2}$，$T = R_2 C_2$ $G_c(s) = \dfrac{Ts + 1}{aTs + 1}$ $G_c(s) = \dfrac{Ts + 1}{aTs + 1} \approx \dfrac{1}{a}\left(1 + \dfrac{1}{Ts}\right) = K_P\left(1 + \dfrac{1}{Ts}\right)$	$K_P = \dfrac{R_2}{R_1}$，$T = R_2 C_2$ $\dfrac{U_o(s)}{U_i(s)} = K_P\left(1 + \dfrac{1}{Ts}\right)$

【例 5-3】　设 PI 控制系统如图 5-12 所示，试分析 PI 控制器对系统稳态性能的影响。

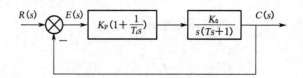

图 5-12　例 5-3 PI 控制系统

解：由图求得给定系统 PI 控制器时的开环传递函数为：

$$G(s) = \frac{C(s)}{R(s)} = \frac{K_P K_0 (T_i s + 1)}{T_i s^2 (Ts + 1)}$$

系统由原来的 1 型提高到 PI 控制器时的 2 型，对于控制信号 $r(t) = R_1 t$ 来说，无 PI 控制器时，系统的稳态误差传递函数为：

$$\Phi_e(s) = \frac{s(Ts + 1)}{s(Ts + 1) + K_0}$$

加入 PI 控制器后，

$$\Phi_e(s) = \cfrac{1}{1 + K_P\left(1 + \cfrac{1}{T_i s}\right)\cfrac{K_0}{s(Ts+1)}} = \frac{T_i s^2(Ts+1)}{T_i s^2(Ts+1) + K_P K_0(T_i s+1)}$$

$$e_{ss} = \lim_{s \to 0} s\Phi(s)R(s) = \lim_{s \to 0} s\,\frac{T_i s^2(Ts+1)}{T_i s^2(Ts+1) + K_P K_0(T_i s+1)}\frac{R_1}{s^2} = 0$$

采用 PI 控制器可以消除系统响应。由此可见，PI 控制器改善了给定匀速信号的稳态误差。采用比例加积分控制规律后，1 型系统的稳态性能增强。控制系统的稳定性可以通过特征方程：$T_i s^2(Ts+1) + K_P K_0(T_i s+1) = 0$ 即 $T_i T s^3 + T_i s^2 + K_P K_0 T_i s + K_P K_0 = 0$ 来判断。

由劳斯判据得：

$$
\begin{array}{ccc}
s^3 & T_i T & K_P K_0 T_i \\[2mm]
s^2 & T_i & K_P K_0 \\[2mm]
s^1 & \dfrac{K_P K_0 T_i^2 - K_P K_0 T_i T}{T_i} & \\[4mm]
s^0 & K_P K_0 &
\end{array}
$$

4）相位滞后—超前校正装置（PID 校正）

（1）传递函数

$$G_c(s) = \frac{T_1 s+1}{\dfrac{T_1}{\alpha}s+1}\frac{T_2 s+1}{\alpha T_2 s+1} \tag{5-11}$$

（2）实现形式

相位滞后—超前校正装置实现形式见表 5-5。

表 5-5　相位滞后—超前校正装置

无　源　校　正	有　源　校　正
$T_2 = R_2 C_2 \quad T_1 = R_1 C_1$ $a = \dfrac{R_1 + R_2}{R_2}$ $G_c(s) = \dfrac{(T_1 s+1)(T_2 s+1)}{T_1 T_2 s^2 + (T_1 + \alpha T_2)s + 1}$	$T_1 = R_1 C_1 \quad T_2 = R_2 C_2 \quad \tau = R_1 C_2$ $G_c = \dfrac{U_o(s)}{U_i(s)} = \dfrac{T_1 + T_2}{\tau}\left[1 + \dfrac{1}{(T_1 + T_2)s} + \dfrac{T_1 T_2}{T_1 + T_2}s\right]$

当 $T_2 > T_1$，$\alpha \gg 1$，由(5-11)简化为：

$$G_c \approx \frac{(T_1s+1)(T_2s+1)}{(T_1+\alpha T_2)s} = \frac{T_1+T_2}{T_1+\alpha T_2}\left[1+\frac{1}{(T_1+T_2)s}+\frac{T_1T_2}{T_1+T_2}s\right] \quad (5\text{-}12)$$

由式(5-12)可知，这属于 PID 校正。

若 $T_1 + \alpha T_2 \approx \dfrac{T_1}{\alpha} + \alpha T_2$，则式(5-12)简化为：

$$G_c(s) = \frac{T_1s+1}{\dfrac{T_1}{\alpha}s+1} \cdot \frac{T_2s+1}{\alpha T_2s+1} \quad (5\text{-}13)$$

由式(5-13)可知，相位滞后—超前校正变为滞后—超前校正。

5.3.2 反馈校正

反馈校正是将校正装置 $G_c(s)$ 反向并接在原系统前向通道的一个或几个环节上，构成局部反馈回路，如图 5-13 所示。

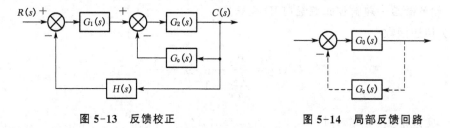

图 5-13 反馈校正　　　　　　图 5-14 局部反馈回路

利用反馈补偿取代局部结构，以改造不希望有的某些环节，消除非线性、变参数的影响，抑制干扰。如图 5-14 所示的局部反馈回路，其传递函数为：

$$G(s) = \frac{G_0(s)}{1+G_0(s)G_c(s)}$$

由于反馈校正装置的输入端信号取自于原系统的输出端或原系统前向通道中某个环节的输出端，信号功率一般都比较大，因此，在校正装置中不需要设置放大电路，有利于校正装置的简化。但由于输入信号功率比较大，校正装置的容量和体积相应要大一些。

反馈校正装置根据采用的环节不同，分为硬反馈和软反馈。

硬反馈：主体是比例环节（可能还含有滤波小惯性环节），它在系统的动态和稳态过程中都起作反馈校正作用。

软反馈：主体是微分环节（可能还含有滤波小惯性环节），它的特点是只在动态过程中起校正作用，而在稳态时，形同开路，不起作用。

反馈校正对典型环节的性能影响见表 5-6。

由表 5-6 可知，环节（或部件）经反馈校正后，不仅参数发生了变化，甚至环节（或部件）的结构和性质也可能发生改变。

反馈校正的特点:可消除系统原有部分参数对系统性能的影响,元件数也往往较少。

表 5-6　反馈校正对典型环节的性能影响

校正方式		框　图	校正后的传递函数	校正效果
比例环节的反馈校正	硬反馈		$K/(1+\alpha K)$	仍为比例环节 但放大倍数降低为:$1/\alpha$
	软反馈		$K/(\alpha Ks+1)$	变为惯性环节 放大倍数仍为 K 惯性时间常数为 αK
积分环节的反馈校正	硬反馈		$K/(s+\alpha K)$ 或 $\dfrac{\dfrac{1}{\alpha}}{\dfrac{s}{\alpha K}+1}$	变为惯性环节(变为有静差) 放大倍数为 $1/\alpha$ 惯性时间常数为 $1/\alpha K$ 有利于系统的稳定性,但不利于稳态性能
	软反馈		$K/s/(1+\alpha K)$	仍为积分环节 但放大倍数降低为: $K/(1+\alpha K)$
典型二阶系统的反馈校正	硬反馈		$\dfrac{K}{Ts^2+s+\alpha K}$ 或 $\dfrac{\dfrac{1}{\alpha}}{\dfrac{Ts^2}{\alpha k}+\dfrac{s}{\alpha k}+1}$	系统由无静差变为有静差(积分环节消失) (由 I 型变为 0 型) 放大倍数为 $1/\alpha$ 时间常数也降低
	软反馈		$\dfrac{K}{Ts^2+s+\alpha Ks}$ 或 $\dfrac{\dfrac{K}{1+\alpha K}}{s\left(\dfrac{T}{1+\alpha K}s+1\right)}$	仍为 I 型系统 但放大倍数为 $K/(1+\alpha K)$ 时间常数降为 $T/(1+\alpha k)$ 阻尼比增为 $(1+\alpha K)\varepsilon$ 使系统稳定性和快速性改善,但稳态精度下降

5.3.3　顺馈校正

只有当系统产生误差或干扰产生影响时,系统才被控制以消除误差的影响。若系统包含有很大时间常数的环节,或者系统响应速度要求很高,调整速度就不能及时跟随输入信号或干扰信号的变化。从而当输入或干扰变化较快时,会使系统经常处于具有较大误差的状态。

为了减小或消除系统在特定输入作用下的稳态误差，可提高系统开环增益或型次。这两种方法均会影响系统的稳定性。通过适当选择系统带宽可以抑制高频扰动但对低频扰动无能为力。特别是存在低频强扰动时，一般的反馈控制校正方法很难满足系统高性能的要求。

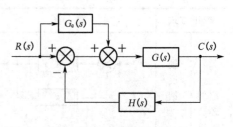

解决办法：引入误差补偿通路，与原来的反馈控制一起进行复合控制。

顺馈校正是将校正装置 $G_c(s)$ 前向并接在原系统前向通道的一个或几个环节上。它比串联校正多一个连接点，即需要一个信号取出点和一个信号加入点。顺馈校正系统如图 5-15 所示。

图 5-15　顺馈校正系统

加入顺馈环节后，系统的偏差传递函数为：

$$\Phi_e(s) = \frac{E(s)}{X_i(s)} = \frac{1 - G_c(s)G_2(s)H(s)}{1 + G_1(s)G_2(s)H(s)}$$

若选择：

$$G_c(s) = \frac{1}{G_2(s)H(s)}$$

则

$$E(s) = 0$$

即误差完全通过顺馈通路得到补偿，系统既没有动态误差也没有稳态误差，在任何时刻都可以实现输出立即复现输入（不变性原理），系统具有理想的时间响应特性。

无顺馈补偿时，

$$\Phi(s) = \frac{X_o(s)}{X_i(s)} = \frac{G_1(s)G_2(s)}{1 + G_1(s)G_2(s)H(s)}$$

采用顺馈补偿后：

$$\Phi(s) = \frac{X_o(s)}{X_i(s)} = \frac{[G_1(s) + G_c(s)]G_2(s)}{1 + G_1(s)G_2(s)H(s)}$$

由此可见，顺馈补偿不改变系统的闭环特征多项式，即顺馈补偿不改变系统的稳定性；顺馈补偿采用了开环控制方式补偿输入作用下的输出误差，解决了一般反馈控制系统在提高控制精度与保证系统稳定性之间存在的矛盾。

思考与练习题

1. 已知控制通道传递函数分别为：$G_1(s) = \dfrac{10}{s+10}e^{-3s}$，$G_2(s) = \dfrac{8}{s+5}e^{-3s}$，$G_3(s) = \dfrac{10}{s+10}e^{-5s}$，试写出每个传递函数的增益、时间常数、延时时间。应该选择哪个作为控制通道传递函数？

2. 已知单位反馈系统开环传递函数 $G_0(s) = \dfrac{40}{s(s+2)(s+3)}$，为了使系统在单位斜坡输入下系统的稳态误差小于 0.1,在系统串入一调节器,应采用什么调节器? 写出具体调节器传递函数。

3. 一比例调节器,要求调节器传递函数为 10,试求画出调节器有源电路图,并选择每个电阻值。

4. 画出 P、PI、PD、PID 调节器的电路图,包括无源和有源电路图。

5. 已知单位反馈系统开环传递函数 $G_0(s) = \dfrac{10}{s(s+5)}$,为了使系统在单位斜坡输入下系统的稳态误差小于 0.1,在系统串入串联校正,试写出串联校正传递函数。

6. 已知单位反馈系统开环传递函数 $G_0(s) = \dfrac{9}{s(s+5)}$,为了使系统在单位阶跃输入下系统无超调,试串入串联校正,写出串联校正传递函数。

7. 已知如图 5-16 所示系统,为了使系统稳定,试加入反馈校正,求反馈校正函数。

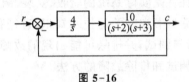

图 5-16

8. 试比较硬反馈校正和软反馈校正的区别。

9. 采用顺馈补偿消除稳态误差,顺馈补偿是否对系统的稳定性、动态性能有影响?

第6章 自动控制系统的分析、调试与故障的排除

本章以双闭环直流调速系统为例,介绍对自动控制系统进行分析的一般步骤与方法,对系统进行调试的步骤与过程。并在最后以直流调速装置和通用变频器为例,介绍系统的故障分析与排除。

在生产现场,遇到较多的往往是实际系统的验收、安装、调试、运行、维护和故障的排除。这就需要我们根据产品使用说明书和有关的技术知识,遵循科学的方法,并结合以往的经验,对实际系统进行了解、分析与调试,并排除可能出现的故障,使系统处于最佳运行状态。下面将扼要介绍常用的分析、调试和排除故障的方法。

6.1 自动控制系统的分析步骤

在工程技术上,经常会遇到陌生的控制系统。这时,首先是搞清自动控制系统的工作原理(定性分析),建立系统的数学模型,然后对系统进行定量的估算和分析。关于分析系统的方法,在前面各章中都已作了说明,现再作一些补充的说明与分析。

系统分析一般包括如下几个方面的内容。

6.1.1 了解工作对象对系统的要求

这些要求通常是:

1) 系统或工作对象所处的工况条件

① 电源电压及波动范围[例如三相交流 $380(1\pm10\%)$V]。

② 供电频率及波动范围[例如(50 ± 1)Hz]。

③ 环境温度(例如$-20\sim+40$℃)。

④ 相对湿度(例如$\leqslant85\%$)。

⑤ 海拔高度(例如$\leqslant1\ 000$ m)等。

2) 系统或工作对象的输出及负载能力

① 额定功率(例如 60 kW)及过载能力(例如$+20\%$)。

② 额定转矩(例如 100 N·m)及最大转矩(例如 150%额定转矩)。

③ 速度。对调速系统为额定转速(例如 1 000 r/min)、最高转速(例如 120%额定转速)及最低转速(例如 1%额定转速);对随动系统则为最大跟踪速度(线速度 V_{max} 及角速度 ω_{max})(例如 1 m/s 及 100 rad/s)、最低平稳跟踪速度(线速度 v_{min} 及角速度 ω_{min})(例如1 cm/s 及 0.01 rad/s)。

④ 最大位移(线位移 $l_{\max}$ 及角位移 $\theta_{\max}$)等。

3) 系统或工作对象的技术性能指标

① 稳态指标　对调速系统,主要是静差率(如 $s \leqslant 0.1\%$)和调速范围(如100∶1);对随动系统,则主要是阶跃信号和等速信号输入时的稳态误差(如 0.1 mm 或 1 密位等)。

② 动态指标　对调速系统主要是因负载转矩扰动而产生的最大动态速降 $\Delta n_{\max}$ (例如 10 r/min)和恢复时间 t_{f} (例如 0.3 s);对跟随系统主要是最大超调量 σ (例如 5%)和调整时间 t_{s} (例如 1 s)以及振荡次数 N (例如 3 次)。

4) 系统或设备可能具有的保护环节

过电流保护,过电压保护,过载保护,短路保护,停电(或欠电压),超速保护,限位保护,欠电流失磁保护,失步保护,超温保护和联锁保护等。

5) 系统或设备可能具备的控制功能

点动,自动循环,半自动循环,各分部自动循环,爬行微调,联锁,集中控制与分散控制,平稳启动、迅速制动停车,紧急停车和联动控制等。

6) 系统或设备可能具有的显示和报警功能

电源通、断指示,开、停机指示,过载断路指示,缺相指示,风机运行指示,熔丝熔断指示和各种故障的报警指示及警铃等。

7) 工作对象的工作过程或工艺过程

在了解上述指标和数据的同时,还应了解这些数据对系统工作质量产生的具体影响。例如造纸机超调会造成纸张断裂;轧钢机过大的动态速降会造成明显的堆钢和拉钢现象;仿形加工机床驱动系统的灵敏度直接影响到加工精度的等级;再如传动试验台的调速范围就关系到它能适应的工作范围等。

在提出这些指标要求时,一般应该是工作对象对系统的最低要求,或必需的要求;因为过高的要求,会使系统变得复杂,成本显著增加。而系统的经济性,始终是一个必须充分考虑的因素。

而在调试系统时,则应留有适当的裕量。因为系统在实际运行时,往往会有许多无法预计的因素。同时还要估计到各种可能出现的意外故障,并采取相应的措施,以保证系统能安全可靠地运行。同样,系统的可靠性,也是一个始终必须充分考虑的因素。

6.1.2　搞清系统各单元的工作原理

对一个实际系统进行分析,应该先作定性分析,后做定量分析。即首先把基本的工作原理搞清楚,这可以把电路分成若干个单元,对每一个单元又可分成若干个环节。这样先化整为零,弄清每个环节中每个元件的作用。然后再集零为整,抓住每个环节的输入和输出两头,搞清各单元和各环节之间的联系,统观全局,搞清系统的工作原理。现以表 6-1 所示的晶闸管直流调速系统的单元为例做一些说明。

1) 主电路

主要是对电动机电枢和励磁绕组进行正常供电,对它们的要求主要是安全可靠。因此在部件容量的选择上,在经济和体积上相差不是太多的情况下,尽可能选大一些。在保护环节上,对各种故障出现的可能性,都要有足够的估计,并采取相应的保护措施,配备必要的警报、显示、自动跳闸线路,以确保主电路安全可靠的要求。

表 6-1 自动调速系统的基本单元

	1. 电动机(控制对象)	
自动调速系统	2. 主电路	整流变压器(或交流电抗器)
		整流电路(单相或三相,半控桥或全控桥,可逆或不可逆等,在可逆电路中又分有环流或无环流等)
		电流互感器
		保护环节:快速熔丝(短路保护)、过电流继电器(过载保护)、阻容吸收(交、直流两侧及元件两端)(吸收浪涌电压)、过电压保护(硒堆、压敏电阻、电抗器等)
	3. 检测电路	检测装置(电流互感器、测速发电机、光电测速计、电磁感应测速计、光电码盘等)
		检测信号的分压或放大
		检测信号的变换(如相敏整流)和滤波,A/D 和 D/A 变换等
	4. 触发电路	同步电源
		脉冲电源
		移相信号控制
		脉冲形成
		功率放大
	5. 控制电路	控制器(调节器)(如 P、PD、T、PI、PID 等调节器),给定积分器
		各种信号的综合
		各种反馈环节(如电流、转速、电压等量的负反馈,微分负反馈及截止负反馈等)及顺馈补偿
		其他功能的控制(如点动调试、爬行调试、零速封锁、平稳启动、停车制动、最大电流限制等)
	6. 辅助电路	各种电源(如给定电压信号源、同步电压源、脉冲信号电源、运放器工作电源、电动机励磁电源等)
		继电保护电路或电子保护电路(如过电流继电保护、直流电动机失磁保护,快熔熔断后的缺相保护,逻辑控制保护,超速保护、限位保护及冷却风机的继电保护等)
		显示与报警电路(如电源指示,开机、停机指示,过载断路指示,缺相指示、风机运行指示以及各种故障的报警等)

若主电路采用晶闸管整流,则还应考虑晶闸管整流时的谐波成分对电网的有害的影响。因此,通常要在交流进线处串接交流电抗器或通过整流变压器供电。

2) 触发电路

主要考虑的是它的移相特性(即移相范围和线速度),控制电压的极性与数值,以及它与晶闸管输出电压间的关系。此外,还有同步电压的选择,同步变压器与主变压器相序间的关系(钟点数),以及触发脉冲的幅值和功率能否满足晶闸管的要求,各触发器的统调是否方便等等,这些都涉及触发电路与其他单元的联系,需要进行综合考虑。

3）控制电路

它是自动控制系统的中枢部分，它的功能将直接影响控制系统的技术性能。对调速系统主要是电流和转速双闭环控制；对恒张力控制系统，除了电流、转速闭环外，还要再设置张力闭环控制；对随动系统，除位置闭环外，还可设置转速闭环。若对系统要求较高时，还可设置微分负反馈或其他的自适应反馈环节。

对由运放器组成的调节电路，则还要注意其输入和输出量的极性，输入、输出的限幅，零漂的抑制和零速或零位的封锁等。

4）检测电路

主要是检测装置的选择，选择时应注意选择适当精度的检测元件。若精度过高，不仅成本增加，而且安装条件苛刻；若检测元件精度过低，又无法满足系统性能指标要求，因为系统的精度，正是依靠检测元件提供的反馈信号来保证的。选择时，还要注意输出的是模拟量，还是数字量。对计算机控制，则应选数字量输出；对模拟控制，则应选择模拟量输出，否则还要增加 A/D（或 D/A）单元，既增加费用，又增加传递时间。此外检测装置要牢固耐用、工作可靠、安装方便，并且希望输出信号具有一定的功率和幅值。

5）辅助电路

则主要是继电（或电子）保护电路、显示电路和报警电路。继电保护电路没有电子线路那种易受干扰的缺点，是一种有效而可靠的保护环节，应给予足够的重视和考虑。但其灵敏度、快速性以及自动控制、自动恢复等性能不及电子保护线路。

6.1.3　搞清整个系统的工作原理

在搞清各单元、各环节的作用和各个元件的大致取值的基础上，再集零为整，抓住各单元的输入、输出两头，将各个环节相互联系起来，画出系统的框图。然后在这个基础上，搞清整个系统在正常运行时的工作原理和出现各种故障时系统的工作情况。

6.2　自动控制系统的调试方法

6.2.1　系统调试前的准备工作

（1）了解工作对象的工作要求（或加工工艺要求），仔细检查机械部件和检测装置的安装情况，是否会阻力过大或卡死。因为机械部件安装得不好，开车后会产生事故，检测装置安装得不好（如偏心、有间隙、甚至卡死等）将会严重影响系统精度，形成振荡，甚至发生事故。

（2）系统调试是在各单元和部件全部合格的前提下进行的，因此，在系统调试前，要对各单元进行测试，检查它们的工作是否正常，并作记录，记录要存档，以便于追查事故原因。

（3）系统调试是在按图样要求接线无误的前提下进行的，因此，在调试前，要检查各条接线是否正确、牢靠。特别是接地线和继电保护线路，更要仔细检查（对自制设备或经过长途运输后的设备，更应仔细检查、核对）。未经检查，贸然投入运行，常会造成严重事故。

（4）写出调试大纲，明确调试顺序。系统调试是最容易产生遗漏、慌乱和出现事故的阶段，因此一定要明确调试步骤，写出调试大纲，并对参加调试的人员进行分工，对各种可能出现的事故(或故障)事先进行分析,并订出产生事故后的应急措施。

(5)准备好必要的仪器、仪表,例如双踪示波器、高内阻万用表、代用负载电阻箱、慢扫描示波器或数字示波器、兆欧表,和其他监控仪表(如电压表、电流表、转速表等)以及作为调试输入信号的直流稳压电源和印制电路接长板等。

选用调试仪器时,要注意选用仪器的功能(型号)、精度、量程是否符合要求,要尽量选用高输入阻抗的仪器(如数字万用表、示波器等),以减小测量时的负载效应。此外还要特别注意测量仪器的接地(以免高电压通过分布电容窜入控制电路)和测量时要把弱电的公共端线和强电的零线分开(例如测量电力电子电路用的双踪示波器的公共线不可接强电地线口)。

(6)准备好记录用纸,并画好记录表格。

(7)清理和隔离调试现场,使调试人员处于进行活动最方便的位置,各就各位。对机械转动部分和电力线应加罩防护,以保证人身安全。调试现场还应配有可切断电力总电源的"紧停"开关和有关保护装置,还应配备灭火消防设备,以防万一。

6.2.2 制定调试大纲的原则

调试的顺序大致是:

(1)先单元,后系统。

(2)先控制回路,后主电路。

(3)先检验保护环节,后投入运行。

(4)通电调试时,先用电阻负载代替电动机,待电路正常后,再换接电动机负载。

(5)对调速系统和随动系统,调试的关键是电动机投入运行。投入运行时,一般先加低给定电压开环启动,然后逐渐加大反馈量(和给定量)。

(6)对多环系统,一般为先调内环,后调外环。

(7)对加载试验,一般应先轻载后重载;先低速后高速。高、低速都不可超过限制值。

(8)系统调试时,应首先使系统正常稳定运行,通常先将 PI 调节器的积分电容短接(改为比例调节器),待稳定后,再恢复 PI 调节器,继续进行调节(将积分电容短接,可降低系统的阶次,有利系统的稳定运行,但会增加稳态误差)。

(9)先调整稳态精度,后调整动态指标。对系统的动态性能,可采用慢扫描示波器或采用数字(记录性)示波器,记录有关参量的波形(现在也可采用虚拟示波器来记录有关波形)。

(10)分析系统的动、稳态性能的数据和波形记录,对系统的性能进行分析,找出系统参数配置中的问题,以作进一步的改进调试。

6.2.3 系统调试过程

今以双闭环直流调速系统为例来说明系统的调试过程。

1)系统控制回路各单元和部件的检查和测试(并记录有关数据)

(1)拔出全部控制单元印制电路板,断开电动机电枢主回路(可将平波电抗器一端卸开)。

(2)检查各类电源的输出电压的幅值(如运放器工作电压、给定信号电压、触发器电源电压、同步电压、电动机励磁电压等),以及用来调试的给定信号电压。

（3）核对主回路 U、V、W 三相电压的相序,触发电路同步电压的相序以及它和主回路电压间的关系是否符合触发电路的要求(相序可用双线示波器来观察)。

（4）触发电路调试。先调整其中的一块触发器。主要是检查输出触发脉冲的幅值与脉宽(用双线示波器观察,下同)。然后通过改变调试信号电压(代替控制电压 U_c)来检查脉冲的移相范围(对三相全控桥,则要求移相 120℃)。若移相范围过大或不够,对锯齿波触发器,则调节锯齿波斜率。

在调好一块触发器后,再以此为基准,调试其他各块触发器;若为双脉冲触发,则应使两个脉冲间隔互为 $60°$(若为锯齿波触发器,则主要调节得使各锯齿波平行)。

（5）调整电流调节器(CR)和速度调节器(SR)的运放电路。

先检查零点漂移(整定运放器电路的调零电位器,使之达到零输入时为零输出)。若调整后,零点仍漂移,则应考虑增设一个高阻值($2\ \mathrm{M}\Omega$)的反馈电阻(如今许多运放模块,内部已有抑制零漂功能,无需外部调整)。

然后,以调试信号电压输入,整定其输出电压限幅值(一般为 $8\sim10\ \mathrm{V}$)。

（6）对反馈信号电压(如 U_{fi} 及 U_{fn}),在投入运行前,先将调节电位器调至最上限(即使 U_{fi} 及 U_{fn} 为较大数值);这样在投入运行时,不致造成电流和转速过大。同时还要检查反馈信号的极性与给定信号是否相反(若为负反馈的话)。

2）系统主电路、继电保护电路的检查和电流开环的整定

（1）检查主电路时,先将控制回路断路(可拔去 ASR 和 ACR 运放插件),而以调试信号去代替 ACR 的输出电压 U_c,去控制触发电路(调试信号通常通过印刷线路"接插件"接入)。改变调试信号,即可改变整流装置输出电压 U_d。

（2）在主电路输出端以三相电阻负载(灯泡或电阻箱)来代替电动机。合上开关,接通主电路。

（3）测定主电路输出电压 U_d 与控制电压 U_c 间的关系,并调节触发电路的总偏置电压,使 $U_c=0$ 时,$U_d=0$。

（4）改变 U_c 数值,观察在不同控制角($\alpha=0°$,$30°$,$60°$,$90°$,$120°$)时的 U_d 波形是否正常(具体波形,参见变流技术书籍)。

（5）主电路小电流通电后,可拔去一相快速熔丝,以检验缺相保护环节的动作和报警是否有效。

（6）检查电动机励磁回路断路时,失磁保护是否正常。

（7）调节调试信号,使主电路电流达到最大允许电流,即 $I_d=I_m$,这时整定电流反馈分压电位器,使电流反馈电压 $U_{fi}=U_{sim}$($8\sim10\ \mathrm{V}$)(此即整定电流反馈系数 β)。

若代用的电阻负载容量不够,则可直接用电动机的电枢来进行试验。为不使电动机运转,可将电机励磁绕组断开(但励磁供电回路应接其他代用负载,以免失磁继电保护动作)。由于 I_m 一般为额定电流 I_N 的 $1.5\sim2$ 倍,这样大的电流容易使电动机的换向器和电枢绕组过热。这时可使电流为 I_m 的 $1/k$,同时调节使 $U_{fi}=U_{sim}/k$(k 一般取 $2\sim3$)。

（8）若主电路设有过电流继电器,则可调节电流至规定动作值,然后整定过电流继电器动作,并检验继电保护电路,能否使主电路开关跳闸。

3）系统开环调试及速度环的整定

由于电流环(内环)已经整定,这里的开环主要指速度环(外环)开环。

（1）电流环已经整定，因此可插上电流调节器 ACR 的插件板，并将 ACR 的反馈电容器短路，（即将 PI 调节器改为 P 调节器）。这时速度调节器的输出（U_{sn}）由调试信号来代替，先将调试信号电压调至零，电动机电枢和励磁绕组均接上对应电源，然后合上开关。

观察主电路电压波形，这时应该 $U_d = 0$，$I_d = 0$，电动机不应该转动。若有爬行或颤动，则表明 $U_d \neq 0$。这时应重新检查触发器、总偏置电压及电流调节器的运放电路，以排除上述现象。

（2）逐渐加大调试信号电压，使电动机低速运行（工作对象应为空载，电动机则为轻载）。这时应检查各机械部分运行是否正常，主电路的电压及电流波形是否正常。

（3）在开环低速运转正常的情况下，逐渐增大转速，同时监视各量的变化，并作记录。当转速达到额定值时，则整定速度反馈分压电位器，使 $U_{fn} = U_{snm}$（U_{snm} 为给定电压的上限）。此即整定转速反馈系数 α。

4）系统闭环调试

（1）由于速度环已整定，可接上转速负反馈，插上速度调节器 ASR 插件。先将 ASR 和 ACR 的反馈电容用临时线短接（即将 PI 调节器暂时改为 P 调节器），并将 U_s 调至零。合上开关，然后逐步增大 U_s，使转速上升，继续观察系统机械运转是否正常，有无振荡。观察输出电压、电流的波形，并记录有关数值（例如 U_{si}，n，U_d，I_d 等）。

（2）待空载正常运行一段时间（几小时）后，可分段［如（0.1，0.2，…，0.9，1.0）I_N］逐次增加负载至额定值，并记录下 U_{sn}，n，U_d，I_d 等的数值。这时可作出机械特性曲线，分析系统的稳态精度。

（3）在系统稳定运行后，可将调节器反馈电容两端的临时短路线拆除，重复上述试验，观测系统是否稳定，特别是在低速和轻载时。若不稳定，可适当降低电流调节器 ACR 的比例系数 K_i，适当增大 ACR 微分时间常数 T_i，并适当增大反馈滤波电容量，使电流振荡减小。当然，电流振荡也与速度调节器 ASR 的参数有关，也可同时适当降低 ASR 的比例系数 K_n，适当增大 ASR 微分时间常数 T_n，并适当增大速度反馈滤波电容。若仍不能稳定，则对 PI 调节器，再增加一个高阻值的反馈电阻。当然这会降低稳态精度。

总之，参数的调节，首先保证系统稳定运行（然后是提高稳态精度）。

（4）在系统稳定运行并达到所需要稳态精度后，可对系统的动态性能进行测定和调整。这通常以开关作为阶跃信号，观察并记录下主要变量［如 U_{fn}（对应转速 n），U_{fi}（对应 i_d），U_{si}，U_c 等］的响应曲线；并从中分析调节器参数对系统动态性能的影响，找出改善系统动态性能的调节趋向，再作进一步的调整，使系统动、静态性能逐渐达到要求的指标。

总之，系统调试要按照预先拟订好的调试大纲有条不紊地进行，边调试、边分析、边记录，记录下完整的调试数据和波形。系统调试是检验整个系统能否正常工作、能否达到所要求的技术性能指标的最重要的一环，也是判断系统的设计、制作是否成功（或移交、接收的系统是否合格）的最关键的一环。因此系统调试务必谨慎、仔细，作好周密的准备，切不可大意和慌乱，因为调试时的大意，很可能造成严重的事故。

6.2.4　由专用的（或通用的）控制器驱动的自动控制系统的调试

上节阐述的系统调试的方法，通常用于新试制的控制系统（或非标设备或实验装置）。而如今许多控制系统多采用各种现成的（专用的或通用的）控制装置（市场产品）来进行控

制。对现成的产品进行调试要简便得多,但调试时仍要注意:

(1) 仔细、反复阅读控制器产品说明书,摘录下要点,列成表格,用彩色笔醒目地标出重要注意事项,并力争把这些全部记住(这是调试现成产品的关键)。

(2) 仔细检查控制对象有无故障(如机械传动、电气绝缘等是否正常)。

(3) 检查控制器与控制对象间的接线是否正确、牢靠。

(4) 根据说明书和系统对性能的要求,对各种物理量逐一进行设定;如转速(额定转速、最高转速、最低转速),正、反转向,最大限制电流,升、降速时的加速度(给定积分时间常数),采用的反馈方式(如位置负反馈或转速负反馈,还是电压负反馈,以及电流正反馈等)的选择,PID 调节器参数的选择与整定以及其他保护环节的选择等(这一切都要预先确定,并做到心中有数)。

(5) 通电前,可先将设定量先放在较低的量值上(如低压、低速、轻载、小电流等),若有可能,也可先用电阻性负载来取代电动机进行测试。总之,对现成的产品,虽然它里面已设置较多的保护环节,但调试者仍要仔细、按部就班地根据说明书,一步一步地设定与调试,并在调试时不断观察有无异常情况产生(如摩擦声,振动声、焦味等)。

6.3　自动控制系统的维护、使用和故障的排除

掌握要领、正确使用、维护检查、及时修理,是提高生产效率,保证产品质量,充分发挥自动控制装置性能的根本保证。

6.3.1　系统的维护和使用

晶闸管、晶体管和集成电路等半导体器件的装置,由于无机械磨损部分,故维修简单。但由于装置中电子部件小巧,对尘埃、湿度和温度要特别注意。

(1) 一般维护。保持清洁,定期清理。定期清扫尘埃时,要断开电源,采用吸尘或吹拭方法。要注意压缩空气的压力不能太大,以防止吹坏零件和断线。吹不掉的尘埃可用布擦,清扫工作一般自柜体上部向下进行,接插件部分可用酒精或香蕉水揩擦。

(2) 长期停机再使用时,要先进行检查,检查项目如下:

① 外表检查:要求外表整洁,无明显损伤和凹凸不平。

② 查对接线:有否松头、脱落,尤其是现场临时增加的连线。

③ 接地检查:必须保证装置接地可靠。

④ 器件完整性检查:装置中不得有缺件,对于易损的元件应该逐一核对,已经损坏的或老化失效的元件,应及时更换(如熔断器熔芯,有无缺损;转换开关,转动、接触是否良好等)。

⑤ 绝缘性能检查:由于装置长期停机,可能带有灰尘和其他带电的尘埃,而影响绝缘性能,因此必须用兆欧表进行绝缘性能检查,若较潮湿,则应用红外灯烘干或低压供电加热干燥。

⑥ 电气性能检查:根据电气原理,进行模拟工作检查,并且模拟制造动作事故,查看保护系统是否行之有效。

⑦ 主机运转前电动机空载试验检查:可以参照上节"系统调试"中的电动机空负荷试验

方法进行。

⑧ 主机运转时系统的稳态和动态性能指标的检查:用慢扫描示波器查看主机点动、升速及降速瞬间电流和速度波形,用双线或同步示波器查看装置直流侧的电压波形。检查系统性能、精度和主要参量的波形是否正常,是否符合要求。

(3) 日常维护。经常查看各类熔丝,特别是快速熔断器。快速熔断一般都有信号指示,但也有可能信号部分失效,因此可在停电情况下用万用表 $R \times 1$ 挡测量熔丝电阻是否为 $0 \, \Omega$。

有些连续生产的设备,可以带电检查,只要用万用表交流电压挡测量,若熔丝两端有高压,则表明熔丝已经熔断。

对大电流部分也要经常注意是否有过热部件,是否有焦味、变色等现象。

(4) 定期检修。对于紧固件(晶闸管元件本身除外),在运行约 6 个月时需检查一次,其后 2～3 年再进行一次紧固。

对保护系统,1～2 年需进行测试,检查其工作情况是否正常。这可在停机情况下,由控制部分通电进行检查,并根据其原理,制造模拟事故看其是否能有效保护(参见 6.2 自动控制系统的调试方法)。

导线部分要查看有否过热、损伤及变形等,有些地方需用 500 V 或 1 000 V 兆欧表检查其绝缘电阻。

有条件的地方,需经常用示波器查看直流侧的输出波形,如发现波形缺相不齐,要及时处理,排除故障。

6.3.2 系统故障的检查与排除

(1) 表 6-2 为晶闸管直流调速系统的常见故障,产生这些故障的可能原因,检查的方法和处理建议。

表 6-2 晶闸管直流调速系统的常见故障、可能原因,检查方法和处理建议

故障情况	可能原因	检查和处理
1. 电源电压正常,但晶闸管整流桥输出波形不齐	1. 有误触发 ① 由于布线强电和弱电线混杂一起引起干扰 ② 触发单元本身接插件有虚焊、元件质量等引起触发部分毛病	1. 查看电缆沟中强、弱电的布局,适当分开之 2. 用示波器查看触发板波形,发现不正常处先把好的备件插上,然后再修理有毛病的板子,若好板换上仍无效,说明其他方面有问题
	2. 相位不对 ① 同步电源的相位有可能因同步滤波移相部分的 R、C 的影响而出现异常现象 ② 调节单元故障 ③ 进线电源相序不对	1. 在触发电路中,检查同步电压相位与主电路是否匹配 2. 调节单元的静态和动态性能可以通过万用表和示波器查看 3. 用示波器查看三相波形,重新对准相序
2. 交、直流侧过电压保护部分故障	1. 过电压吸收部分元件有击穿 2. 能量过大引起元件损坏	1. 停电后,用万用表检查过电压吸收部分的 R、C 及二极管、压敏电阻等元件有无损坏 2. 若保护元件损坏,应及时更换

故障情况	可能原因	检查和处理
3. 快熔烧断	1. 晶闸管元件击穿 2. 误触发 3. 控制部分有故障 4. 过电压吸收电路不良 5. 电网电压或频率波动过大	1. 检查晶闸管元件 2. 检查晶闸管有无不触发、误触发、丢脉冲或脉冲宽度过小，检查逆变保护有无误动作 3. 检查保护电路 4. 查看稳压电源是否正常，电网电压是否正常 5. 检查外电路有无短路，或严重过载
4. 晶闸管元件不良	晶闸管元件耐压下降或吸收部分故障	晶闸管元件质量下降，保护元件损坏，应更换
5. 过电流(有过电流信号或跳闸)	1. 过负荷 2. 调节器不正常 3. 电流反馈断线或接触不良 4. 保护环节故障 5. 脉冲部分不正常 6. 有损坏元件或缺相等情况	1. 检查机械方面有无卡死，或阻力矩过大 2. 检查调节器输出电压 3. 检查电流反馈信号数值和波形 4. 干扰影响，更换屏蔽线 5. 用示波器检查各触发脉冲波形 6. 检查接触器等有无误动作
6. 速度不稳定	1. 测速机连接不好 2. 测速机内部有断线或电刷接触不良，或反馈滤波电容太小 3. 缺相、丢脉冲等 4. 干扰 5. 动态参数未调好 6. 电动机失磁或磁场过弱	1. 检查测速发电机的接线、测量其电压的数值与波形，或加大滤波电容 2. 检查输出电压波形，有无缺相，若缺相，则再检查快熔及触发器 3. 检查调节器参数，降低 K_i 及 $K_n(R_i\downarrow$ 及 $R_n\downarrow)$，增大 T_i 及 $T_n(C_i\uparrow$ 及 $C_n\uparrow)$ 4. 增设微分负反馈环节 5. 检查励磁电压、电流

（2）表 6-3 为 FRN-G95/P9S 系列变频器的故障情况、自动保护功能，检查要点和处理方法。

表 6-3　FRN-G95/P9S 系列变频器的故障情况、保护功能、检查要点和处理方法

面板显示	保护功能	故障情况	检查要点	处理方法
OC	过电流	电动机过载，输出端短路，负载突然增大，加速时间太快	电源电压是否在允许的极限内输出回路短路，不合适的转矩提升，不合适的加速时间，其他情况	调整电源电压，输出回路绝缘，兆欧表测量电动机绝缘，减轻突加负载，延长加速时间，增大变频器容量或减轻负载
OU	过电压	电动机的感应电动势过大，逆变器输入电压过高（内部无法提供保护）	电源电压是否在允许的极限内，输出回路短路，加速时间负载突然改变	调整电源电压，输出回路绝缘，延长加速时间，连接制动电阻
LU	欠电压	电源中断，电源电压降低	电源电压是否在允许的极限内，KM、QF 闭合状态电源断相，在同一电源系统中是否有大启动电流负载	调整电源电压，闭合 KM、QF，改变供电系统，改正接线，检查电源电容

面板显示	保护功能	故障情况	检查要点	处理方法
OH1 OH3	过热	冷却风扇发生故障,二极管、IGBT 管散热板过热,逆变器主控板过热	环境温度是否在允许极限内,冷却风扇的运行(1.5 kW 以上),负载超过允许极限	调整到合适的温度,清除散热片堵塞,更换冷却风扇,减轻负载,增大变频器容量
OH2	外部报警输入	当控制电路端子 THR-CM 间连接制动单元、制动电阻及外部热过载继电器等设备的报警常闭接点断开时,按接到的信号使保护环节动作	THR-CM 间接线有无错误,检查外部制动单元端子 1~2	重新接线,减轻负载,调整环境温度,降低制动频率
OL	电动机过载	电动机过载,电流超过热继电器设定值	电动机是否过载,电子热继电器设定值是否合适	减轻负载,调整热继电器动作值
OLU	逆变器过载	当逆变器输出电流超过规定的反时限特性的额定过载电流时,保护动作	电子热过载继电器设定不正确,负载超过允许极限	适当设定热过载继电器,减轻负载,增大变频器容量
FUS	熔断器烧断	IGBT 功率模块烧损、短路	变频器内主电路是否短路	排除造成短路的故障更换熔断器
Er1	存储器出错	存储器发生数据写入错误	存储出错	切断电源后重新给电
Er2	通信出错	当由键盘面板输入 RUN 或 STOP 命令时,如键盘面板和控制部分传递的信号不正确,或者检测出传送停止	关闭出错	将功能单元插好
Er3	CPU 出错	如由于噪声等原因,CPU 出错	CPU 出错	变频器故障,请维修
Er7	自整定出错	在自动调整时,如逆变器与电动机之间的连接线断路或接触不好	端子 U、V、W 开路功能单元没接好	将 U、V、W 端子接电动机将功能单元接好

小 结

(1) 对一个实际系统进行分析,应该先作定性分析,后做定量分析。即首先把基本的工作原理搞清楚。这可以把电路分成若干个单元,对每一个单元又可分成若干个环节。这样先化整为零,弄清每个环节中每个元件的作用;然后再集零为整,抓住每个环节的输入和输出两头,搞清各单元和各环节之间的联系,统观全局,搞清系统的工作原理。在这基础上,可建立系统的数学模型,画出系统的框图。在系统框图的基础上,就可以分析那些关系到系统稳定性和动、稳态技术性能的参量的选择,和这些参量对系统性能的影响。以便在调试实际系统时,做到心中有数,有的放矢。

（2）进行系统调试,首先要做好必要的准备工作,主要是检查接线是否正确和各单元是否正常,并且准备好必要的仪器,制定调试大纲,明确并列出调试顺序和步骤。然后再逐步地进行调试,并作好调试记录。当系统不稳定或性能达不到要求时,则可从各级输出(如主回路的电压、电流,调节器的输出电压,反馈电压等)的波形中找出影响系统性能的主要原因,从而制定出改进系统性能的方案。

（3）出现故障时,首先要仔细观察和记录故障的情况,然后分析产生故障的各种可能的原因,在这基础上逐一进行分析检查,排除其中的非故障原因,逐渐缩小"搜索圈",并最后找出产生故障的真正原因。再针对这原因,采取相应的措施,排除故障,使系统恢复正常。

思考与练习题

1. 分析一个实际系统的一般步骤有哪些?

2. 一般自动控制系统的主电路、控制电路、保护电路和辅助电路各包括哪些部分? 它们的作用又各是什么?

3. 系统调试时要先做哪些准备工作?

4. 系统调试的一般顺序是怎样的?

5. 试分析晶闸管直流调速系统常见故障和可能的原因。

第7章　典型运动控制系统

运动控制(Motion Control),是指对机械运动部件的位置、速度等进行实时管理的控制,目的是使其按照规定的参数和预期的运动轨迹运动。运动控制技术起源于伺服驱动机构(Servomechanism)的发展。伺服控制是一种高速、高精度的定位控制,是运动控制的基础关键技术。随着信息时代高新技术推动传统产业迅速发展,在机械装备制造等行业出现运动控制技术,目前该技术已广泛应用于国民经济各个领域。

运动控制模式通常有:①位置控制模式 P,将某负载从某一确定的空间位置按一定轨迹移动到另一确定的空间位置的控制;②速度与加速度控制模式 S,控制负载以指定的速度及加速度曲线进行运动,如电梯——控制速度与加速度,实现轿厢的平稳升降,风机和水泵——控制速度实现流量或压力的调节;③转矩控制模式 T,控制负载转矩恒定,或使负载转矩遵循一定规律变化,如轧钢机械、造纸机械、传送带张力控制。另外,还有几种运动控制模式组合应用,实现系统综合控制目标,如电梯控制系统中有"位置控制、速度与加速度控制"。

运动控制系统有不同的分类:①按控制器类型可分为模拟控制、数字控制;②按被控量可分为调速系统(转速)、位置随动(伺服)系统(角位移或直线位移);③按伺服驱动方式可分为液压伺服、电气伺服。液压伺服适合于输出功率和转矩大、刚度大控制场合;电气伺服广泛应用于输出中、小功率运动控制场合,其特点是体积小、动力大、无污染,操作简便、易于调控变换、控制精度高、响应快,易与 PLC 相接实现定位伺服控制。

运动控制系统主要类型有:①直流、交流调速系统,适用于速度、加速度及转矩控制;(常用于机床主轴转速和其他调速系统);②直流、交流伺服系统,适用于高精度定位控制、运动轨迹控制(应用于机床进给传动控制、机器人关节传动等位置控制场合);③步进伺服系统,适用于精度一般的位置控制(应用于经济型机床进给传动控制等)。

运动控制系统主要由运动控制器、驱动器、伺服机构、机械装置及检测装置等组成。

1)运动控制器

运动控制器按照期望的机械运动,发出运动指令,协调整个伺服系统,实现运动控制目标。有专用控制器、可编程控制器(PLC)和工业计算机(IPC)等类型。

在工业装配、纺织及包装控制中应用 PLC 及定位模块实现位置及速度控制,在数控机床、机器人控制中采用专用控制器或 IPC 实现复杂运动控制。

2)伺服驱动器

伺服驱动器将运动指令信号进行功率放大变换,驱动伺服机构完成期望的机械运动。驱动器类型有变频器、伺服电机驱动器、步进电机驱动器。

3)伺服机构

伺服机构指各类控制电机及传动机构(传动机构:齿轮箱、滚珠丝杠和同步传动带等),

其作用是驱动各类机械装置(负载),实现期望的机械运动。控制电机类型有变频调速电机、步进电机、直流伺服电机、交流伺服电机、直线电机。

4) 检测装置

检测装置的作用是应用传感器及其信号处理电路,检测系统运动参数信息反馈给控制器,实现闭环运动控制,传感器具备良好的准确性和动态性能。检测信息有运动参数(位置、速度和加速度等)、力学参数(力和转矩等)、电气参数(电压和电流等)。其检测原理为电磁感应、光电变换、光栅效应、霍尔效应等,常用光电旋转编码器检测被测轴的角位移量及角速度,用光栅尺测量机械部件的直线位移量。

5) 机械装置

机械装置包括各类机械传动机构及机械运动部件,如风机水泵、轧机传送机构、机床中主轴、刀架及工件,机械手臂、机器人关节及行走机构等,以其力学特性影响运动控制系统的整体性能。

6) 操作站

操作站由上位计算机及控制软件组成,通过上位机编制加工程序、调节参数、监控运行状态,与企业信息化网络连接,实现网络化运动控制控制管理。

7.1　变频器调速技术应用

7.1.1　变频器的调速基础

目前变频调速器已全部采用了数字化技术,并且日趋小型化、高可靠性和高精度。从应用角度看,其不仅具有显著的节电性能,而且还具有如下的优良性能:

(1) 高速响应、低噪声、大范围、高精度平滑无级调速;

(2) 体积小、重量轻、可挂墙安装,占地面积小;

(3) 保护功能完善,能自诊断显示故障所在,维护简便;

(4) 操作方便、简单;

(5) 内设功能多,可满足不同工艺要求;

(6) 具有通用的外部接口端子,可同计算机、PLC 联机,便于实现自动控制;

(7) 软启动、软停机,具有电流限定和转差补偿控制;

(8) 电动机直接在线启动,启动转矩大,启动电流小,减小对电网和设备的冲击,并具有转矩提升功能,节省软启动装置;

(9) 功率因数高,节省电容补偿装置;

(10) 与鼠笼式转子电动机结合,使调速系统维护更加简单经济。

变频调速已被公认为是最理想、最有发展前途的调速方式之一,采用通用变频器构成变频调速传动系统的主要目的:一是为了满足提高劳动生产率、改善产品质量、提高设备自动化程度、提高生活质量及改善生活环境等要求;二是为了节约能源、降低生产成本。用户可根据自己的实际工艺要求和运用场合选择不同类型的变频器。

1) 变频调速原理

从理论上我们可知,电机的转速 n 与供电频率 f 有以下关系:

$$n = n_0 (1 - s) = \frac{60f}{p} (1 - s) \qquad\qquad (7-1)$$

其中：n_0——定子磁场的转速；

$\quad\quad f$——电动机电源的频率(Hz)；

$\quad\quad p$——电动机定子绕组的磁极对数；

$\quad\quad s$——转差率。

由式(7-1)可知,转速 n 与频率 f 成正比,如果不改变电动机的极数,只要改变频率 f 即可改变电动机的转速。当频率 f 在 0～50 Hz 的范围内变化时,电动机转速调节范围非常宽。变频器就是通过改变电动机电源频率实现速度调节的,它是一种理想的高效率、高性能的调速手段。

交流变频调速就是采用专用变频器,将工频交流电源转换为变压变频 VVVF(Variable Voltage Variable Frequency)电源,驱动三相异步电机连续平滑地改变转速,交流变频调速原理如图 7-1 所示。

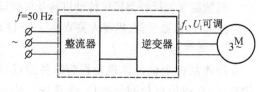

图 7-1　变频调速装置

与其他交流电机调速方式相比,变频调速具有能实现真正无级调速、调速范围宽、运行稳定、效率高等特点,其性能可与直流调速系统相媲美,系统复杂、造价高。

2) 变频器的分类

目前国内外变频器的种类很多,可按以下几种方式分类。

(1) 按供电电源分类

变频器按其供电电压分为:低压变频器(110 V　220 V　380 V)、中压变频器(500 V　660 V　1 140 V)和高压变频器(3 kV　3.3 kV　6 kV　6.6 kV　10 kV)。

(2) 按逆变器控制方式分类

① U/f 控制变频器。U/f 控制变频器同时控制变频器输出电压和频率,通过保持 U/f 比值恒定,使得电动机的主磁通不变,在基频以下实现恒转矩调速,基频以上实现恒功率调速。它是一种转速开环控制,无需速度传感器,控制电路简单,多应用于精度要求不高的场合。

② 矢量控制变频器。矢量控制变频器主要是为了提高变频调速的动态性能,模仿自然解耦的直流电动机的控制方式,对异步电动机的磁场和转矩分别进行控制,以获得类似于直流调速系统的动态性能。

③ 直接转矩控制变频器。直接转矩控制变频器是一种新型的变频器。它省掉了复杂的矢量变换与电动机数学模型的简化处理。该系统的转矩响应迅速,无超调,是一种具有高静态和动态性能的交流调速方法。

(3) 按变频器的用途分类

① 通用变频器。通用变频器其特点是通用性,是变频器家族中应用最为广泛的一种。通用变频器主要包含两大类:节能型变频器和高性能通用变频器。

节能型变频器是一种以节能为主要目的而简化了其他一些系统功能的通用变频器,控制方式比较单一,一般为 U/f 控制,主要应用于风机、水泵等调速性能要求不高的场合,具有体积小、价格低等优势。

高性能通用变频器是一种在设计中充分考虑了变频器应用时可能出现的各种需要,并为这种需要在系统软件和硬件方面都做了相应的准备,使其具有较丰富的功能。如:PID 调节、PG 闭环速度控制等。高性能通用变频器除了可以应用于节能型变频器的所有应用领域之外,还广泛用于电梯、数控机床等调速性能要求较高的场合。

② 专业变频器。这是一种针对某一种特定的应用场合而设计的变频器,为满足某种需要,这种变频器在某一方面具有较为优良的性能。如电梯及起重机用变频器等,还包括一些高频、大容量、高压等变频器。

(4) 按变换环节分类

① 交—直—交变频器。交—直—交变频器首先将频率固定的交流电整流成直流电,经过滤波,再将平滑的直流电逆变成频率连续可调的交流电。由于把直流电逆变成交流电的环节较易控制,因此在频率的调节范围内以及改善频率后电动机的特性等方面都有明显的优势,目前,此种变频器应用最广泛。

② 交—交变频器。交—交变频器把频率固定的交流电直接变换成频率连续可调的交流电。其主要优点是没有中间环节,故变换效率高。但其连续可调的频率范围窄,一般为额定频率的 1/20 以下,故它主要用于低速大容量的拖动系统中。

3) 变频器的结构

目前,变频器的变换环节大多采用交—直—交变频变压方式。交—直—交变频器是先把工频交流电通过整流器变成直流电,然后再把直流电逆变成频率、电压可调的交流电。通用变频器主要由主电路和控制电路组成,而主电路又

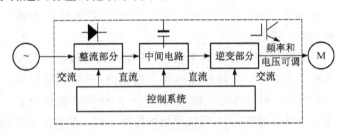

图 7-2　交—直—交型变频器系统框图

包括整流电路、中间直流电路和逆变器三部分,其基本框图如图 7-2 所示。

(1) 主电路

变频器的主电路包括整流电路、中间电路、逆变电路三部分以及有关的辅助电路。主电路的功能是对电能进行交—直—交的转换,将工频电源转换成频率可调的交流电源来驱动电动机。

整流电路的主要作用是对电网的交流电源进行整流后给逆变电路和控制电路提供所需要的直流电源。在电流型变频器中整流电路的作用相当于一个直流电流源,而在电压型变频器中整流电的作用则相当于一个直流电压源。整流电路有两种基本类型——可控的和不可控的。

中间电路有以下三种作用:

① 将整流电压变换成直流电流。

② 使脉动的直流电压变得稳定或平滑,供逆变器使用。通过开关电源为各个控制线路供电。

③ 将整流后固定的直流电压变换成可变的直流电压。

逆变器是将整流电路和中间电路所得的直流电压变换成可变电压、可变频率的变频交流电供给电动机。

(2) 控制电路

控制电路是整个系统的核心电路,系统所实现的各种不同的功能主要是由其控制电路决定的。控制电路将信号传递给整流电路、中间电路和逆变器,同时也接受其反馈信号。控制电路的结构和复杂程度取决于不同变频器是设计。

控制电路由主控制板、操作面板、直流电源、外部控制端子及通信接口等组成。为主电路提供自动控制信号,具有设定和显示运行参数、信号检测、系统保护、计算与控制等功能。

4)逆变原理

现代变频器是由微机控制电力电子器件,采用脉冲宽度调制 PWM(Pulse Width Modulation)技术,合成输出变压变频(VVVF)的交流电源。

PWM 控制技术是利用半导体开关器件的导通与关断把直流电压变成电压脉冲列,并通过控制电压脉冲宽度和周期以达到变压目的或者控制电压脉冲宽度和脉冲列的周期以达到变压变频目的的一种控制技术,由功率开关元件(绝缘栅双极晶体管 IGBT)构成三相逆变桥式电路,利用功率元件的开关通断作用,输出 PWM 波形的交流电源。

工程实际中应用最多的是正弦 PWM 法(简称 SPWM),它是在每半个周期内输出若干个宽窄不同的矩形脉冲波,每一矩形波的面积近似对应正弦波各相应每一等份的正弦波形下的面积可用一个与该面积相等的矩形来代替,于是正弦波形所包围的面积可用这些等幅不等宽的矩形脉冲面积之和来等效。SPWM 电源波形如图 7-3 所示。

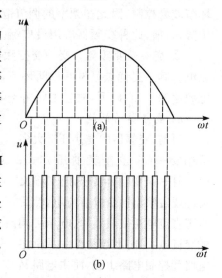

SPWM 控制技术有单极性 SPWM 和双极性SPWM两种。如果在正弦调制波的半个周期内,三角载波只在正或负的一种极性范围内变化,所得的 SPWM 波也只处于一个极性的范围内,叫做单极性控制方式。如果在正弦调制波的半个周期内,三角载波在正负极性之间连续变化,则 SPWM 波也在正负之间变化,叫做双极性控制方式。

单极性 SPWM 波和双极性 SPWM 波用来驱动单相电动机,三相 SPWM 波用来驱动三相异步电动机。

图 7-3 SPWM 波形图

图 7-4 是三相桥式 PWM 逆变电路,此电路可以产生三相 SPWM 波,图中的电容 C_1、C_2 容量相等,将 U_d 电压分成相等的两部分,N' 为中点,C_1、C_2 两端的电压均为 $U_d/2$。

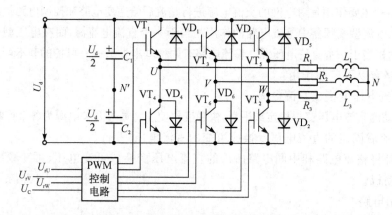

图 7-4 三相桥式 PWM 逆变电路

三相 SPWM 波的产生过程如下(以 U 相为例)。

三相信号波电压 U_{rU}、U_{rV}、U_{rW} 和载波电压 U_c 送到 PWM 控制电路,该电路产生 PWM 控制信号加到逆变电路各 IGBT 的栅极,控制它们的通断。

当 $U_{rU}>U_c$ 时,PWM 控制信号使 VT$_1$ 导通,VT$_4$ 关断,U 点通过 VT$_1$ 与 U_d 正端直接连接,U 点与中点 N' 之间的电压 $U'_{UN}=U_d/2$。

当 $U_{rU}<U_c$ 时,PWM 控制信号使 VT$_1$ 关断,VT$_4$ 导通,U 点通过 VT$_4$ 与 U_d 负端直接连接,U 点与中点 N' 之间的电压 $U'_{UN}=-U_d/2$。

电路工作的结果使 U、N' 两点之间得到图 7-5(b)所示的脉冲电压 U'_{UN},在 V、N' 两点之间得到脉冲电压 U'_{VN},在 W、N' 两点之间得到脉冲电压 U'_{WN},在 U、V 两点之间得到脉冲电压 U_{UV}($U_{UV}=U_{UN}-U'_{VN}$),U_{UV} 实际上就是加到 L_1、L_2 两绕组之间的电压,从 U_{UV} 波形图可以看出,它就是单极性 SPWM 波。同样地,在 U、W 两点之间得到电压 U_{UW},在 V、W 两点之间得到电压 U_{VW},它们都是单极性 SPWM 波。这里的 U_{UV}、U_{UW}、和 U_{VW} 就称为三相 SPWM 波。

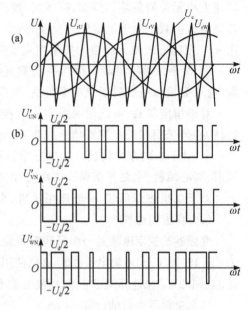

图 7-5 三相双极性 SPWM 波形

5) 变频器额定值

变频器的额定值大多标在其铭牌上,包括输入侧的额定值及输出侧的额定值。

(1) 输入侧的额定值。输入侧的额定值主要是电压、频率和相数。中小容量变频器输入电压的额定值有以下几种(均为线电压):

① 380 V/50 Hz、三相,用于绝大多数设备中。

② 200～230 V/50 Hz 或 60 Hz、三相,主要用于某些进口设备中。

③ 200～230 V/50 Hz、单相,主要用于小容量设备和家用电器中。

(2) 输出侧的额定值

① 额定输出电压 U_{CN}。额定输出电压是指变频器输出电压中的最大值。在大多数情况下,它就是输出频率等于电动机额定频率时的输出电压值。通常,额定输出电压总是和输入电压的额定值相等。

② 额定输出电流 I_{CN}。额定输出电流 I_{CN} 是指变频器可以连续输出的最大交流电流的有效值,是用户选择变频器的主要依据。

③ 输出容量 S_{CN}。变频器输出容量 S_{CN} 是决定于额定输出电流与额定输出电压的三相视在输出功率,S_{CN}(kVA) 与 U_{CN} 和 I_{CN} 的关系为:

$$S_{CN} = \sqrt{3}U_{CN}I_{CN}$$

6) 变频器选用

目前,市场上各个厂家的变频器种类繁多,而只有合适的变频器才能使机械设备电控系统既能长期正常、安全可靠地运行,又能实现最佳性价比,变频器的正确选用是使用好变频器的第一步,那么我们该如何选用变频器?

变频器的选用与电动机的结构形式及容量有关,还与电动机所带负载的类型有关。通用变频器的选择主要包括变频器类型和容量的选择两方面。

(1) 控制方面的选择

变频器的类型的选用要根据生产机械的负载特性、调速范围、静态速度精度、起动转矩的要求,决定选用那种控制方式的变频器。

① 对于恒定转矩负载。恒定转矩负载,是指转矩大小只取决于负载的轻重,而与负载转速大小无关的负载。例如,挤压机,搅拌机,桥式起重机,提升机和带式输送机等都属于恒转矩类型负载。对于恒定转矩负载,若调速范围不大,并对机械特性要求不高的场合,可选用 u/f 控制方式或无反馈的矢量控式变频器。

② 对于恒功率负载。恒功率负载是指转矩大小与转速成反比,而功率基本不变的负载,卷取类机械一般属于恒功率负载,如薄膜卷取机,造纸机械等。

对于恒定负载,可选用通用性 u/f 控制变频器。对于动态性能和精确度要求高的卷取机械,必须采用有矢量控制功能的变频器。

③ 对于二次方律负载。二次方律负载是指转矩与转速的二次方成正比的负载,例如,风扇、离心风机、水泵等都属于二次方律负载。

对于二次方律负载,一般选用风机、水泵专用变频器。

(2) 容量的选择

变频器的额定电流是一个反映变频装置负载能力的关键量。变频器的过载容量为 125%/60 s 或 150%/60 s,若输出该数值,必须使用更大容量的变频器。当过载量为 200% 时,可按 $I_{CN} \geqslant (1.05 \sim 1.2)I_M$ 来计算额定电流,再乘 1.33 倍来选取变频器容量,I_M 为电动机额定电流。

(3) 变频器容量的计算

采用变频器驱动异步电动机调速,在异步电动机确定后,通常应根据异步电动机的额定电流来选择变频器,或者根据异步电动机实际运行中的电流值(最大值)来选择变频器。当运行方式不同时,变频器容量的计算方式和选择方法不同,变频器应满足的条件也不一样。选择变频器容量时,变频器的额定电流是一个关键量,变频器的容量应按运行过程中可能出现的最大工作电流来选择。变频器的运行一般有以下几种方式。

① 轻载启动或连续运转时所需的变频器容量的计算。由于变频器传给电动机的是脉冲电流,其脉动值比工频供电时电流要大,因此须将变频器的容量留有适当的余量。此时,变频器应同时满足以下三个条件:

$$P_{CN} \geqslant \frac{KP_M}{\eta\cos\varphi}(\text{kVA})$$

$$I_{CN} \geqslant KI_M(\text{A})$$

$$P_{CN} \geqslant K\sqrt{3}U_M I_M \times 10^{-3}(\text{kVA})$$

式中:P_M——电动机输出功率;

$\quad\eta$——效率(取 0.85);

$\quad\cos\varphi$——功率因数(取 0.75);

$\quad U_M$——电动机的电压(V);

$\quad I_M$——电动机的额定电流(A);

K——电流波形的修正系数(PWM 方式取 1.05～1.1);

P_{CN}——变频器的额定容量(KVA);

I_{CN}——变频器的额定电流(A)。

式中 I_M 如按电动机实际运行中的最大电流来选择变频器时,变频器的容量可以适当缩小。

② 加减速时变频器容量的计算。变频器的最大输出转矩是由变频器的最大输出电流决定的。一般情况下,对于短时的加减速而言,变频器允许达到额定输出电流的130%～150%(持续时间约 1 min),因此,电动机中流过的电流不会超过此值。如只需要较小的加减速转矩时,则可降低选择变频器的容量。由于电流的脉动原因,也应该留有 10% 的余量。

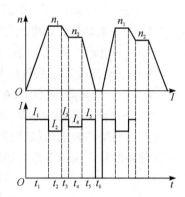

图 7-6　频繁加减速的电动机运行曲线

③ 频繁加减速运转时变频器容量的计算。对于频繁加减速的电动机,如果按照图 7-6 所示曲线特性运行,那么加速、恒速、减速等各种运行状态下的电流值,按下式变频器确定额定值:

$$I_{CN} = \frac{I_1 t_1 + I_2 t_2 + \cdots + I_5 t_5}{t_1 + t_2 + \cdots + t_5} k_0$$

式中:I_{CN}——变频器额定输出电流(A);

I_1、I_2、$\cdots$、I_5——各运行状态平均电流(A);

t_1、t_2、$\cdots$、t_5——各运行状态下的时间;

K_0——安全系数(运行频繁时取 1.2,其他条件下为 1.1)。

④ 多台变频器并联运行共用一台变频器时容量的计算。用一台变频器使多台电机并联运转时,对于一小部分电机开始启动后,再追加投入其他电机启动的场合,此时变频器的电压、频率已经上升,追加投入的电机将产生大的启动电流,因此,变频器容量与同时启动时相比需要大些。

以变频器短时过载能力为 150%/1 min 为例计算变频器的容量,此时若电机加速时间在 1 min 内,则应满足以下两式:

$$P_{CN} \geqslant \frac{2}{3} P_{CN} \left[1 + \frac{n_S}{n_T}(K_S - 1) \right]$$

$$I_{CN} \geqslant \frac{2}{3} n_T I_M \left[1 + \frac{n_S}{n_T}(K_S - 1) \right]$$

若电机加速在 1 min 以上时,则应满足下面的条件:

$$P_{CN} \geqslant P_{CN1} \left[1 + \frac{n_S}{n_T}(K_S - 1) \right]$$

$$I_{CN} \geqslant n_T I_M \left[1 + \frac{n_S}{n_T}(K_S - 1) \right]$$

$$P_{CN1} = K P_M / \eta \cos \varphi$$

式中：n_T——并联电机的台数；

    n_S——同时启动的台数；

    P_{CN1}——连续容量(KVA)；

    P_M——电动机输出功率；

    η——电动机的效率(约取 0.85)；

    $\cos\varphi$——电动机的功率因数(常取 0.75)；

    K_S——电动机启动电流/电动机额定电流；

    I_M——电动机额定电流；

    K——电流波形正系数(PWM 方式取 1.05～1.10)；

    P_{CN}——变频器容量(kVA)；

    I_{CN}——变频器额定电流(A)。

变频器驱动多台电动机，但其中可能有一台电动机随时挂接到变频器或随时退出运行。此时变频器的额定输出电流可按下式计算：

$$I_{ICN} \geqslant K\sum_{i=1}^{J} I_{MN} + 0.9I_{MQ}$$

式中：I_{ICN}——变频器额定输出电流(A)；

    I_{MN}——电动机额定输入电流(A)；

    I_{MQ}——最大一台电动机的启动电流(A)；

    K——安全系数，一般取 1.05～1.10；

    J——余下的电动机台数。

7.1.2 西门子 MM 440 变频器

变频器 MM 440 系列(Micro Master 440)是德国西门子公司广泛应用与工业场合的多功能标准变频器。它采用高性能的矢量控制技术，提供低速高转矩输出和良好的动态特性，同时具备超强的过载能力，以满足广泛的应用场合。本系列有多种型号，额定功率范围从 120 W 到 200 kW(恒定转矩(CT)控制方式)，或者可达 250 kW(可变转矩(VT)控制方式)，供用户选用，其主要技术指标见表 7-1 所示。

表 7-1 MM 440 变频器主要技术指标

项目	子项目	技　术　指　标
输入	额定电压、频率	三相：AC 200～240 V，AC380～480 V 单相：AC 200～240 V，50 Hz/60 Hz
	变动容许范围	电压：－15％～10％，电压失衡率：＜3％，频率：±5％
输出	电压	三相：0～380 V/220 V
	额定功率范围	120 W～200 kW(恒定转矩 CT) 5.5 kW～250 kW(可变转矩 VT)
	频率范围	0 Hz～650 Hz
	过载能力	150％额定电流，1分钟，180％额定电流，3秒
环境	使用场所	室内，无尘埃、腐蚀性和可燃性气体、油雾、水蒸气等
	环境温度	－10℃～＋40℃

结构	防护等级	IP20
	安装方式	壁挂式,柜内安装

MM 440 变频器由微处理器控制,并采用具有现代先进技术水平的绝缘栅双极型晶体管(IGBT)作为功率输出器件。因此,它们具有很高的运行可靠性和功能的多样性。采用脉冲频率可选的专用脉宽调制技术,可使电动机低噪声运行。全面而完善的保护功能为变频器和电动机提供了良好的保护。

MM 440 变频器的框图如图 7-7 所示,MM 440 变频器的电路主要由主电路和控制电路组成。主电路是完成电能转换(整流、逆变),给电动机提供变压变频交流电源的部分;控制电路是完成信息的收集、变换、处理、传输的电路。

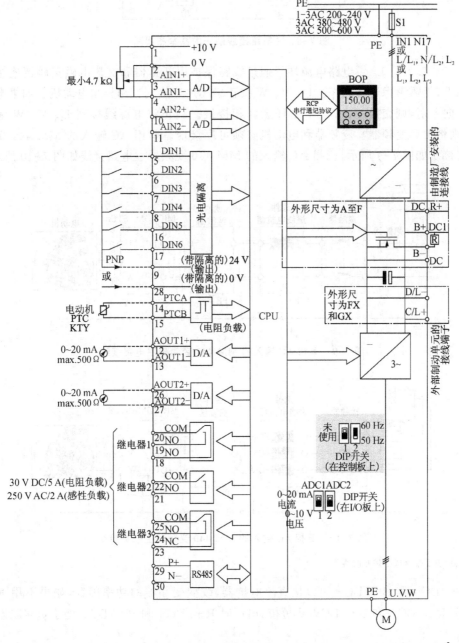

图 7-7　MM 440 变频器的框图

1）变频器的接线

变频器通过接线与外围设备连接，接线分为主电路接线和控制电路接线。

（1）主电路接线

以 D 外形尺寸的变频器为例，主电路接线端子的基本布局如图 7-8 所示。

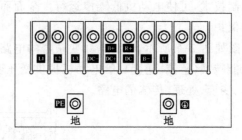

图 7-8　主电路接线端子的基本布局图

L_1/L、L_2/N、L_3 主电路电源端子通过线路保护用断路器和交流电磁接触器连接到三相电源上，无需考虑连接相序。U、V、W 按正确相序连接到三相异步电动机。如果电动机旋转方向不对，则交换 U、V、W 中任意两相接线。禁止将电源线接到 U、V、W 输出端子，否则将损坏变频器！变频器和电动机必须可靠接地。单相 AC 输入的 MM 440 变频器主电路接线如图 7-9 所示，三相 AC 输入的 MM 440 变频器主电路接线如图 7-10 所示。

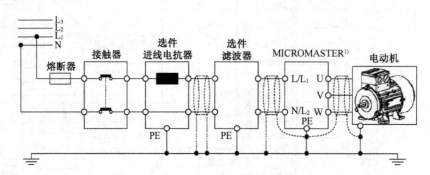

图 7-9　单相 AC 输入的 MM 440 变频器主电路接线

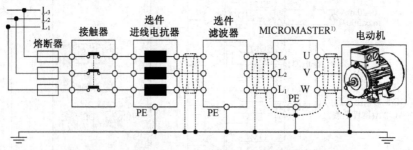

图 7-10　三相 AC 输入的 MM 440 变频器主电路接线

注：1）表示带有或不带滤波器。

R+/DC+ 和 B+/DC+ 可以接直流电抗器，改变变频器的功率因数，如果不用直流电抗器，则 R+/DC+ 和 B+/DC+ 要短接，出厂时 R+/DC+ 和 B+/DC+ 处于短接状态。

当电动机经常处于刹车和重物下放状态时,B＋/DC＋和 B－要接制动电阻,否则变频器可能会出现过压报警,要求制动电阻必须垂直安装并紧固在隔热的面板上。制动电阻上安装有常闭触点的热敏开关,当制动电阻过热时,热敏开关打开,可以利用热敏开关关断接触器的线圈供电电源,从而切断变频器的供电电源。制动电阻的接线方式可以查阅 MM 440 使用说明书中的选件——制动电阻。

为了安全和减少噪声,变频器的接地端子(或 PE)必须可靠接地。为了防止电击和火灾事故,电气设备的金属外壳和框架均应按照国家要求设置。接地线要短而粗,变频器系统应连接专用接地极。

(2) 控制回路端子接线

控制回路端子接线分为模拟量接线、数字量接线和控制回路接线。控制回路端子的基本布局如图 7-11 所示,控制端子定义见表 7-2。

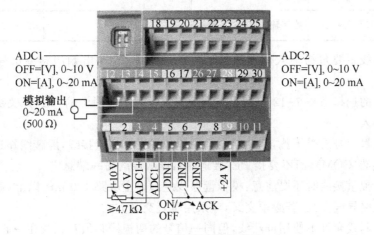

图 7-11　控制回路接线端子

表 7-2　MM 440 控制端子表

端子序号	端子名称	功能	端子序号	端子名称	功能
1	—	输出＋10 V	9	—	隔离输出＋24 V/最大 100 mA
2	—	输出 0 V	10	ADC2＋	模拟输入 2(＋)
3	ADC1＋	模拟输入 1(＋)	11	ADC2－	模拟输入 2(－)
4	ADC1－	模拟输入 1(－)	12	DAC1＋	模拟输出 1(＋)
5	DIN1	数字输入 1	13	DAC1－	模拟输出 1(－)
6	DIN2	数字输入 2	14	PTCA	连接温度传感器 PTC/KTY84
7	DIN3	数字输入 3	15	PTCB	连接温度传感器 PTC/KTY84
8	DIN4	数字输入 4	16	DIN5	数字输入 5

端子序号	端子名称	功能	端子序号	端子名称	功能
17	DIN6	数字输入 6	24	DOUT3/NO	数字输出 3/常开触头
18	DOUT1/NC	数字输出 1/常闭触头	25	DOUT3/COM	数字输出 3/切换触头
19	DOUT1/NO	数字输出 1/常开触头	26	DAC2＋	数字输出 2(＋)
20	DOUT1/COM	数字输出 1/转换触头	27	DAC2－	数字输出 2(－)
21	DOUT2/NO	数字输出 2/常开触头	28	—	隔离输出 0 V/最大 100 mA
22	DOUT2/COM	数字输出 2/转换触头	29	P＋	RS485 端口
23	DOUT3/NC	数字输出 3/常闭触头	30	P－	RS485 端口

　　模拟量接线主要包括输入侧的给定信号线和反馈线、输出侧的频率信号线和电流信号线。

　　模拟信号的选择由图 7-12 MM 440 变频器接线端子简图中的 DIP 开关决定是电压输入还是电流输入。

　　由于模拟量信号易受干扰,因此需要采用屏蔽线做模拟量接线,屏蔽线靠近变频器的屏蔽层应接公共端(COM),而不要接 PE(接地端),屏蔽层的另一端悬空。

　　在进行模拟量接线时还要注意:模拟量导线应远离主电路100 mm 以上;模拟量导线尽量不要和主电路导线交叉,若必须交叉,应采用垂直交叉方式。

　　数字量控制线允许不使用屏蔽线,但同一信号的两根线必须互相绞在一起,绞合线的绞合间距应尽可能小,并且应将屏蔽层接在变频器的公共端 COM 上,信号线电缆最长不得超过 50 m。

　　弱电压电流回路的电线取一点接地,接电线不作为传送信号的电路使用。控制回路电线的接地在变频器侧进行,使用专设的接地端子,不与其他的接地端子共用。

　　控制回路端子接线具体接线见图 7-12 MM 440 变频器接线端子简图。

　　2) 变频器参数及设定

　　传动变频器用适当的参数满足实际应用。每个参数用参数号和规定的属性(如可读出、可写入、BICO 属性、组属性等)来识别。在一个任意实际传动系统中,参数号是唯一的。另一方面,一个属性可以多次被赋予,这样,几个参数可以有相同的属性。

　　参数号是指该参数的编号。参数号用 0000 到 9 999 的 4 位数字表示。参数类型是参数的主要不同特性,在参数号的前面冠以一个小写字母"r"时,表示该参数是"只读"的参数;其他所有参数号的前面都冠以一个大写字母"P",表示该参数是"写入和读出"的参数。这些参数的设定值可以直接在其允许的"最小值"和"最大值"范围内进行修改。

　　[下标]表示该参数是一个带下标的参数,并且指定了下标的有效序号。

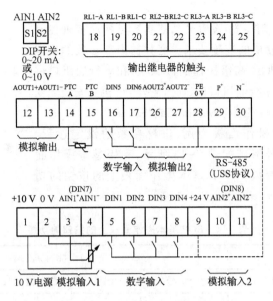

图 7-12　MM 440 变频器接线端子简图

（1）MM 440 变频器的参数

MM 440 变频器参数分为"变频器、电动机、命令与数字 I/O、模拟 I/O、设定值通道、工艺过程 PID、报警、通讯"等十几类上百个参数。其常用参数如表 7-3。

表 7-3　常　用　参　数

序号	参 数 名 称	参数号
1	参数访问过滤	P0003、P0004、P0010
2	电源电压选择	P0100
3	数字输入 DIN1-8 功能设置	P0701～P708
4	数字输出 DOU1-3 功能设置	P0731～P0733
5	选择命令源	P0700
6	选择频率设定信号源	P1000
7	固定频率值设置	P1001～P1015
8	点动频率设置	P1058～P1061
9	最小/最大频率	P1080、P1082
10	加速/减速时间	P1120、P1121
11	电动机参数	P0300～P0335、P0640
12	变频器应用	P0205、P0290、P1300、P1500、P1800
13	调试、复位	P3900、P0970
14	MOP 的设定	P1031、P1032、P1040

具体参数含义和相应功能参照 MM 440 使用说明书。

（2）设定参数

变频器为应用型控制装置，设置其功能参数可构成多种控制模式，满足不同场合电动机的控制要求。变频器内部参数的设定可通过基本操作面板 BOP、高级操作面板 AOP 和串行通讯口进行修改。用 PC 机通过串行通讯口调试时，需要 PC 机上安装随变频器附带的光盘中的软件"Drive Monitor"或"Starter"。

下面以 BOP 基本操作面板为例，讲解参数的设定过程，BOP 基本操作面板的外形图如图 7-13 所示，利用基本操作面板可以改变变频器的参数。BOP 基本操作面板上的按钮的功能见表 7-4。

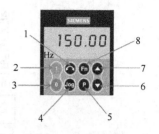

图 7-13　BOP 基本操作面板的外形

表 7-4　BOP 基本操作面板上的按钮的功能

序号	功能	功能说明
1	改变电动机转动的方向	用一个负号（—）或一个闪烁的小数点指示反向旋转
2	启动变频器	本按钮可以启动变频器。缺省状态下该按钮被禁止。如果要使用该按钮，请将 P0700 设置为 1
3	停止变频器	本按钮按照 P1121 设置的时间停止变频器
4	电动机点动	当变频器没有输出时，本按钮可以按照预置的点动频率启动和运行电动机。释放该按钮时变频器停止
5	访问参数	按下本按钮，允许用户按照选定的用户访问级别访问参数
6	减少数值	按下本按钮可减少显示值。如果要通过 BOP 改变频率设置值，请设置 P1000＝1
7	增加数值	按下本按钮可增加显示值。如果要通过 BOP 改变频率设置值，请设置 P1000＝1
8	功能键	1）用于浏览辅助信息 变频器运行过程中，在显示任何一个参数时按下此键并保持不动 2 秒钟，将显示以下参数值： （1）直流回路电压（用 d 表示，单位 V） （2）输出电流（A） （3）输出频率（Hz） （4）输出电压（用 O 表示，单位 V）等 连续多次按下此键将轮流显示以上参数 2）跳转功能 在显示任何参数 r××××或 P××××时，短时间按下此键将立即跳转到 r0000，可以接着修改其他的参数。跳转到 r0000 后，按此键将返回原来的显示点 3）故障/报警信息复位 在出现故障或报警的情况下，按键可以将操作板上显示的故障或报警信息复位

MM 440 在缺省设置时，用 BOP 控制电动机的功能是被禁止的。如果要用 BOP 进行控制，参数 P0700 应设置为 1，参数 P1000 也应设置为 1。用基本操作面板（BOP）可以修改

任何一个参数。修改参数的数值时,BOP 有时会显示"busy",表明变频器正忙于处理优先级更高的任务。下面就以设置 P1000＝1 的过程为例,来介绍通过基本操作面板(BOP)修改设置参数的流程,见表 7-5。

表 7-5　基本操作面板(BOP)修改设置参数流程

	操 作 步 骤	BOP 显示结果
1	按 ⓟ 键,访问参数	r0000
2	按 ▲ 键,直到显示 P1000	P1000
3	按 ⓟ 键,直到显示 in000,即 P1000 的第 0 组值	in000
4	按 ⓟ 键,显示当前值 2	2
5	按 ▼ 键,达到所要求的值 1	1
6	按 ⓟ 键,存储当前设置	P1000
7	按 ⒡ 键,显示 r0000	r0000
8	按 ⓟ 键,显示频率	50.00

7.1.3　变频器调速应用

1) MM 440 的数字量运行

变频器在实际使用中,电动机经常要根据各类机械的某种状态而进行正转、反转、点动等运行,变频器的给定频率信号、电动机的起动信号等都是通过变频器控制端子给出的,即变频器的外部运行操作,大大提高了生产过程的自动化程度。

MM 440 变频器的 6 个数字输入端口(DIN1～DIN6),即端口"5"、"6"、"7"、"8"、"16"和"17",每一个数字输入端口功能很多,用户可根据需要进行设置。参数号 P0701～P0706 为与端口数字输入 1 功能至数字输入 6 功能,每一个数字输入功能设置参数值范围均为 0～99,出厂默认值均为 1。以下列出其中几个常用的参数值,各数值的具体含义见表 7-6。

表 7-6　MM 440 数字输入端口功能设置表

参数值	功　能　说　明
0	禁止数字输入
1	ON/OFF1(接通正转、停车命令 1)
2	ON/OFF1(接通反转、停车命令 1)
3	OFF2(停车命令 2),按惯性自由停车

参数值	功 能 说 明
4	OFF3(停车命令 3),按斜坡函数曲线快速降速
9	故障确认
10	正向点动
11	反向点动
12	反转
13	MOP(电动电位计)升速(增加频率)
14	MOP 降速(减少频率)
15	固定频率设定值(直接选择)
16	固定频率设定值(直接选择+ON 命令)
17	固定频率设定值(二进制编码选择+ON 命令)
25	直流注入制动

(1) 开关量运行接线

MM 440 变频器数字输入控制端口开关量运行接线如图 7-14 所示。在图中 SBl~SB4 为带自锁按钮,分别控制数字输入 5~8 端口。端口 5 设置为正转控制,其功能由 P0701 的参数值设置。端口 6 设为反转控制,其功能由 P0702 的参数值设置。端口 7 设为正向点动控制,其功能由 P0703 的参数值设置。端口 8 设为反向点动控制,其功能由 P0704 的参数值设置。

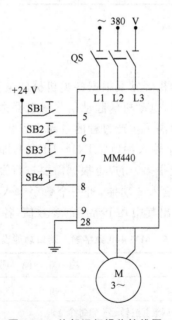

图 7-14 外部运行操作接线图

(2) 参数设置

接通断路器 QS,在变频器在通电的情况下,完成相关参数设置,具体设置见表 7-7。

表 7-7 变频器参数设置

参数号	出厂值	设置值	说明
P0003	1	1	设用户访问级为标准级
P0004	0	7	命令和数字 I/O
P0700	2	2	命令源选择"由端子排输入"
P0003	1	2	设用户访问级为扩展级
P0004	0	7	命令和数字 I/O
* P0701	1	1	ON 接通正转,OFF 停止
* P0702	1	2	ON 接通反转,OFF 停止
* P0703	9	10	正向点动
* P0704	15	11	反转点动
P0003	1	1	设用户访问级为标准级
P0004	0	10	设定值通道和斜坡函数发生器
P1000	2	1	由键盘(电动电位计)输入设定值
* P1080	0	0	电动机运行的最低频率(Hz)
* P1082	50	50	电动机运行的最高频率(Hz)
* P1120	10	5	斜坡上升时间(s)
* P1121	10	5	斜坡下降时间(s)
P0003	1	2	设用户访问级为扩展级
P0004	0	10	设定值通道和斜坡函数发生器
* P1040	5	20	设定键盘控制的频率值
* P1058	5	10	正向点动频率(Hz)
* P1059	5	10	反向点动频率(Hz)
* P1060	10	5	点动斜坡上升时间(s)
* P1061	10	5	点动斜坡下降时间(s)

(3) 变频器运行操作

① 正向运行:当按下带锁按钮 SB1 时,变频器数字端口"5"为 ON,电动机按 P1120 所设置的 5 s 斜坡上升时间正向启动运行,经 5 s 后稳定运行在 560 r/min 的转速上,此转速与 P1040 所设置的 20 Hz 对应。放开按钮 SB1,变频器数字端口"5"为 OFF,电动机按 P1121 所设置的 5 s 斜坡下降时间停止运行。

② 反向运行:当按下带锁按钮 SB2 时,变频器数字端口"6"为 ON,电动机按 P1120 所设置的 5 s 斜坡上升时间正向启动运行,经 5 s 后稳定运行在 560 r/min 的转速上,此转速与 P1040 所设置的 20 Hz 对应。放开按钮 SB2,变频器数字端口"6"为 OFF,电动机按 P1121 所设置的 5 s 斜坡下降时间停止运行。

③ 正向点动运行:当按下带锁按钮 SB3 时,变频器数字端口"7"为 ON,电动机按 P1060 所设置的 5 s 点动斜坡上升时间正向启动运行,经 5 s 后稳定运行在 280 r/min 的转速上,此转速与 P1058 所设置的 10 Hz 对应。放开按钮 SB3,变频器数字端口"7"为 OFF,电动机按 P1061 所设置的 5 s 点动斜坡下降时间停止运行。

④ 反向点动运行：当按下带锁按钮 SB4 时，变频器数字端口"8"为 ON，电动机按 P1060 所设置的 5 s 点动斜坡上升时间正向启动运行，经 5 s 后稳定运行在 280 r/min 的转速上，此转速与 P1059 所设置的 10 Hz 对应。放开按钮 SB4，变频器数字端口"8"为 OFF，电动机按 P1061 所设置的 5 s 点动斜坡下降时间停止运行。

2）MM 440 模拟信号运行

MM 440 变频器可以通过 6 个数字输入端口对电动机进行正反转运行、正反转点动运行方向控制；可通过基本操作板，按频率调节按键可增加和减少输出频率，从而设置正反向转速的大小；也可以由模拟输入端控制电动机转速的大小。

MM 440 变频器为用户提供了两对模拟输入端口，即端口"3"、"4"和端口"10"、"11"，通过设置 P0701 的参数值，使数字输入"5"端口具有正转控制功能；通过设置 P0702 的参数值，使数字输入"6"端口具有反转控制功能；模拟输入"3"、"4"端口外接电位器，通过"3"端口输入大小可调的模拟电压信号，控制电动机转速的大小。即由数字输入端控制电动机转速的方向，由模拟输入端控制转速的大小。

（1）模拟量运行接线

变频器模拟信号控制接线如图 7-15 所示。

（2）参数设置

① 连接电路，检查接线正确后合上变频器电源空气开关 Q。

② 恢复变频器工厂默认值，设定 P0010 =30 和 P0970=1，按下 P 键，开始复位。

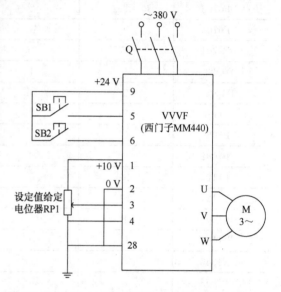

图 7-15　MM 440 变频器模拟信号控制接线图

③ 设置电动机参数，电动机参数设置见表 7-8。电动机参数设置完成后，设 P0010=0，变频器当前处于准备状态，可正常运行。

表 7-8　电动机参数设置

参数号	出厂值	设置值	说　明
P0003	1	1	设用户访问级为标准级
P0010	0	1	快速调试
P0100	0	0	工作地区：功率以 kW 表示，频率为 50 Hz
P0304	230	380	电动机额定电压（V）
P0305	3.25	0.95	电动机额定电流（A）
P0307	0.75	0.37	电动机额定功率（kW）
P0308	0	0.8	电动机额定功率（cosφ）
P0310	50	50	电动机额定频率（Hz）
P03111	0	2 800	电动机额定转速（r/min）

④ 设置模拟信号操作控制参数,模拟信号操作控制参数设置见表 7-9。

表 7-9　模拟信号操作控制参数

参数号	出厂值	设置值	说　　明
P0003	1	1	设用户访问级为标准级
P0004	0	7	命令和数字 I/O
P0700	2	2	命令源选择由端子排输入
P0003	1	2	设用户访问级为扩展级
P0004	0	7	命令和数字 I/O
P0701	1	1	ON 接通正转,OFF 停止
P0702	1	2	ON 接通反转,OFF 停止
P0003	1	1	设用户访问级为标准级
P0004	0	10	设定值通道和斜坡函数发生器
P1000	2	2	频率设定值选择为模拟输入
P1080	0	0	电动机运行的最低频率(Hz)
P1082	50	50	电动机运行的最高频率(Hz)

(3) 变频器运行操作

① 电动机正转与调速。按下电动机正转自锁按钮 SB1,数字输入端口 DIN1 为"ON",电动机正转运行,转速由外接电位器 RP1 来控制,模拟电压信号在 0~10 V 之间变化,对应变频器的频率在 0~50 Hz 之间变化,对应电动机的转速在 0~1 500 r/min 之间变化。当松开带锁按钮 SB1 时,电动机停止运转。

② 电动机反转与调速。按下电动机反转自锁按钮 SB2,数字输入端口 DIN2 为"ON",电动机反转运行,与电动机正转相同,反转转速的大小仍由外接电位器来调节。当松开带锁按钮 SB2 时,电动机停止运转。

3) MM 440 多段速运行

由于现场工艺上的要求,很多生产机械可在不同的转速下运行。为方便这种负载,大多数变频器都提供了多挡频率控制功能。用户可以通过几个开关的通、断组合来选择不同的运行频率,实现不同转速下运行的目的。

多段速功能,也称作固定频率,就是设置参数 P1000＝3 的条件下,用开关量端子选择固定频率的组合,实现电机多段速度运行。可通过如下三种方法实现:

(1) 直接选择(P0701-P0706＝15)

在这种操作方式下,一个数字输入选择一个固定频率,端子与参数设置对应见表 7-10。

表 7-10　端子与参数设置对应表

端子编号	对应参数	对应频率设置值	说　明
5	P0701	P1001	
6	P0702	P1002	1. 频率给定源 P1000 必须设置为 3
7	P0703	P1003	
8	P0704	P1004	2. 当多个选择同时激活时,选定的频率是它们的总和
16	P0705	P1005	
17	P0706	P1006	

（2）直接选择＋ON 命令（P0701—P0706＝16）

在这种操作方式下,数字量输入既选择固定频率(见表 7-10),又具备启动功能。

（3）二进制编码选择＋ON 命令（P0701—P0704＝17）

MM 440 变频器的六个数字输入端口（DIN1～DIN6）,通过 P0701～P0706 设置实现多频段控制。每一频段的频率分别由 P1001～P1015 参数设置,最多可实现 15 频段控制,各个固定频率的数值选择见表 7-11。在多频段控制中,电动机的转速方向是由 P1001～P1015 参数所设置的频率正负决定的。六个数字输入端口,哪一个作为电动机运行、停止控制,哪些作为多段频率控制,是可以由用户任意确定的,一旦确定了某一数字输入端口的控制功能,其内部的参数设置值必须与端口的控制功能相对应。

表 7-11　固定频率选择对应表

频率设定	DIN4	DIN3	DIN2	DIN1
P1001	0	0	0	1
P1002	0	0	1	0
P1003	0	0	1	1
P1004	0	1	0	0
P1005	0	1	0	1
P1006	0	1	1	0
P1007	0	1	1	1
P1008	1	0	0	0
P1009	1	0	0	1
P1010	1	0	1	0
P1011	1	0	1	1
P1012	1	1	0	0
P1013	1	1	0	1
P1014	1	1	1	0
P1015	1	1	1	1

（1）多段速运行接线

变频器三段固定频率控制接线如图 7-16 所示。

（2）参数设置

① 连接电路,检查接线正确后合上变频器电源空气开关 Q。

② 恢复变频器工厂缺省值,设定 P0010＝30,P0970＝1。按下"P"键,变频器开始复位到工厂缺省值。

③ 设置电动机参数,见表 7-12。电动机参数设置完成后,设 P0010＝0,变频器当前处于准备状态,可正常运行。

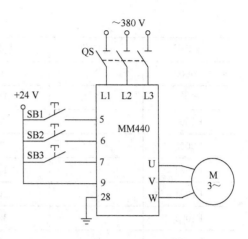

图 7-16　三段固定频率控制接线图

表 7-12　电动机参数设置

参数号	出厂值	设置值	说　明
P0003	1	1	设用户访问级为标准级
P0010	0	1	快速调试
P0100	0	0	工作地区:功率以 kW 表示,频率为 50 Hz
P0304	230	380	电动机额定电压（V）
P0305	3.25	0.95	电动机额定电流（A）
P0307	0.75	0.37	电动机额定功率（kW）
P0308	0	0.8	电动机额定功率（$\cos\varphi$）
P0310	50	50	电动机额定频率（Hz）
P03111	0	2 800	电动机额定转速（r/min）

④ 设置变频器 3 段固定频率控制参数,见表 7-13。

表 7-13　变频器 3 段固定频率控制参数设置

参数号	出厂值	设置值	说　明
P0003	1	1	设用户访问级为标准级
P0004	0	7	命令和数字 L/O
P0700	2	2	命令源选择由端子排输入
P0003	1	2	设用户访问级为拓展级
P0004	0	7	命令和数字 L/O
P0701	1	17	选择固定频率
P0702	1	17	选择固定频率
P0703	1	1	ON 接通正转,OFF 停止

参数号	出厂值	设置值	说　明
P0003	1	1	设用户访问级为标准级
P0004	2	10	设定值通道和斜坡函数发生器
P1000	2	3	选择固定频率设定值
P0003	1	2	设用户访问级为拓展级
P0004	0	10	设定值通道和斜坡函数发生器
P1001	0	20	选择固定频率1(Hz)
P1002	5	30	选择固定频率2(Hz)
P1003	10	50	选择固定频率3(Hz)

（3）变频器运行操作

当按下带自锁按钮 SB1 时，数字输入端口"7"为"ON"，允许电动机运行。

① 第 1 频段控制。当 SB1 按钮开关接通、SB2 按钮开关断开时，变频器数字输入端口"5"为"ON"，端口"6"为"OFF"，变频器工作在由 P1001 参数所设定的频率为 20 Hz 的第 1 频段上。

② 第 2 频段控制。当 SB1 按钮开关断开，SB2 按钮开关接通时，变频器数字输入端口"5"为"OFF"，"6"为"ON"，变频器工作在由 P1002 参数所设定的频率为 30 Hz 的第 2 频段上。

③ 第 3 频段控制。当按钮 SB1、SB2 都接通时，变频器数字输入端口"5"、"6"均为"ON"，变频器工作在由 P1003 参数所设定的频率为 50 Hz 的第 3 频段上。

④ 电动机停车。当 SB1、SB2 按钮开关都断开时，变频器数字输入端口"5"、"6"均为"OFF"，电动机停止运行。或在电动机正常运行的任何频段，将 SB3 断开使数字输入端口"7"为"OFF"，电动机也能停止运行。

3 个频段的频率值可根据用户要求 P1001、P1002 和 P1003 参数来修改。当电动机需要反向运行时，只要将向对应频段的频率值设定为负就可以实现。

4）MM 440 的 PID 控制运行

在生产实际中，拖动系统的运行速度需要平稳，而负载在运行中不可避免受到一些不可预见的干扰，系统的运行速度降失去平衡，出现震荡，和设定值存在偏差。对该偏差值，经过变频器的 P、I、D 调节，可以迅速、准确地消除拖动系统的偏差，回复到给定值。

PID 控制是闭环控制中的一种常见形式。反馈信号取自拖动系统的输出端，当输出量偏离所要求的给定值时，反馈信号成比例变化。在输入端，给定信号与反馈信号相比较，存在一个偏差值。对该偏差值，经过 P、I、D 调节，变频器通过改变输出频率，迅速、准确地消除拖动系统的偏差，回复到给定值，振荡和误差都比较小，适用于压力、温度、流量控制等。

MM 440 变频器内部有 PID 调节器。利用 MM 440 变频器很方便构成 PID 闭环控制，MM 440 变频器 PID 控制原理简图如图 7-17 所示。PID 给定源和反馈源可分别见表7-14、7-15。

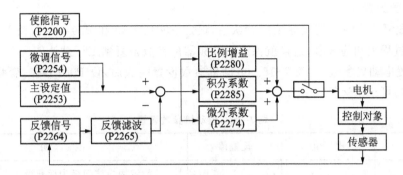

图 7-17　MM 440 变频器 PID 控制原理简图

表 7-14　MM 440 变频器 PID 给定源

PID 给定源	设定值	功能解释	说明
P2253	2250	BOP 面板	通过改变 P2240 改变目标值
	755.0	模拟通道 1	通过模拟量大小改变目标值
	755.1	模拟通道 2	

表 7-15　MM 440 变频器 PID 反馈源

PID 反馈源	设定值	功能解释	说明
P2264	755.0	模拟通道 1	当模拟量波动较大时,可适当加大滤波时间,确保系统稳定
	755.1	模拟通道 2	

（1）PID 控制运行接线

图 7-18 为面板设定目标值时 PID 控制端子接线图,模拟输入端 AIN2 接入反馈信号 0～20 mA,数字量输入端 DIN1 接入的带锁按钮 SB1 控制变频器的启/停,给定目标值由 BOP 面板（▲▼）键设定。

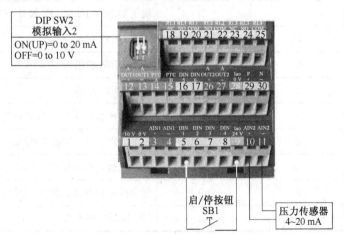

图 7-18　面板设定目标值的 PID 控制端子接线图

（2）参数设置

① 参数复位。恢复变频器工厂默认值，设定 P0010＝30 和 P0970＝1，按下 P 键，开始复位，复位过程大约为 3 秒，这样就保证了变频器的参数恢复到工厂默认值。

② 设置电动机参数，见表 7-16。电动机参数设置完成后，设 P0010＝0，变频器当前处于准备状态，可正常运行。

表 7-16　电动机参数设置

参数号	出厂值	设置值	说　明
P0003	1	1	设定用户访问级为标准级
P0010	0	1	快速调试
P0100	0	0	功率以 kW 表示，频率为 50 Hz
P0304	230	380	电动机额定电压（V）
P0305	3.25	1.05	电动机额定电流（A）
P0307	0.75	0.37	电动机额定功率（kW）
P0310	50	50	电动机额定频率（Hz）
P0311	0	1 400	电动机额定转速（r/min）

③ 设置控制参数，见表 7-17。

表 7-17　控制参数表

参数号	出厂值	设置值	说　明
P0003	1	2	用户访问级为扩展级
P0004	0	0	参数过滤显示全部参数
P0700	2	2	由端子排输入（选择命令源）
* P0701	1	1	端子 DIN1 功能为 ON 接通正转/OFF 停车
* P0702	12	0	端子 DIN2 禁用
* P0703	9	0	端子 DIN3 禁用
* P0704	0	0	端子 DIN4 禁用
P0725	1	1	所有数字量端子输入均为高电平有效
P1000	2	1	频率设定由 BOP（▲▼）设置
* P1080	0	20	电动机运行的最低频率（下限频率）（Hz）
* P1082	50	50	电动机运行的最高频率（上限频率）（Hz）
P2200	0	1	PID 控制功能有效

注：表 7-17 中，标"＊"号的参数可根据用户的需要改变，以下同。

④ 设置目标参数，见表 7-18。

表 7-18　目标参数表

参数号	出厂值	设置值	说　明
P0003	1	3	用户访问级为专家级
P0004	0	0	参数过滤显示全部参数
P2253	0	2 250	已激活的 PID 设定值（PID 设定值信号源）
*P2240	10	60	由面板 BOP（▲▼）设定的目标值（%）
*P2254	0	0	无 PID 微调信号源
*P2255	100	100	PID 设定值的增益系数
*P2256	100	0	PID 微调信号增益系数
*P2257	1	1	PID 设定值斜坡上升时间
*P2258	1	1	PID 设定值的斜坡下降时间
*P2261	0	0	PID 设定值无滤波

当 P2232＝0 允许反向时，可以用面板 BOP 键盘上的（▲▼）键设定 P2240 值为负值。

⑤ 设置反馈参数，见表 7-19。

表 7-19　反馈参数表

参数号	出厂值	设置值	说　明
P0003	1	3	用户访问级为专家级
P0004	0	0	参数过滤显示全部参数
P2264	755.0	755.1	PID 反馈信号由 AIN2＋（即模拟输入 2）设定
*P2265	0	0	PID 反馈信号无滤波
*P2267	100	100	PID 反馈信号的上限值（%）
*P2268	0	0	PID 反馈信号的下限值（%）
*P2269	100	100	PID 反馈信号的增益（%）
*P2270	0	0	不用 PID 反馈器的数学模型
*P2271	0	0	PID 传感器的反馈形式为正常

⑥ 设置 PID 参数，见表 7-20。

表 7-20　PID 参数表

参数号	出厂值	设置值	说　明
P0003	1	3	用户访问级为专家级
P0004	0	0	参数过滤显示全部参数
*P2280	3	25	PID 比例增益系数
*P2285	0	5	PID 积分时间
*P2291	100	100	PID 输出上限（%）

参数号	出厂值	设置值	说　明
*P2292	0	0	PID 输出下限(%)
*P2293	1	1	PID 限幅的斜坡上升/下降时间(S)

（3）变频器运行操作

① 按下带锁按钮 SB1 时，变频器数字输入端 DIN1 为"ON"，变频器启动电动机。当反馈的电流信号发生改变时，将会引起电动机速度发生变化。

若反馈的电流信号小于目标值 12 mA（即 P2240 值），变频器将驱动电动机升速；电动机速度上升又会引起反馈的电流信号变大。当反馈的电流信号大于目标值 12 mA 时，变频器又将驱动电动机降速，从而又使反馈的电流信号变小；当反馈的电流信号小于目标值 12 mA 时，变频器又将驱动电动机升速。如此反复，能使变频器达到一种动态平衡状态，变频器将驱动电动机以一个动态稳定的速度运行。

② 如果需要，则目标设定值（P2240 值）可直接通过按操作面板上的（▲▼）键来改变。当设置 P2231＝1 时，由（▲▼）键改变了的目标设定值将被保存在内存中。

③ 放开带锁按钮 SB1，数字输入端 DIN1 为"OFF"，电动机停止运行。

7.2　交流伺服控制

伺服控制系统是一种能够跟踪输入的指令信号进行动作，从而获得精确的位置、速度及动力输出的自动控制系统。如防空雷达控制就是一个典型的伺服控制过程，它是以空中的目标为输入指令要求，雷达天线要一直跟踪目标，为地面炮台提供目标方位；加工中心的机械制造过程也是伺服控制过程，位移传感器不断地将刀具进给的位移传送给计算机，通过与加工位置目标比较，计算机输出继续加工或停止加工的控制信号。绝大部分机电一体化系统都具有伺服功能，机电一体化系统中的伺服控制是为执行机构按设计要求实现运动而提供控制和动力的重要环节。交流伺服系统主要由运动控制器、伺服驱动器、伺服执行元件（电机、液压缸等）及反馈元件等组成。其构成框图如图 7-19 所示。在闭环系统中，检测元件将机床移动部件的实际位置检测出来并转换成电信号反馈给比较环节。常见的检测元件有旋转变压器、感应同步器、光栅、磁栅和编码盘等。通常把安装在丝杠上的检测元件组成的伺服系统称为半闭环系统；把安装在工作台上的检测元件组成的伺服系统称为闭环系统。由于丝杠和工作台之间传动误差的存在，半闭环伺服系统的精度要比闭环伺服系统的精度低一些。

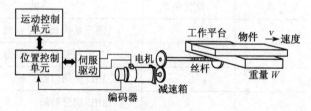

图 7-19　电气伺服系统组成

7.2.1 交流伺服系统的组成与原理

交流伺服系统由运动控制器、伺服驱动(放大)器、交流伺服电机及编码器组成,如图7-20所示。

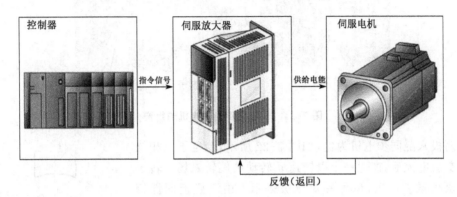

图 7-20 交流伺服系统

运动控制器是按照系统所期望的机械运动,发出运动指令,协调整个伺服系统实现期望的运动控制目标。

伺服驱动(放大)器接收运动控制器的指令信号,经过功率放大变换,驱动伺服电机及其传动机构完成期望的运动。

交流伺服电机通过传动机构驱动各类机械负载,实现期望的机械运动。

检测装置检测机械部件的运动位置和速度等参数,为闭环伺服控制系统提供反馈信号,实现高精度伺服控制。常采用光电式旋转编码器检测被测轴的角位移量及角速度;采用光栅尺检测工作台的直线位移量。

1)运动控制器

运动控制器可以是 PLC、单片机、专门的运动控制卡、工控机+PCI 卡,还可以是专用的定位控制单元或模块,以便于给伺服驱动器发送指令,实现单轴、多轴运动控制。

2)伺服电动机

伺服电动机也称执行电动机,是伺服系统中的重要元件,伺服电机是将电压信号转换为转速和角位移的控制执行元件。交流伺服电动机可依据电动机运行原理的不同,分为永磁同步电机、永磁无刷直流电机、感应(或称异步)电机和磁阻同步电机。这些电机具有相同的三相绕组的定子结构。目前市场上的交流伺服电机产品主要是永磁同步伺服电机及无刷直流伺服电机。

伺服电机常用于闭环运动控制系统中,实现高速、高精度运动控制。例如,数控机床、机器人、食品包装、纺织机械、医疗设备、半导体设备、印刷机械等。

(1)伺服电动机结构和工作原理

永磁同步伺服电机的结构如图7-21所示,交流永磁同步电机主要由定子1、定子绕组3和转子2组成。交流永磁同步电机的定子与异步电机的定子结构相似,是由硅钢片、三相对称的绕组、固定铁芯的机壳及端盖部分组成。交流永磁同步电机的转子采用永磁稀土材料制成,永磁转子产生固定磁场。

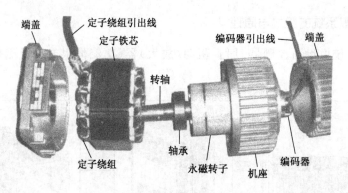

图 7-21　永磁同步伺服电机的结构

以两极永磁同步电机为例,如图 7-22 所示,当定子三相绕组通上交流电流后,产生一个以转速 n_s 转动的旋转磁场。转子磁场由永久磁铁产生,用另一对磁极表示。由于磁极同性相斥,异性相吸,定子的旋转磁场与转子的永磁磁极互相吸引,并带着转子一起旋转,因此,转子也将以同步转速 n_s 与旋转磁场一起转动。当转子加上负载转矩之后,转子磁极轴线将落后定子磁场轴线一个 θ 角,随着负载增加,θ 角也随之增大;负载减少时,θ 角也减小;只要不超过一定限度,转子始终跟着定子的旋转磁场以恒定的同步转速 n_s 旋转。转子转速:

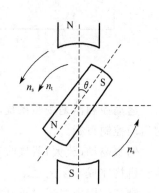

图 7-22　永磁同步伺服电机的工作原理说明图

$$n_r = n_s = \frac{60 f_1}{p}$$

式中：p——定子和转子的磁极对数；

　　　f_1——交流供电电源频率。

(2) 交流伺服电机特点

① 低转动惯量,保证系统的高动态响应特性。

② 转子阻抗高,保证启动转矩大、调速范围宽,适应于高速大转矩的工作状态。

③ 无电刷和换向器、定子散热,运行可靠,维护保养方便。

④ 结构紧凑,同功率下保证较小的体积和重量。

(3) 伺服电动机技术参数

伺服电动机技术参数主要有:

调速范围:一般 1 000~10 000 rpm,可达 100 000;

低速下稳速精度:一般 ±0.1 rpm,可达 ±0.01 rpm;

伺服电机功率:100 W~1 kW,约占市场的 70%;

转速:3 000 rpm 内约占市场的 50%;3 000~6 000 rpm 约占市场的 40%,10 000 rpm 以上约占市场的 10%。

3) 编码器

编码器是伺服系统中检测速度和位置的反馈元件,编码器的分类方式有很多,按检测原理分为光电式、霍尔磁式和感应式编码器;按输出信号形式分为增量式和绝对式编码器。旋转编码器是主要用于测量转动物体的角位移量、角速度的传感器。

（1）增量式编码器

增量式光电编码器是一种较常见的增量编码器，它主要由光源、码盘、检测光栅、光电检测器件和转换电路组成，如图 7-23 所示。码盘上刻有节距相等的辐射状透光缝隙，它从外往内分作 3 环，依次为 A 环、B 环和 Z 环，相邻两个透光缝隙之间代表一个增量周期；检测光栅上刻有 A、B 两组与码盘相对应的透光缝隙，用以通过或阻挡光源和光电检测器件之间的光线。它们的节距和码盘上的节距相等，并且两组透光缝隙错开 1/4 节距，使得光电检测器件输出的信号在相位上相差 90°电度角。当码盘随着被测转轴转动时，检测光栅不动，光线透过码盘和检测光栅上的透过缝隙照射到光电检测器件上，光电检测器件就输出两组相位相差 90°电度角的近似于正弦波的电信号，电信号经过转换电路的信号处理，可以得到被测轴的转角或速度信息。增量式光电编码器输出信号波形如图 7-24 所示。

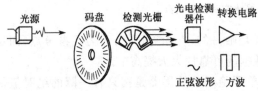
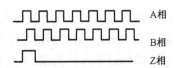

图 7-23　增量式光电编码器组成　　　　图 7-24　增量式光电编码器的输出信号波形

增量式编码器是直接利用光电转换原理输出三组方波脉冲 A、B 和 Z 相，A、B 两组脉冲相位差 90°，从而可方便地判断出旋转方向，而 Z 相为每转一个脉冲，用于基准点定位。它的优点是原理构造简单，机械平均寿命可在几万小时以上，抗干扰能力强，可靠性高，适合于长距离传输。其缺点是无法输出轴转动的绝对位置信息。增量式编码器存在零点累计误差、抗干扰较差、接收设备的停机需断电记忆、开机应找零或参考位等问题，这些问题如选用绝对式编码器可以解决。

光电编码器的分辨率是以编码器轴转动一周所产生的输出信号基本周期数来表示的，编码器旋转一周产生的脉冲个数称为分辨率。即脉冲数/转（ppr）。码盘上的透光缝隙的数目就等于编码器的分辨率，码盘上刻的缝隙越多，编码器的分辨率就越高。在工业电气传动中，根据不同的应用对象，可选择分辨率通常在 500～6 000 ppr 的增量式光电编码器，最高可以达到几万 ppr。交流伺服电机控制系统中通常选用分辨率为 2 500 ppr 的编码器。此外对光电转换信号进行逻辑处理，可以得到 2 倍频或 4 倍频的脉冲信号，从而进一步提高分辨率。

（2）绝对式编码器

绝对式编码器光码盘上有许多道光通道刻线，每道刻线依次以 2 线、4 线、8 线、16 线……编排，这样，在编码器的每一个位置，通过读取每道刻线的通、暗，获得一组从 2 的零次方到 2 的 $n-1$ 次方的唯一的 2 进制编码（格雷码），这就称为 n 位绝对编码器，其结构简图和码盘如图 7-25 所示。这样的编码器是由光电码盘的机械位置决定的，它不受停电、干扰的影响。

绝对型编码器一般采用格雷码编码。格雷码（Gray Code）在任意两个相邻的数之间转换时,只有一个数位发生变化。该玻璃码盘分为 B0、B1、B2 和 B3 共 4 个环,每个环分成 16 等份,环中白色部分透光,灰色部分不透光。两个顺序的编码之间,从最后一位码到第一位码,只有一位二进制位置改变,这样使位置的同步和采样变得准确、简单、可行。关于自然二进制码与格雷码之间的换算关系可以参考相关文献。

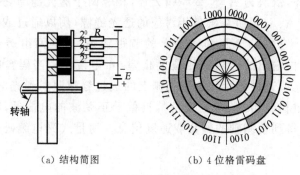

（a）结构简图　　　　　　　（b）4 位格雷码盘

图 7-25　绝对编码器结构简图和码盘

绝对式编码器由机械位置决定的每个位置是唯一的,它无需记忆,无需找参考点,而且不用一直计数。这样,编码器的抗干扰特性、数据的可靠性大大提高了。

绝对式编码器有两种类型:单圈和多圈。单圈绝对值编码器是指只有一圈的绝对值信号,在 360 度内,有多码道组成每个位置的唯一代码,不受停电、干扰影响。绝对值多圈编码器是指在 360 度以后,编码器内部通过计圈齿轮组码盘继续绝对值的测量,一般可达到 4 096 圈的测量量程。多圈编码器的另一个优点是由于测量范围大,实际使用往往富裕较多,这样在安装时不必要费劲找零点,将某一中间位置作为起始点就可以了,从而大大简化了安装调试难度。

4）伺服驱动器

伺服驱动器又称为伺服放大器,是用来控制伺服电机的一种控制器,接收上位控制器的指令信号,经过功率放大变换,驱动伺服机构实现期望的控制目标。伺服驱动器由主回路、控制回路及接口回路组成。

图 7-26 为三菱 MR-J2S-A 系列通用伺服驱动器的内部结构简图,本书以此为例说明伺服驱动器的工作原理。

（1）伺服驱动器的主电路

伺服驱动器的主回路是指电源输入至逆变输出之间的电路,它主要包括整流回路、再生制动、逆变回路和动态制动回路,如图 7-27 所示。

整流回路是将交流电转变成直流电,可分为单相和三相整流桥,电容是对整流电源进行平滑,减少其脉动成分。

再生制动就是指马达的实际转速高于指令速度时,产生能量回馈的现象。再生制动回路就是用来消耗这些回馈能源的装置。

逆变回路生成适合马达转速的频率、适合负载转矩大小的电流,驱动马达。逆变模块采用 IGBT 开关元件。

动态制动器是在基极断路时,在伺服马达端子间加上适当的电阻器进行短路消耗旋转能,使之迅速停转的功能。

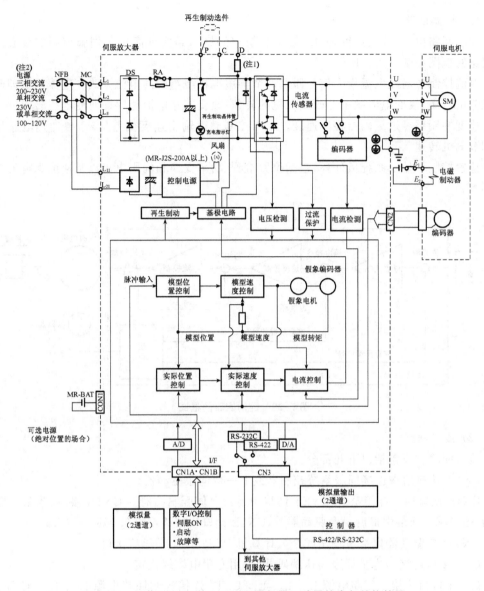

图 7-26　三菱 MR-J2S-A 系列通用伺服驱动器的内部结构简图

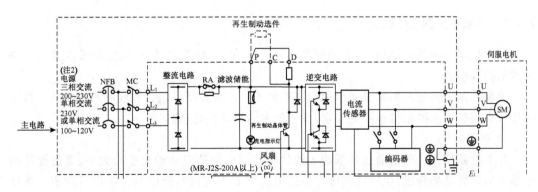

图 7-27　伺服驱动器主回路

（2）控制回路

控制回路由位置环、速度环、电流环组成三环系统，是实现高精度伺服控制的核心。控制回路的框图如图 7-28 所示。

电流控制环通过电流指令信号跟踪调节伺服电机绕组中的电流。改变电流幅值即改变电机输出转矩；改变电流频率即改变电机的转速；改变三相电流相序即改变电机转向。

速度控制环经过编码器检测速度，按 PI 控制规律输出速度偏差信号，再通过电流环动态调节电机转速。

位置控制环处于系统最外环，包括位置检测、功率变换和伺服电机以及速度和电流两个内环等。

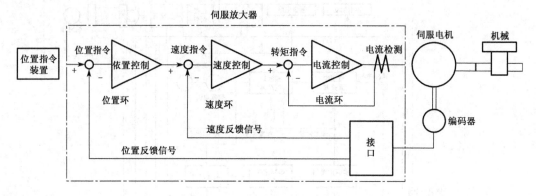

图 7-28　控制回路的框图

（3）接口回路

接口回路主要包括以下几部分：

CN1A 接口用来连接伺服系统控制器或上一台伺服驱动器。

CN1B 接口用于连接至 SSCNET 网络中下一台伺服驱动器的 CN1A 接口，当某一驱动器为 SSCNET 网络中最后一台驱动器时，CN1B 接口应接终端电阻 MR-A-TM。

CN3 接口驱动器模拟量输出或个人计算机 RS232C/422 通信接口。

CN2 接口连接器连接伺服马达编码器，采用专用电缆线连接。

CNP1 接口连接主回路电源 L_1、L_2、L_3，CNP_2 连接控制回路电源 L_{11}、L_{21}，CNP_3 接口连接电机电源 U、V、W 等。

7.2.2　伺服系统的工作模式

伺服控制系统的功能很广，有速度控制模式、转矩控制模式、位置控制模式以及这三种模式的组合模式。

速度控制和转矩控制都是用模拟量来控制的。位置控制是通过发脉冲来控制的。具体采用什么控制方式要根据客户的要求，满足何种运动功能来选择。

1）位置控制

位置控制模式一般是通过外部输入的脉冲的频率来确定转动速度的大小，通过脉冲的个数来确定转动的角度，也有些伺服可以通过通讯方式直接对速度和位移进行赋值。采用集电极输入方式，允许输入脉冲最大频率为 200 kHz。采用差动输入方式，允许输入脉冲最大频率为 500 kHz。负载越大、伺服电机输出力矩越大,快速加减速或过载运行时易造成主电路过流而损坏功率器件。伺服放大器具有内部嵌位电路限制其输出转矩,可通过参数设置或模拟量信号控制限制转矩 TLA。

由于位置模式可以对速度和位置都有很严格的控制,所以一般应用于定位装置。应用领域如数控机床、印刷机械等等。

2) 速度模式

通过模拟量的输入或脉冲的频率都可以进行转动速度的控制,保持伺服电机输出转速基本不变,控制方式与变频器相似。在有上位控制装置的外环 PID 控制时速度模式也可以进行定位,但必须把电机的位置信号或直接负载的位置信号给上位回馈以做运算用。位置模式也支持直接负载外环检测位置信号,此时的电机轴端的编码器只检测电机转速,位置信号就由直接的最终负载端的检测装置来提供了,这样的优点在于可以减少中间传动过程中的误差,增加了整个系统的定位精度。速度设定方式有两种:

(1) 模拟量信号 VC(0~±10 VDC)设定,实现无级调速;

(2) 设定内部速度参数,实现分段调速(最多可设 7 段转速)。

因电机输出转矩随负载变化,因此需限制其输出转矩 TLA。

3) 转矩控制

转矩控制方式是通过外部模拟量的输入或直接的地址的赋值来设定电机轴对外的输出转矩的大小,保持伺服电机输出转矩基本恒定的控制。其具体表现为:以 10 V 对应 5 Nm 为例,当外部模拟量设定为 5 V 时电机轴输出为 2.5 Nm;如果电机轴负载低于 2.5 Nm 时电机正转,外部负载等于 2.5 Nm 时电机不转,大于 2.5 Nm 时电机反转(通常在有重力负载情况下产生)。

转矩设定方式有两种:

(1) 模拟量 TC(0~±8 VDC)控制调节输出转矩;

(2) 参数设置由内部转矩指令控制输出转矩。

转矩控制主要应用在对材质的受力有严格要求的缠绕和放卷的装置中,例如绕线装置或拉光纤设备,转矩的设定要根据缠绕的半径的变化随时更改以确保材质的受力不会随着缠绕半径的变化而改变。

因电机输出转矩不变,转速随负载变化,因此需限制电机的输出转速 VLA。

7.2.3　伺服系统安装接线

伺服驱动器工作时需要连接伺服电动机、编码器、运动控制器和电源等设备,如果使用软件来设置参数,则需要连接计算机。三菱 MR-J2S 系列伺服驱动器有大功率和中小功率之分,它们的接线端子略有不同。三菱 MR-J2S-100A 以下伺服系统的连接如图 7-29 所示。

伺服驱动器应垂直安装,2 台以上伺服驱动器和控制柜内壁应留有足够大的间距,保证其散热空间。伺服驱动器安装如图 7-30 所示。

1) 伺服系统主回路接线

伺服系统主回路接线如图 7-31 所示。

三相交流电源(200~230 V)或单相交流电源(230 V)经断路器 NBF 和接触器主触点

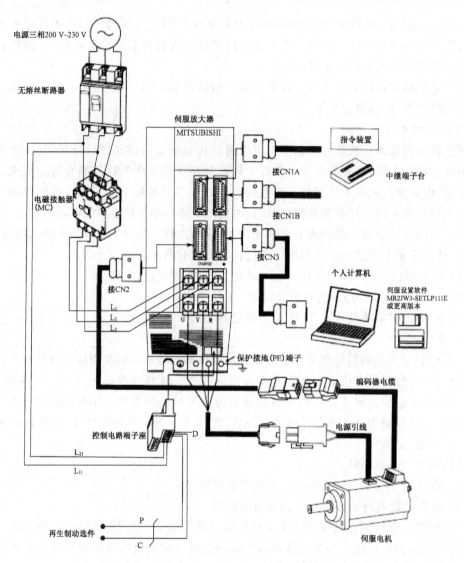

图 7-29 三菱 MR-J2S-100A 以下伺服系统的连接

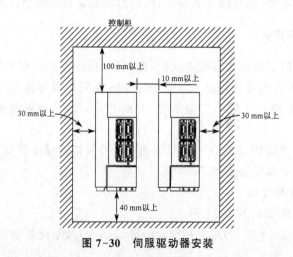

图 7-30 伺服驱动器安装

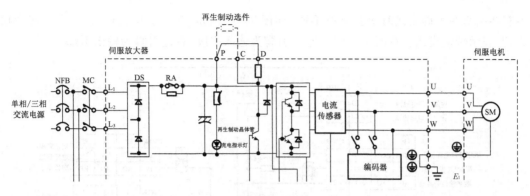

图 7-31　伺服系统主回路接线

MC 接到伺服驱动器主回路电源 L_1、L_2、L_3 端,送给内部的主回路。伺服驱动器也可以使用单相 AC230 V 电源供电,此时 L_3 端不用接电源线。

使用外置再生制动选件,应取下 P-D 短接线,选件用双绞线安装在 P-C 间。伺服驱动器及电机必须可靠接地(PE 绿),各类信号抗干扰屏蔽连接。

2)伺服驱动器与电机接线

伺服驱动器上的三相交流电 U、V、W 输送给伺服电动机,伺服驱动器与电机接线如图 7-32 所示。接线时应注意:

(1)伺服电机 U(红)、V(白)、W(黑)接线必须与伺服驱动器相序一致,禁止将输入电源线与输出电机线反接!

(2)带有电磁制动器的线路,应由专门的 DC24V 电源供电。

(3)报警发生或急停按钮 OFF 时,电机内部动态制动器开始工作,电机立即停止。

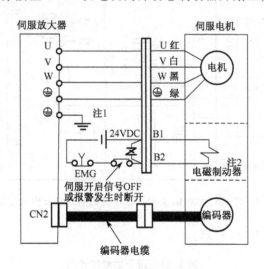

图 7-32　伺服驱动器与电机接线

2)控制回路接线

三相交流电中的两相 L_{11}、L_{21} 端送给内部的控制回路作为电源。

三菱 MR-J2S 伺服驱动器 CN1A、CN1B、CN2、CN3 和 CON1 共 5 个接口与外部接口连接。在不同的控制模式下,CN2、CN3 接口各引脚功能定义相同,而 CN1A、CN1B 接口中有些引脚在不同模式时功能有所不同,如图 7-33 所示,P 表示位置模式,S 表示速度模式,T 表示转矩模式。在图 7-33 中,左边引脚为输入引脚,右边引脚为输出引脚。

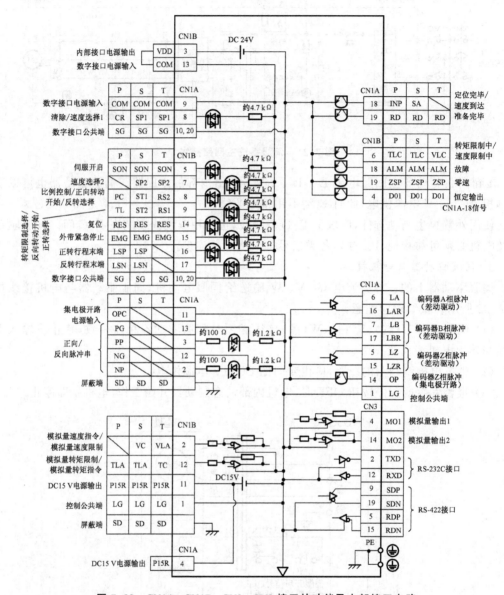

图 7-33　CN1A、CN1B、CN2、CN3 接口的功能及内部接口电路

端子功能符号如表 7-21 所示。

表 7-21　端子功能符号表

符号	信号名称	符号	信号名称
SON	伺服开启	VLC	速度限制中
LSP	正转行程末端	RD	准备完毕
LSN	反转行程末端	ZSP	零速

符号	信号名称	符号	信号名称
CR	清除	INP	定位完毕
SP1	速度选择 1	SA	速度到达
SP2	速度选择 2	ALM	故障
PC	比例控制	WNG	警告
ST1	正向转动开始	BWNG	电池警告
ST2	反向转动开始	OP	编码器 Z 相脉冲(集电极开路)
TL	转矩限制选择	MBR	电磁制动器连锁
RES	复位	LZ	编码器 Z 相脉冲(差动驱动)
EMG	外带紧急停止	LZR	
LOP	控制切换	LA	编码器 A 相脉冲(差动驱动)
VC	模拟量速度指令	LAR	
VLA	模拟量速度限制	LB	编码器 B 相脉冲(差动驱动)
TLA	模拟量转矩限制	LBR	
TC	模拟量转矩指令	VDD	内部接口电源输出
RS1	正转选择	COM	数字接口电源输入
RS2	反转选择	OPC	集电极开路电源输入
PP	正向/反向脉冲串	SG	数字接口公共端
NP		P15R	15VDC 电源输出
PG		LG	控制公共端
NG		SD	屏蔽端
TLC	转矩限制中		

3）伺服驱动器控制信号接线方式

（1）数字输入量引脚的接线

伺服驱动器的数字量输入引脚用于输入开关信号,如启动、正转、反转和停止信号等。根据开关闭合时输入引脚的电流方向不同,可分为漏型输入方式和源型输入方式。漏型输入是指以电流从输入引脚流出的方式输入开关信号。源型输入是指以电流从输入引脚流入的方式输入开关信号。

在使用漏型输入方式时,可使用内部的 DC24V 电源,也使用外部 DC24V 电源。漏型输入方式数字输入量引脚的接线如图 7-34 所示。

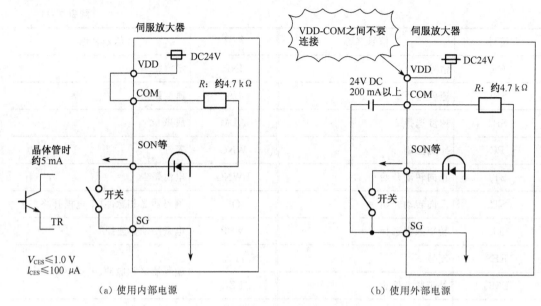

图 7-34　数字输入量引脚的接线

图 7-34（a）为使用内部的 DC24V 电源的输入引脚接线图。它将伺服驱动器的 VDD、COM 引脚直接连起来，并将开关接在输入引脚和 SG 引脚之间，如果使用 NPN 型三极管代替开关，三极管的集电极（C 极）应接 SG 引脚，发射极（E 极）接输入脚，三极管导通时要求 $U_{CE} \leqslant 1.0$ V，电流约为 5 mA，截止时 C、E 极之间漏电电流 $I_{CEO} \leqslant 100 \ \mu V$。

图 7-34（b）为使用外部的 DC24 V 电源的输入引脚接线图。它将外部 DC24 V 电源的正极接 COM 引脚，负极接 SG 引脚，VDD、COM 引脚之间断开。使用外部直流电源时，要求电源的输出电压为 24 V，输出电流应大于 200 mA。

用继电器或集电极开路晶体管输入信号，也可以用源型输入，请参照三菱驱动器使用手册。

（2）数字输出量引脚的接线

伺服驱动器的数字量输出引脚是通过内部三极管的导通和截止来输出开关量信号。数字量输出引脚可以接电灯、继电器或光耦。

图 7-35（a）为使用内部的 DC24 V 电源的输出引脚与灯泡的接线图。它将伺服驱动器的 VDD、COM 引脚直接连起来，灯泡接在 COM 与数字量输出引脚之间。为了防止三极管刚导通时因流过的电流过大而损坏灯泡，通常需要给灯泡串接一个限流电阻。

图 7-35（b）为使用外部的 DC24 V 电源的输出引脚接线图。它将外部 DC24 V 电源的正极、负极分别接在 COM 引脚和 SG 引脚，灯泡接在 COM 与数字量输出引脚之间，VDD、COM 引脚之间断开。

感性负载即线圈负载，如继电器、电磁铁等。接感性负载时，要在线圈的两端并联一只二极管来吸收线圈产生的反峰电压，其他的连接方式与灯泡的连接接本相同，如图 7-36 数字量输出引脚与感性的接线图。

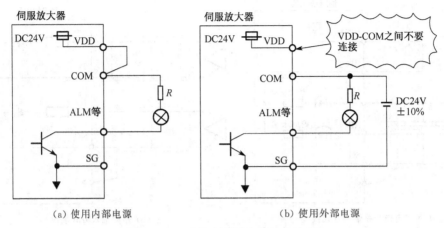

（a）使用内部电源　　　　　　　（b）使用外部电源

图 7-35　数字输出量引脚与灯泡的连接

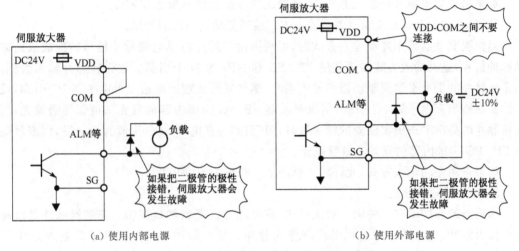

（a）使用内部电源　　　　　　　（b）使用外部电源

图 7-36　数字输出量引脚与感性负载的连接

（3）脉冲输入引脚的接线

当伺服驱动器工作在位置控制模式时，需要使用脉冲输入引脚来输入脉冲信号，用来控制伺服电动机的位移和旋转方向。脉冲输入引脚包括正转脉冲（PP）输入引脚和反转脉冲（NP）输入引脚。脉冲输入有两种方式：集电极开路输入方式和差动输入方式。

① 集电极开路输入方式的接线。集电极开路输入方式接线如图 7-37（a）所示。

在接线时，将伺服驱动器的 VDD、OPC 端直接连起来，使用内电源为脉冲输入电路供电。PP 端正转脉冲输入端，NP 端反转脉冲输入端，SG 端为公共端，SD 端为屏蔽端。图中的 VT1、VT2 通常为伺服控制器（如 PLC 或定位控制模块）输出端子内部的三极管。如果使用外部 DC24V 电源，应断开 VDD、OPC 端子之间的连线，将 DC24V 电源接在 OPC 和 SG 端子之间，其中 OPC 端子接电源的正极。

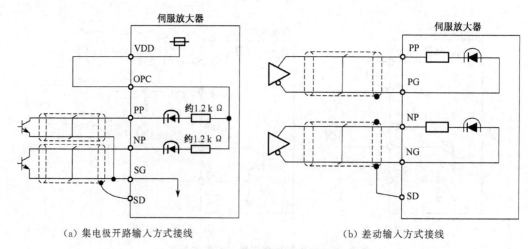

（a）集电极开路输入方式接线　　　　　　　　　　　（b）差动输入方式接线

图 7-37　脉冲输入引脚的接线

　　如果采用集电极开路输入方式,允许输入脉冲最大频率为 200 kHz。

　　② 差动输入方式的接线。差动输入方式接线如图 7-37(b)所示。

　　当伺服驱动器采用差动输入方式时,可利用接口芯片将单电路脉冲信号转换成双路差动脉冲信号,这种输入方式需要使用 PP、PG 和 NP、NG4 个引脚。以正转脉冲输入为例,当正转脉冲的低电平送到驱动器的输入端时,驱动器同相输出端输出低电平到 PP 引脚,反相输出端输出高电平到 PG 引脚,伺服驱动器 PP、PG 引脚内部的发光二极管导通发光;当正转脉冲的高电平送到驱动器的输入端时,PP 引脚为高电平, PG 引脚为低电平,伺服驱动器 PP、PG 引脚内部的发光二极管截止。

　　如果采用差动输入方式,允许输入脉冲最大频率为 500 kHz。

　　③ 脉冲的输入形式

　　编码器的脉冲串有三种输入形式可选,并可选择正逻辑和负逻辑。正逻辑脉冲是以高电平作为脉冲,负逻辑脉冲是以低电平作为脉冲。指令脉冲串的形式可用参数 No.21 设定。伺服驱动器可接受的脉冲串形式如表 7-22 所示。

表 7-22　参数 No.21 不同值与对应的脉冲串形式

	脉冲串形式	正转指令	反转指令	参数 No.21（指令脉冲串）
负逻辑	正转脉冲串反转脉冲串	PP　NP		0010
	脉冲串＋符号	PP　NP　L　H		0011
	A 相脉冲串B 相脉冲串	PP　NP		0012

续表 7-22

脉冲串形式		正转指令	反转指令	参数 No.21 （指令脉冲串）
正逻辑	正转脉冲串 反转脉冲串	PP NP		0000
	脉冲串＋符号	PP NP　H　L		0001
	A 相脉冲串 B 相脉冲串	PP NP		0002

　　(4) 模拟量输入引脚的接线

　　模拟量输入引脚可以输入一定范围的连续电压用来调节和限制电动机的转速和转矩。模拟量输入引脚接线如图 7-38 所示。

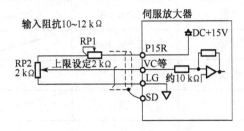

图 7-38　模拟量输入引脚接线

　　伺服驱动器内部的 DC15V 电压通过 P15R 引脚引出，提供给模拟量输入电路。电位器 RP1 用来设定模拟量输入的上限电压，一般将上限电压调到 10 V；RP2 用来调节模拟量输入电压，调节 RP2 可以使 VC 引脚（或 TLA 引脚）电压在 0~10 V 范围内变化，该电压经内部的放大器放大后送给有关电路，用来调节或限制电动机的转速或转矩。

　　(5) 模拟量输出引脚的接线

　　模拟量输出引脚用于输出反映电动机的转速或转矩等信息的电压。输出电压越高，表明电动机转速越快。模拟量输出引脚的输出电压所反映的内容可用参数 No.17 设定。模拟量输出引脚接线如图 7-39 所示。模拟量输出引脚有 MO1 和 MO2 两个，它们的内部电路结构相同，图中画出了 MO1 引脚的外围接线。

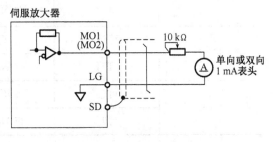

图 7-39　模拟量输出引脚接线

7.2.4　伺服驱动器的参数设置

在使用伺服驱动器时,需要正确设置伺服驱动器参数,保证伺服系统正常运行。

MR-J2S伺服驱动器参数分为基本参数(No.0～No.19)、扩展参数1(No.20～49)和扩展参数2(No.50～84)。在设定参数时,既可以直接操作伺服驱动器面板上的按键来设置,也可以在计算机中使用专用的伺服参数设置软件来设置,再通过通信电缆将设置好的各参数值传送到伺服驱动器中。

出厂状态只能修改基本参数,设置No.19参数可改变访问范围(注:设定参数No.19后,需断开电源,再重新上电,参数才会生效)。

1) 参数操作范围设定

参数No.19的设定值与参数的操作范围见表7-23。

表 7-23　参数 No.19 的设定值与参数的操作范围

参数 No.19 的 设定值	设定值的操作	基本参数 No.0～No.19	扩展参数 1 No.20～No.49	扩展参数 2 No.50～No.84
0000 （初始值）	可读	○		
	可写	○		
000A	可读	仅 No.19		
	可写	仅 No.19		
000B	可读	○	○	
	可写	○		
000C	可读	○	○	
	可写	○	○	
000E	可读	○	○	○
	可写	○	○	○
100B	可读	○		
	可写	仅 No.19		
100C	可读	○	○	
	可写	仅 No.19		
100E	可读	○	○	○
	可写	仅 No.19		

2) 基本参数

基本参数表见表7-24。

表 7-24　基本参数表

类型	No	符号	名称	控制模式	初始值	单位	用户设定值
基本参数	0	＊STY	控制模式,再生制动选件选择	P·S·T	0000		
	1	＊OP1	功能选择 1	P·S·T	0002		
	2	ATU	自动调整	P·S	0105		
	3	CMX	电子齿轮(指令脉冲倍率分子)	P	1		
	4	CDV	电子齿轮(指令脉冲倍率分母)	P	1		
	5	INP	定位范围	P	100	脉冲	
	6	PG1	位置环增益 1	P	35	rad/s	
	7	PST	位置指令加减速时间常数(位置斜坡功能)	P	3	ms	
	8	SC1	内部速度指令 1	S	100	r/min	
			内部速度限制 1	T	100	r/min	
	9	SC2	内部速度指令 2	S	500	r/min	
			内部速度限制 2	T	500	r/min	
	10	SC3	内部速度指令 3	S	1 000	r/min	
			内部速度限制 3	T	1 000	r/min	
	11	STA	加速时间常数	S·T	0	ms	
	12	STB	减速时间常数	S·T	0	ms	
	13	STC	S 字加减速时间常数	S·T	0	ms	
	14	TQC	转矩指令时间常数	T	0	ms	
	15	＊SNO	站号设定	P·S·T	0		
	16	＊BPS	通讯波特率选择,报警履历清除	P·S·T	0000		
	17	MOD	模拟量输出选择	P·S·T	0100		
	18	＊DMD	状态显示选择	P·S·T	0000		
	19	＊BLK	参数范围选择	P·S·T	0000		

注:表中的 ＊ 表示该参数设置后,需断开电源,再重新上电,参数才会生效。

(1) 参数 No.0 和参数 No.1

参数 No.0 和参数 No.1 是用于 STY 控制模式和再生制动件的选择参数,参数 No.0 和参数 No.1 说明见表 7-25。

表 7-25　参数 No.0 和参数 No.1 说明表

类型	No	符号	名称和功能	初始值	单位	设定范围	控制模式
基本参数	0	*STY	控制模式,再生制动选件选择; 用于选择控制模式和再生选件。 　　0　　　0 　控制模式的选择 　　0：位置 　　1：位置和速度 　　2：速度 　　3：速度和转矩 　　4：转矩 　　5：转矩和位置 　选择再生制动选件 　　0：不用 　　1：备用(请不要设定) 　　2：MR-RB032 　　3：MR-RB21 　　4：MR-RB32 　　5：MR-RB30 　　6：MR-RB50 注意： ● 错误设定可导致再生制动选件损坏 ● 如果选择与伺服电机不匹配的再生制动选件将发生"参数异常"报警(AL.37)	0000		0000h ～ 0605h	P·S·T

(2) 切换工作模式

在组合运行模式时,使用 LOP 输入信号控制切换工作模式。

切换工作模式见表 7-26。

表 7-26　控制模式切换

| 控制切换 | LOP | CN1B
7 | [位置/速度控制切换模式]
位置/速度控制切换模式时,可使用控制切换信号进行选择

　LOP　　控制模式
　0　　　位置
　1　　　速度

注 0：OFF(和 SG 断开)　1：ON(和 SG 接通)
[速度/转矩控制切换模式] | DI-1 | | | 参照功能应用说明 |

| 控制切换 | LOP | CN1B 7 | <table><tr><td>LOP</td><td>控制模式</td></tr><tr><td>0</td><td>转矩</td></tr><tr><td>1</td><td>速度</td></tr></table> 注 0：OFF（和 SG 断开）　1：ON（和 SG 接通） ［转矩/位置控制切换模式］ <table><tr><td>LOP</td><td>控制模式</td></tr><tr><td>0</td><td>转矩</td></tr><tr><td>1</td><td>位置</td></tr></table> 注 0：OFF（和 SG 断开）　1：ON（和 SG 接通） | DI-1 | 参照功能应用说明 |

（3）参数 No.21

参数 No.21 是用于 OP3 指令脉冲选择。参数 No.21 说明见表 7-27。

表 7-27　参数 No.21 说明表

类型	No	符号	名称和功能	初始值	单位	设定范围	控制模式
扩展参数 1	21	*OP3	功能选择 3（指令脉冲选择）：用于选择脉冲串输入信号的输入波形（参照 3.4.1） 　0　0　　 ——指令脉冲串输入波形 　0：正转 / 反转脉冲串 　1：带符号的脉冲串 　2：A/B 相脉冲串 ——脉冲串逻辑选择 　0：正 　1：负	0000		0000h ～ 0012h	P

（4）速度选择参数

速度选择信号 SP1 和 SP2，选择模拟量速度指令 VC 或内部速度指令。速度选择参数说明见表 7-28。

表 7-28　速度选择参数说明表

外部输入信号		速度指令值
SP2	SP1	
0	0	模拟量速度指令（VC）
0	0	内部速度指令 1（参数 No.8）

外部输入信号		速度指令值
SP2	SP1	
1	0	内部速度指令 2(参数 No.9)
1	1	内部速度指令 3(参数 No.10)

注　0:OFF(和 SG 断开)　1:ON(和 SG 接通)

(5) 电子齿轮的设置

① 电子齿轮。在位置控制模式时,通过上位机(如 PLC)发出的输入脉冲串频率受伺服驱动器最大输入脉冲频率限制(集电极开路方式 200 kpps,差动驱动方式 500 kpps),应用电子齿轮倍率,使输入脉冲串频率提高后,再与反馈脉冲进行比较 PID 偏差调节。以电机轴旋转一周为例,当比较器的输入脉冲个数＝反馈脉冲个数时,才能控制电机旋转一周后停止。电子齿轮实际上是一个倍率器,其大小参数 No.3(CMX)和 No.4(CDV)来设置,其大小为

$$电子齿轮值 = \frac{No.3}{No.4}$$

带有电子齿轮的位置控制示意图如图 7-40 所示。

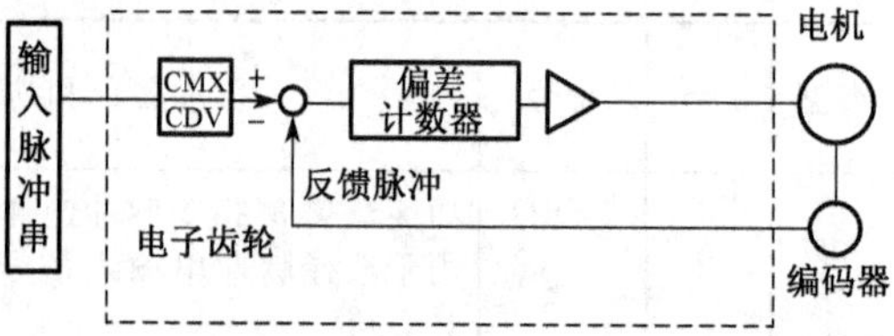

电子齿轮参数 No.3 和 No.4,它们与系统的机械结构、控制精度有关,电子齿轮设定范围:1/50＜CMX/CDV＜50;必须在伺服驱动器停止状态下,进行电子齿轮设定,设定错误可能导致错误运行,无法达到预期运行结果。

图 7-40　带有电子齿轮的位置控制示意图

以电机轴旋转一周为基准,计算电子齿轮比参数:

上位机发出的指令脉冲个数×电子齿轮比＝反馈脉冲个数。

电子齿轮比参数设定说明表见表 7-29。

表 7-29　电子齿轮比设定说明

类型	No	符号	名称和功能	初始值	单位	设定范围	控制模式
基本参数	3	CMX	电子齿轮分子(指令脉冲倍率分子) 设定电子齿轮比的分子 有关设定的方法请参照三菱驱动器使用手册 5.2.1 节 如果设定值是 0,可根据连接的伺服电机的分辨率自动的设定这个参数 例如在使用 HC-MFS 系列电机的场合,自动设定为 131072	1		0.1～65 535	P
	4	CDV	电子齿轮分母(指令脉冲倍率分母) 设定电子齿轮比的分母 有关设定的方法请参照三菱驱动器使用手册 5.2.1 节	1		1～65 535	P

类型	No	符号	名称和功能	初始值	单位	设定范围	控制模式
基本参数	5	INP	定位范围 用电子齿轮计算前的指令脉冲为单位设定 设定输出定位完毕(INP)信号的范围	100	脉冲	0~10 000	P
	6	PG1	位置环增益 1 用于设定位置环 1 的增益 如果增益变大,对位置指令的跟踪能力也增强 自动调整时,这个参数将被自动设为自动调整的结果	35	rad/s	4~2 000	P

② 电子齿轮比设置举例。如图 7-41 所示,应用伺服电机通过同步带驱动工作台转盘旋转,电机的旋转编码器分辨率为 120 000 ppr,假设要求系统的脉冲当量为 0.01°(上位机发出 1 个脉冲时,转盘转动的角度),试计算电子齿轮比参数。

分析:

同步带减速比 1/2,电机转动 2 周时,转盘转动 1 周。按照脉冲当量 0.01°要求,上位机需发出 36 000 个脉冲才能使转盘转动 1 周;此时,电机实际转动了 2 周,反馈脉冲为:120 000×2。

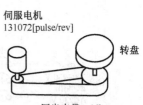

伺服电机
131072[pulse/rev]
转盘
同步皮带:1/2

图 7-41　伺服电机驱动工作台转盘示意图

解:计算电子齿轮比:36 000×(CMX/CDV)=120 000×2

$$CMX/CDV=120\ 000×2÷36\ 000=20/3$$

电子齿轮分子 CMX=20

电子齿轮分母 CDV=3

7.2.5　伺服驱动器的应用实例

伺服系统是现在定位控制中使用非常广泛的一个系统,和步进系统比较具有控制精度高、转速快、带负载能力强等特点,当然价钱也比步进系统要贵得多。伺服系统在定位控制中应包含三个方面的设备:一是伺服电机,二是伺服驱动器,三是控制的上位机。控制的上位机可以是 PLC、单片机,还可以是专用的定位控制单元或模块,如 FX2N-1PG、FX2N-10GM、FX2N-20GM 等。

1) 控制要求

以 PLC 作为上位机进行控制,控制要求如图 7-42 所示,按下启动按钮,电机旋转,拖动工作台从 A 点开始向右行驶 30 mm,停 2 秒,然后向左行驶返回 A 点,再停 2 秒,如此循环运行,按下停止按钮,工作台行驶一周后返回 A 点。画出控制原理图,设置运行参数,写出控制程序并进行调试。要求工作台移动的速度要达到 10 mm/s,丝杆的螺距为 5 mm。

2) 控制系统的原理图

(1) 系统控制主回路(如图 7-43)。

(2) 系统控制回路(如图 7-44)。

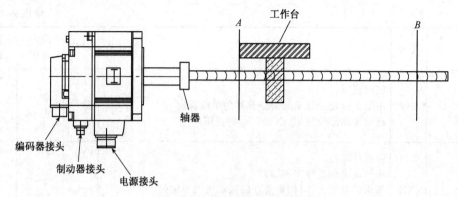

图 7-42　控制工作台示意图

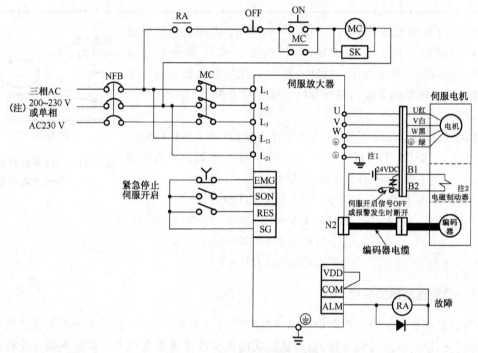

图 7-43　系统控制主回路

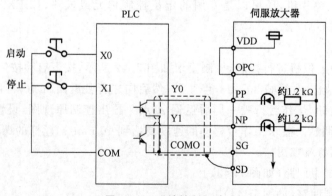

图 7-44　系统控制回路

3）设置参数

首先将设置参数 No.19＝000E,然后再设置下表 7-30 中的参数,设置完毕后,把系统断电,重新启动,则参数有效。

表 7-30　位置控制模式要设置的参数

参数	名　称	出厂值	设定值	说　明
No.0	控制模式选择	0000	0000	设置成转矩控制模式
No.2	自动调整	0105	0105	设置为自动调整
No.3	电子齿轮分子	1	16 384	设置成上位机发出 5 000 个脉冲电机
No.4	电子齿轮分母	1	625	转一周
No.21	功能选择 3	0000	0001	用于选择脉冲串输入信号波形(设定脉冲加方向控制)

4）写出控制程序

根据控制要求,工作台从 A 点移到 B 点,电机转 6 周,因此 PLC 要发出 30 000 个脉冲,工作台移动的速度要达到 10 mm/s,则产生脉冲的频率为 10 000 Hz。X0 为启动信号,X1 为停止信号,脉冲从 Y0 输出,Y1 为控制方向。PLC 控制程序略。

思考与练习题

1. 现有一台 Y132S14 型三相异步电机,额定运行时转差率 $s=0.02$(假设电机额定运行时 s 不变),应用变频器控制该电机,当变频器输出频率为 40 Hz 时,电机转速为多少?

2. 电动机正转运行控制,要求稳定运行频率为 40 Hz,DIN3 端口设为在正转控制。画出变频器外部接线图,并进行参数设置、操作调试。

3. 利用变频器外部端子实现电动机正转、反转和点动的功能,电动机加减速时间为 4 s,点动频率为 10 Hz。DIN5 端口设为正转控制,DIN6 端口设为反转控制,进行参数设置、操作调试。

4. 通过模拟输入端口"10"、"11",利用外部接入的电位器,控制电动机转速的大小。连接线路,设置端口功能参数值。

5. 现用一台三相步进电机通过滚珠丝杠驱动工作台直线位移(丝杠螺距为 10 mm,步进电机为 60 齿,采用三相六拍运行方式),如果应用增量型旋转编码器检测电机的角位移量(编码器分辨率为 1 440 ppr),试求:当编码器输出 2 880 个计数脉冲时,工作台移动了多少距离? 要使工作台移动 25 mm,则需步进驱动器输出脉冲数是多少? 编码器输出脉冲数是多少?

第8章　机电控制系统中常用
PLC 的原理及应用

8.1　PLC 概述

8.1.1　PLC 的诞生和发展

控制装置对于生产机械实现预定的动作,完成预期的工作任务是必不可少的。最初由接触器、继电器组成的控制装置,曾经在工业控制领域发挥了巨大的作用,具有结构简单、使用方便、造价低廉等优点。但是继电器控制逻辑采用硬连线结构,接线复杂,体积庞大,元件数量多,故障率高,现场修改困难,灵活性和扩展性差。

随着计算机技术的出现和不断发展,计算机被逐步应用于工业控制领域,通过编写、修改程序实现各种控制逻辑,解决了灵活性问题。由于计算机技术本身的复杂性,编程难度大,对工作环境要求高,因此将继电器控制逻辑的简单易懂、操作方便等优点与计算机的可编程序、灵活通用等优点结合起来,做成一种能够适应工业环境的通用控制装置,就显得十分必要和迫切。

可编程序控制器(Programmable Controller),简称 PC 或 PLC,就是在这种需求下诞生的。1968 年,美国通用汽车公司(GM)为适应生产工艺不断更新的需要,提出一种设想:把计算机的功能完善、通用、灵活等优点和继电器控制系统的简单易懂、操作方便、价格便宜等优点结合起来,制成一种通用控制装置。这种通用控制装置把计算机的编程方法和程序输入方式加以简化,采用面向控制过程、面向对象的语言编程,使不熟悉计算机的人也能方便地使用,并提出十项招标指标。

美国数字设备公司(DEC)根据这一设想,于 1969 年研制成功了第一台可编程序控制器PDP-14,并在汽车自动装配线上试用获得成功。该设备用计算机作为核心设备,其控制功能是通过存储在计算机中的程序来实现的,这就是人们常说的存储程序控制。由于当时主要用于顺序控制,只能进行逻辑运算,故称为可编程序逻辑控制器(Programmable Logic Controller,简称 PLC)。

进入 80 年代,随着微电子技术和计算机技术的迅猛发展,也使得可编程序控制器逐步形成了具有特色的多种系列产品。系统中不仅使用了大量的开关量,也使用了模拟量,其功能已经远远超出逻辑控制、顺序控制的应用范围。故称为可编程序控制器(Programmable Controller,简称 PC)。但由于 PC 容易和个人计算机(Personal Computer)混淆,所以人们还沿用 PLC 作为可编程控制器的英文缩写名字。

8.1.2　PLC 的定义

可编程序控制器是一种专门为在工业环境下应用而设计的数字运算操作的电子系统，它采用了可编程序的存储器，用来在其内部存储执行逻辑运算、顺序控制、定时、计数和算术运算等操作的指令，并通过数字式和模拟式的输入和输出，控制各种类型机械的生产过程。

定义强调了 PLC 是专为在工业环境下应用而设计的工业计算机。这种工业计算机采用面向用户的指令，因此编程方便。它有丰富的输入/输出接口，具有较强的驱动能力，非常容易与工业控制系统联成一体，易于扩充。PLC 产品并不是针对某一具体工业应用，其灵活标准的配置能够适应工业上的各种控制。在实际应用时，其硬件配置可根据实际需要选择，其软件则根据控制要求进行设计。

8.1.3　PLC 的分类与性能指标

1) 按照点数、功能不同分类

根据输入输出点数、存储器容量和功能分为小型、中型和大型三类。

小型 PLC 又称为低档 PLC。它的输入/输出(I/O)点数一般 256 点以下，用户程序存储器容量小于 8 KB，具有逻辑运算、定时、计数、移位等功能，还有少量模拟量 I/O 功能和算术运算功能，可以用来进行条件控制、定时计数控制，通常用来代替继电器控制，在单机或小规模生产过程中使用。

中型 PLC 的 I/O 点数一般在 256～2 048 点之间，用户存储器容量小于 50 KB，兼有开关量和模拟量的控制功能。它除了具备小型 PLC 的功能外，还具有数字计算、过程参数调节(如比例、积分、微分调节)、查表等功能，同时辅助继电器数量增多，定时计数范围扩大，适用于较为复杂的开关量控制如大型注塑机控制、配料及称重等小型连续生产过程控制等场合。

大型 PLC 又称为高档 PLC，I/O 点数超过 2 048 点，进行扩展后还能增加，用户存储容量在 50 KB 以上，具有逻辑运算、数字运算、模拟调节、联网通信、监视、记录、打印、中断控制、智能控制及远程控制等功能，用于大规模过程控制(如钢铁厂、电站)、分布式控制系统和工厂自动化网络。

2) 按照结构形状分类

根据 PLC 各组件的组合结构，可将 PLC 分为整体式和模块式两种。

整体式 PLC 是将中央处理器、输入输出部件和电源部件集中于一体，装入机体内，形成一个整体，输入输出接线端子及电源进线分别在机箱的两侧，并有相应的发光二极管显示输入输出状态。这种结构的 PLC 具有结构紧凑、体积小，重量轻、价格低和易于装入工业设备内部的优点，适用于单机控制，小型 PLC 通常采用这种结构。

模块式的 PLC，各功能模块独立存在，如主机模块、输入模块、输出模块和电源模块等，各模块做成插件式，在机架底板上有多个插座，使用时将选用的模块插入底板就构成 PLC。这种 PLC 的配置灵活，装配和维修都很方便，也便于功能扩展，大、中型 PLC 通常采用这种结构。

3) 按照使用情况分类

从应用情况又可将 PLC 分为通用型和专用型两类。

通用型 PLC 可供各工业控制系统选用,通过不同的配置和应用软件的编程可满足不同的需要,是用作标准工业控制装置的 PLC。

专用型 PLC 是为某类控制系统专门设计的 PLC,如数控机床专用型 PLC,PLC 和机床计算机数控(CNC)系统密切配合,用于数控机床辅助运动的控制。

8.1.4 PLC 的特点

1) 可靠性高、抗干扰能力强

PLC 是专为工业控制而设计的,可靠性好、抗干扰能力强是它最重要的特点之一。PLC 的平均无故障间隔时间(MTBF)可达几十万小时。

一般由程序控制的数字电子设备产生的故障常有两种:一种是软故障,是由于外界恶劣环境,如电磁干扰、超高温、超低温、过电压及欠电压等引起的未损坏系统硬件的暂时性故障;另一种是由多种因素而导致元器件损坏引起的故障,称为硬故障。由于 PLC 采取了多种综合的抗干扰技术,使 PLC 的可靠性、抗干扰能力大大提高。

2) 通用性好、组合灵活

只要改变输入输出组件、功能模块和应用软件,同一台 PLC 装置可用于不同的受控对象。PLC 的硬件采用模块化结构,可以灵活地组合以适应不同的控制对象、控制规模和控制功能的要求,给组成各种系统带来极大的方便。PLC 控制系统中的控制电路是由软件编程完的,只要对应用程序进行修改就可以满足不同的控制要求,因此 PLC 具有在线修改能力,功能易于扩展,给生产带来了"柔性",具有广泛的工业通用性。

3) 编程简单、使用方便

PLC 采用梯形图编程方式,既继承了传统控制线路清晰直观的优点,又考虑到大多数工矿企业电气技术人员的读图习惯和微机应用水平,因此受到普遍欢迎。这种面向生产的编程方式,与目前微机控制生产对象中常用的汇编语言相比,更容易被操作人员所掌握。

4) 功能完善、适应面广

PLC 除基本的逻辑控制、定时、计数和算术运算等功能外,配合特殊功能模块还可实现点位控制、过程控制和数字控制等功能,既可控制一台生产机械,又可控制一条生产线。PLC 还具有通信联网的功能,可与上位计算机构成分布式控制系统。用户只需根据控制的规模和要求,适当选择 PLC 的型号和硬件配置,就可组成所需的控制系统。

5) PLC 控制系统的设计、安装、调试和维护方便

PLC 用软件编程取代了继电器控制系统中的中间继电器、时间继电器等器件,使控制系的设计、安装工作量大大减少。PLC 的程序大都可以在实验室进行模拟调试,然后在现场进行联机调试,既安全,又快速方便,减少了现场调试的工作量。

PLC 的故障率很低,且有完善的自诊断和显示功能。PLC 或外部的输入装置和执行机构发生故障时,操作人员可以根据 PLC 提供的报警信息迅速地检查、判断、排除故障,维修十分方便。

6) 体积小、重量轻、功耗低

PLC 结构紧密、坚固、体积小巧、功耗低,具备很强的抗干扰能力,易于装入机械设备内部。

由于 PLC 具备了以上特点,它把计算机技术与继电器控制技术很好地融合在一起,因

而它的应用几乎覆盖了所有工业,既能改造传统机械产品成为机电的新一代产品,又适用于生产过程控制。

8.2　PLC 的组成与工作原理

8.2.1　基本结构

PLC 的基本结构如图 8-1 所示。由中央处理单元(CPU)、存储器、输入/输出接口(I/O)、编程器、电源等几部分组成。

1) 中央处理单元(CPU)

中央处理单元 CPU 是 PLC 的核心,它通过地址总线、数据总线、控制总线与存储器、I/O 接口相连,其主要作用是执行系统控制软件,从输入接口读取各开关状态,根据梯形图程序进行逻辑处理,并将处理结果输出到输出接口。

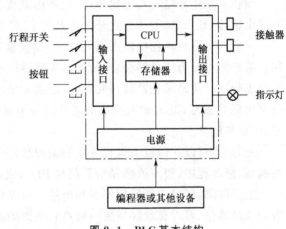

图 8-1　PLC 基本结构

2) 存储器

PLC 的存储器是用来存储数据或程序的。存储器中的程序包括系统程序和应用程序。系统程序用来管理控制系统的运行,解释执行应用程序,存储在只读存储器 ROM 中。

应用程序即用户程序,一般存放在随机存储器 RAM 中,由后备电池维持其在一定时间内不丢失。也可将用户程序固化到只读存储器中,永久保存。

3) I/O 接口电路

输入接口接收和采集输入信号。

数字量(或称开关量)输入接口用来接收从按钮、选择开关、限位开关、接近开关、压力继电器等来的数字量输入信号。

模拟量输入接口用来接收电位器、测速发电机和各种变送器提供的连续变化的模拟量电流电压信号。

输入信号通过接口电路转换成适合 CPU 处理的数字信号。为防止各种干扰信号和高电压信号,输入接口一般要加光电耦合器进行隔离。

输出接口电路将内部电路输出的弱电信号转换为现场需要的强电信号输出,以驱动执行元件。

数字量输出模块用来控制接触器、电磁阀、电磁铁、指示灯、数字显示装置和报警装置等输出设备。

模拟量输出模块用来控制调节阀、变频器等执行装置。为保证 PLC 可靠安全的工作,输出接口电路采取电气隔离措施。输出接口电路分为继电器输出、晶体管输出和晶闸管输出三种形式,目前,一般采用继电器输出方式。I/O 接口除了传递信号外,还有电平转换与隔离作用。

4）电源

电源的作用是把外部供应的电源变换成系统内部各单元所需的电源。有的电源单元还向外提供 24 V 直流电源，可供开关量输入单元连接的现场无源开关等使用。电源单元还包括掉电保护电路和后备电池电源，以保持 RAM 在外部电源断电后存储的内容不丢失。PLC 的电源一般采用开关电源，其特点是输入电压范围宽、体积小、重量轻、效率高、抗干扰性能好。驱动 PLC 负载的电源一般由用户提供。

5）编程器

编程器是用来输入和编辑程序，也可用来监视 PLC 运行时各编程元件的工作状态。编程器由键盘、显示器、工作方式开关以及与 PLC 的通信接口等几部分组成。

一般情况下只在程序输入、调试阶段和检修时使用，所以一台编程器可供多台 PLC 使用。编程器可分为简易编程器、智能型编程器两种。前者只能联机编程，且只能输入和编辑指令表程序。简易编程器价格便宜，一般用来给小型 PLC 编程。智能型编程器既可联机编程又可脱机编程，既可输入指令表程序又可直接生成和编辑梯形图程序，使用起来方便直观，但价格较高。

此外，也可以在微机上运行专用的编程软件，通过串行通信口使微机与 PLC 连接，用微机编写、修改程序，程序被编译后下载到 PLC，也可以将 PLC 中的程序上传到计算机。

通过网络，可以实现远程编程和传送。可以用编程软件设置可编程序控制器的各种参数。通过通信，可以显示梯形图中触点和线圈的通断情况，以及运行时可编程序控制器内部的各种参数，对于查找故障非常有用。

8.2.2　PLC 的工作原理

PLC 与继电器控制系统的工作原理有很大区别。下面以一个电动机单向启/停电路为例，说明这个问题。

图 8-2a 所示为继电器控制系统的启/停控制电路。按下启动按钮 SB1，线圈 KM 得电并自锁，其主触点闭合令电机启动，按下停止按钮 SB2，电动机停。图 8-2b 所示则为用 PLC 实现启/停控制的接线示意图。工作时，PLC 先读入 I0.0、I0.1 的 ON/OFF 状态，然后按程序规定的逻辑做运算。若逻辑条件满足，则 Q0.0 的线圈应通电，使其外部触点闭合，外电路形成回路驱动 KM，由 KM 再驱动电动机。

上述工作过程大体上可分为读入输入状态、逻辑运算、发出输出信号三步。

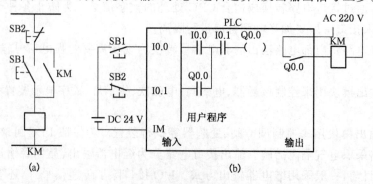

图 8-2　启/停控制电路

1) 扫描的概念

扫描用来描述 PLC 内部 CPU 的工作过程。所谓扫描就是依次对各种规定的操作项目全部进行访问和处理。PLC 运行时,用户程序中有众多的指令需要去执行,但一个 CPU 每一时刻只能执行一个指令,因此 CPU 按程序规定的顺序依次执行各个指令。这种需要处理多个作业时依次按顺序处理的工作方式称为扫描工作方式。

由于扫描是周而复始无限循环的,每扫描一个循环所用的时间,即从读入输入状态到发出输出信号所用的时间称为扫描周期。

2) PLC 的工作过程

PLC 的工作过程是周期循环扫描的工作过程。当 PLC 开始运行时,CPU 根据系统监控程序的规定顺序,通过扫描,完成各输入点的状态采集或输入数据采集、用户程序的执行、各输出点状态的更新及 CPU 自诊断等功能。

PLC 采用集中采样、集中输出的工作方式,减少了外界干扰的影响。PLC 的工作过程分三个阶段进行,即输入采样阶段、程序执行阶段和输出刷新阶段,如图 8-3 所示。

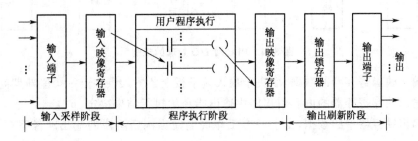

图 8-3　PLC 的工作过程

(1) 输入采样阶段

PLC 在输入采样阶段,首先扫描所有的输入端子,将各输入量存入内存中相应的输入映像寄存器。此时输入映像寄存器被刷新。接着进入程序执行阶段或输出阶段,输入映像寄存器与外界隔离,无论信号如何变化,其内容保持不变,直到下一扫描周期的输入采样阶段,才重新写入输入端的新内容。

注意:输入采样的信号状态保持一个扫描周期。

(2) 程序执行阶段

根据 PLC 梯形图程序的扫描原则,PLC 按先左后右,先上后下的顺序逐步扫描。当指令中涉及输入、输出状态时,PLC 从输入映像寄存器中"读入"上一阶段采样的对应输入端子状态。从输出映像寄存器"读入"对应输出映像寄存器的当前状态。然后进行相应的运算,运算结果再存入输出映像寄存器中。对于输出映像寄存器来说,其状态会随着程序执行过程而变化。

(3) 输出刷新阶段

在所有指令执行完毕后,输出映像寄存器中所有输出继电器的状态(接通/断开)在输出刷新阶段存到输出锁存器中,通过一定方式输出,驱动外部负载。

PLC 的这种顺序扫描工作方式,简单直观,也简化了用户程序的设计。PLC 在程序执行阶段,根据输入输出状态表中的内容进行,与外电路相隔离,为 PLC 的可靠运行提供了保证。

PLC 的扫描周期与 PLC 的时钟频率、用户程序的长短及系统配置有关。

由于 PLC 采用循环扫描方式,会使输入、输出延迟响应。对于小型 PLC,I/O 点数较少,用户程序较短,采用集中采样、集中输出的工作方式虽然在一定程度上降低了系统的响应速度,但从根本上提高了系统的抗干扰能力,系统的可靠性增强。

而中大型 PLC,I/O 点数较多,控制功能强,编制的用户程序相应较长,为了提高系统响应速度,可以采用定周期输入采样、输出刷新,直接输入采样、输出刷新,中断输入采样、输出刷新和智能化 I/O 接口等方式。

3)对 I/O 处理的规则

根据上述 PLC 的工作过程的特点,可总结出 PLC 对 I/O 处理的规则如图 8-4 所示。

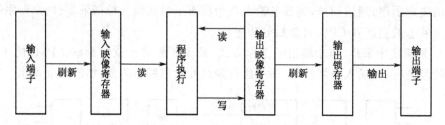

图 8-4　PLC 对 I/O 处理的规则

（1）输入映像寄存器的数据,取决于输入端子板上各输入点在上一个刷新期间的状态。

（2）输出映像寄存器的内容由程序中输出指令的执行结果决定。

（3）输出锁存器中的数据,由上一个工作周期输出刷新阶段的输出映像寄存器的数据来确定。

（4）输出端子板上各输出端的 ON/OFF 状态,由输出锁存器的内容来确定。

（5）程序执行中所需的输入、输出状态,由输入映像寄存器和输出映像寄存器读出。映像过程如图 8-5 例所示。

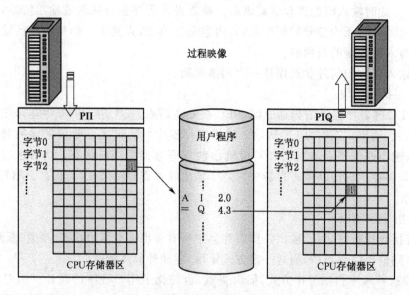

图 8-5　映像过程

8.3　PLC 的指令系统

8.3.1　PLC 的程序结构

PLC 程序常用的编程语言有梯形图、语句表、顺序功能图、功能块图等,这些在以后的具体应用中将加以详细地介绍。

PLC 的程序由主程序、子程序和中断程序组成。

主程序:是程序的主体,每一个项目都必须并且只能有一个主程序。在主程序中可以调用子程序和中断程序。主程序通过指令控制整个应用程序的执行,每次 CPU 扫描都要执行一次主程序。

子程序:是一个可选的指令集合,仅在被其他程序调用时执行。同一子程序可以在不同的地方被多次调用,使用子程序可以简化程序代码和减少扫描时间,并可以用于移植到其他项目中去,缩短项目开发的周期和增加程序运行的可靠性。

中断程序:是指令的一个可选集合,中断程序不是被主程序调用,它们在中断事件发生时由 PLC 的操作系统调用。中断程序用来处理预先规定的中断事件,因为不能预知何时会出现中断事件,所以不允许中断程序改写可能在其他程序中使用的存储器。

8.3.2　S7-200PLC 的基本构成

S7-200PLC 由基本单元(S7-200CPU 模块)、个人计算机(PC)或编程器、STEP7-Micro/WIN32编程软件以及通信电缆等构成。

1) 基本单元(S7-200 CPU 模块)

基本单元(S7-200 CPU 模块)也称为主机。由中央处理单元(CPU)、存储器、电源以及 I/O 单元组成。这些都被紧凑地安装在一个独立的装置中。基本单元可以构成一个独立的控制系统,如图 8-6 所示。

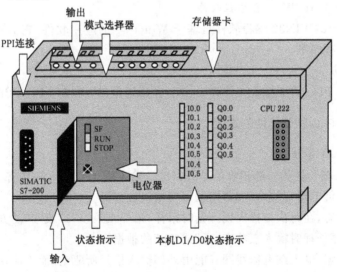

图 8-6　S7-200 CPU 模块

在 CPU 模块的顶部端子盖内有电源及输出端子,输出端子的运行状态可以由顶部端子盖下方一排指示灯显示,ON 状态对应指示灯亮。在底部端子盖内有输入端子及传感器电源端子,输入端子的运行状态可以由底部端子盖上方一排指示灯显示,ON 状态对应指示灯亮。输入端子、输出端子是 PLC 与外部输入信号、外部负载联系的窗口。

在中部左侧前盖内有 CPU 工作方式开关(RUN/STOP)、模拟调节电位器和扩展 I/O 连接接口。将工作方式开关拨到 STOP 位置,PLC 处于停止状态,此时可以对其编写程序。将开关拨向 RUN 位置时,PLC 处于运行状态。扩展 I/O 连接接口是 PLC 主机实现扩展 I/O点数和类型的部件。

在模块的中部右侧分别有状态 LED 指示灯、存储卡及通信接口。状态指示灯指示 CPU 的工作方式、主机 I/O 的当前状态、系统错误状态。存储卡(EEPROM 卡)可以存储 CPU 程序。RS-485 串行通信接口的功能包括串行/并行数据的转换、通信格式的识别、数据传输的出错检验、信号电平的转换等。通信接口是 PLC 主机实现人-机对话、机-机对话的通道,PLC 可以通过它和编程器、彩色图形显示器、打印机等外部设备相连,也可以和其他 PLC 或上位计算机连接。

S7-200 PLC 主机的型号规格种类较多,以适应不同需求的控制场合。近期西门子公司推出的 S7-200 CPU22X 系列产品有 CPU221 模块、CPU222 模块、CPU224 模块、CPU226 模块和 CUP226XM 模块。

CPU22X 系列产品指令丰富、速度快、具有较强的通信能力。例如 CPU226 模块的 I/O 总数为 40 点,其中输入点 24 点,输出点 16 点,可带 7 个扩展模块,用户程序存储器容量为 6.6K 字,其内置高速计数器,具有 PID 控制器的功能,有 2 个高速脉冲输出端和 2 个 RS-485 通信口,具有 PPI 通信协议、MPI 通信协议和自由口协议的通信能力,功能强,适用于要求较高的中小型控制系统。

2) 个人计算机(PC)或编程器

个人计算机(PC)或编程器装上 STEP7-Micro/WIN32 编程软件后,即可供用户进行程序的编辑、调试和监视等。

3) STEP7-Micro/WIN32 编程软件

STEP7-Micro/WIN32 编程软件是基于 Windows 的应用软件,它的基本功能是创建、编辑和调试用户程序等。

4) 通信电缆

通信电缆是 PLC 用来与个人计算机(PC)实现通信的,可以用 PC/PPI 电缆。

8.3.3 S7-200 PLC 的软元件的功能

1) 输入映像寄存器(I)

PLC 的输入端子是从外部接收信号的窗口。输入端子与输入映像寄存器(I)的相应位对应即构成输入继电器,其常开和常闭触点使用次数不限。

输入点的状态,在每次扫描周期开始时采样,采样结果以"1"或"0"的方式写入输入映像寄存器,作为程序处理时输入点状态"通"或"断"的根据。

编程时应注意,输入继电器线圈只能由外部输入信号所驱动,而不能在程序内部用指令来驱动。

输入映像寄存器的数据可以 bit(位)为单位使用,也可按字节、字、双字为单位使用,其地址格式为:

位地址:I[字节地址].[位地址],如 I0.1。

字节、字、双字地址:I[数据长度][起始字节地址],如 IB4、IW6、ID8。

CPU226 模块输入映像寄存器的有效地址范围为:I(0.0~15.7);IB(0~15);IW(0~14);ID(0~12)。

2) 输出映像寄存器(Q)

PLC 的输出端子是 PLC 向外部负载发出控制命令的窗口。输出端子与输出映像寄存器(Q)的相应位对应即构成输出继电器,输出继电器控制外部负载,其内部的软触点使用次数不限。

在每次扫描周期的最后,CPU 才以批处理方式将输出映像寄存器的内容传送到输出端子。

输出映像寄存器的数据可以 bit(位)为单位使用,也可按字节、字、双字为单位使用,其地址格式为:

位地址:Q[字节地址].[位地址],如 Q0.1。

字节、字、双字地址:Q[数据长度][起始字节地址],如 QB4、QW6、QD8。

CPU226 模块输出映像寄存器的有效地址范围为:Q(0.0~15.7);QB(0~15);QW(0~14);QD(0~12)。

3) 内部标志位存储器(M)

内部标志位存储器(M)也称为内部继电器,存放中间操作状态,或存储其他相关的数据。内部标志位存储器以位为单位使用,也可以字节、字、双字为单位使用。

注意:内部继电器不能直接驱动外部负载。

内部标志位存储器的地址格式为:

位地址:M[字节地址].[位地址],如 M0.1。

字节、字、双字地址:M[数据长度][起始字节地址],如 MB4、MW6、MD8。

CPU226 模块内部标志位寄存器的有效地址范围为:M(0.0~31.7);MB(0~31);MW(0~30);MD(0~28)。

4) 特殊标志位存储器(SM)

特殊标志位存储器(SM)即特殊内部继电器。它是用户程序与系统程序之间的界面,为用户提供一些特殊的控制功能及系统信息,用户对操作的一些特殊要求也通过 SM 通知系统。特殊标志位存储器以位为单位使用,也可以字节、字、双字为单位使用。特殊标志位区域分为只读区域(SM0~SM29)和可读写区域,在只读区特殊标志位,用户只能利用其触点。例如:

SM0.0　　RUN 监控,PLC 在 RUN 状态时,SM0.0 总为 1。

SM0.1　　初始脉冲,PLC 由 STOP 转为 RUN 时,SM0.1 接通一个扫描周期。

SM0.2　　当 RAM 中保存的数据丢失时,SM0.2 接通一个扫描周期。

SM0.3　　PLC 上电进入 RUN 状态时,SM0.3 接通一个扫描周期。

SM0.4　　分脉冲,占空比为 50%,周期为 1 分钟的脉冲串。

SM0.5　　秒脉冲,占空比为 50%,周期为 1 秒钟的脉冲串。

SM0.6　　扫描时钟,一个扫描周期为 ON,下一个周期为 OFF,交替循环。

SM1.0　　执行指令的结果为 0 时,该位置 1。

SM1.1　　执行指令的结果溢出或检测到非法数值时,该位置 1。

SM1.2　　执行数学运算的结果为负数时,该位置 1。

SM1.3　　除数为 0 时,该位置 1。

特殊标志位存储器的地址格式为:

位地址:SM[字节地址].[位地址],如 SM0.1。

字节、字、双字地址:SM[数据长度][起始字节地址],如 SMB8、SMW10、SMD12。

5) 顺序控制继电器(S)

顺序控制继电器(S)又称为状态元件,用于顺序控制(或步进控制),通常与顺序控制指令 ISCR、SCRT、SCRE 结合使用。

顺序控制继电器以位为单位使用,也可按字节、字、双字来存取数据。

其地址格式为:

位地址:S[字节地址].[位地址],如 S0.1。

字节、字、双字地址:S[数据长度][起始字节地址],如 SB4、SW6、SD8。

CPU226 模块状态寄存器的有效地址范围为:S(0.0 ~ 31.7);SB(0 ~ 31);SW(0~30);SD(0~28)。

6) 定时器(T)

PLC 中的定时器(T)的作用相当于继电器控制系统的时间继电器。定时器的设定值由程序赋予。定时器的分辨率有三种:1 ms、10 ms、100 ms。每个定时器有一个 16 位的当前值寄存器和一个状态位。

定时器地址表示格式为:

T[编号],如 T24。

S7-200PLC 定时器的有效地址范围为:T(0~255)。

7) 计数器(C)

计数器(C)是累计其计数输入端子送来的脉冲数。计数器的结构与定时器基本一样,其设定值在程序中赋予,它有一个 16 位的当前值寄存器和一个状态位。一般计数器的计数频率受扫描周期的影响,不可以太高,高频信号的计数可用指定的高速计数器。

计数器地址表示格式为:

C[编号],如 C24。

S7-200PLC 计数器的有效地址范围为:C(0~255)。

8) 变量寄存器(V)

S7-200 系列 PLC 有较大容量的变量寄存器(V)。用于模拟量控制、数据运算、设置参数等用途。变量寄存器可以 bit(位)为单位使用,也可按字节、字、双字为单位使用。

其地址格式为:

位地址:V[字节地址].[位地址],如 V0.1。

字节、字、双字地址:V[数据长度][起始字节地址],如 VB4、VW6、VD8。

CPU226 模块变量寄存器的有效地址范围为:V(0.0~5119.7);VB(0~5119);VW(0~5118);VD(0~5116)。

9）累加器（AC）

累加器（AC）是用来暂存计算中间值的寄存器，也可向子程序传递参数或返回参数。S7-200CPU 中提供 4 个 32 bit 累加器（AC0～AC3）。累加器支持以字节、字和双字的存取。以字节或字为单位存取累加器时，是访问累加器的低 8 位或低 16 位。

10）模拟量输入/输出寄存器（AI/AQ）

PLC 外的模拟量经 A/D 转换为数字量，存放在模拟量输入寄存器（AI），供 CPU 运算，CPU 运算的相关结果存放在模拟量输出寄存器（AQ），经 D/A 转换为模拟量，以驱动外部模拟量控制设备。在 PLC 内的数字量字长为 16 bit，即 2 Byte，故其地址格式为：

AIW/AQW［起始字节地址］，如 AIW0，2，4，…；AQW0，2，4，…。

CPU226 模块模拟量输入/输出寄存器的有效地址范围：AIW0～AIW62，AQW0～AQW62。

8.3.4　S7-200 PLC 的基本指令

S7-200 PLC 的基本指令多用于开关量逻辑控制，本处着重介绍基本指令的功能、梯形图的编程方法及对应的指令表形式。

1）基本逻辑指令

LD（Load）指令：常开触点逻辑运算开始。

A（And）指令：常开触点串联连接。

O（Or）指令：常开触点并联连接。

＝（Out）指令：输出。

其应用如图 8-7 所示。

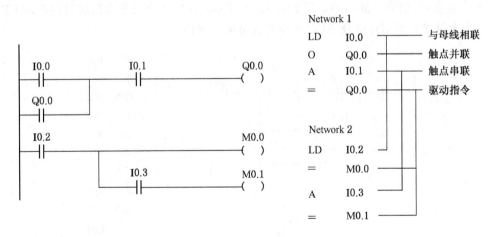

图 8-7　基本逻辑指令

（1）指令使用说明

LD 指令用于与输入母线相连的触点，在分支电路块的开始处也要使用 LD 指令。

触点的串/并联用 A/O 指令，输出线圈总是放在最右边，用＝（Out）指令。

LD、A、O 指令的操作元件（操作数）可为 I，Q，M，SM，T，C，V，S。

＝（Out）指令的操作元件（操作数）一般可为 Q，M，SM，T，C，V，S。

在 PLC 中,除了常开触点外还有常闭触点。为与之相对应,引入了以下指令。

LDN(Load Not)指令:常闭触点逻辑运算开始。

AN(And Not)指令:常闭触点串联。

ON(Or Not)指令:常闭触点并联。

这三条指令的操作元件与对应常开触点指令的操作元件相同。

(2) 指令使用注意问题

在程序中不要用=(Out)指令去驱动实际的输入(I),因为 I 的状态应由实际输入器件的状态来决定。

尽量避免双线圈输出(即同一线圈多次使用),如图 8-8 所示。

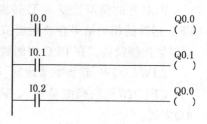

图 8-8 双线圈输出

若 I0.0=ON,I0.2=OFF,则当扫描到图中第一行时,因 I0.0=ON,CPU 将输出映像寄存器中的 Q0.0 写为 1。随后当扫描到第三行时,因 I0.2=OFF,CPU 将 Q0.0 改写为 0。因而实际输出时,Q0.0 仍为 OFF。由此可见,如有双线圈输出,则后面的线圈动作状态有效。

2) 复杂的逻辑指令

用前面介绍的指令难于处理一些复杂的逻辑关系。例如电路块(分支电路)的串联、并联等,这就需要引入新的指令。

(1) 电路块的串/并联

OLD(Or Load)指令:电路块的并联。

ALD(And Load)指令:电路块的串联。

图 8-9 所示,电路块的起始点用 LD、LDN 指令,OLD 指令用于电路块的并联,ALD 指令用于电路块的串联,OLD 及 ALD 指令均没有操作元件。

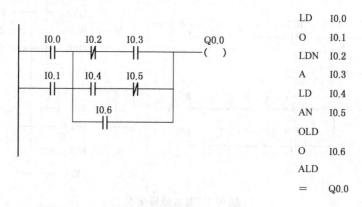

```
LD   I0.0
O    I0.1
LDN  I0.2
A    I0.3
LD   I0.4
AN   I0.5
OLD
O    I0.6
ALD
=    Q0.0
```

图 8-9 电路块的串/并联

(2) 逻辑堆栈的操作

LPS(Logic Push):逻辑入栈指令(分支电路开始指令)。在梯形图的分支结构中,LPS 指令用于生成一条新的母线,其左侧为原来的主逻辑块,右侧为新的从逻辑块,可直接编程。LPS 指令的作用是把栈顶值复制后压入堆栈,栈底值压出丢失。

　　LRD(Logic Read):逻辑读栈指令。在梯形图的分支结构中,当新母线左侧为主逻辑块时,LPS 开始右侧的第一个从逻辑块编程,LRD 开始第二个以后的从逻辑块编程。LRD 指令的作用是把逻辑堆栈第二级的值复制到栈顶,堆栈没有压入和弹出。

　　LPP(Logic Pop):逻辑出栈指令(分支电路结束指令)。在梯形图的分支结构中,LPP 用于 LPS 产生的新母线右侧的最后一个从逻辑块编程,它在读取完离它最近的 LPS 压入堆栈内容的同时,复位该条新母线。LPP 指令的作用是把堆栈弹出一级,原第二级的值变为新的栈顶值。

　　S7-200 PLC 中有一个 9 层堆栈,用于处理逻辑运算结果,称为逻辑堆栈。执行 LPS、LRD、LPP 指令时对逻辑堆栈的影响如图 8-10 所示。

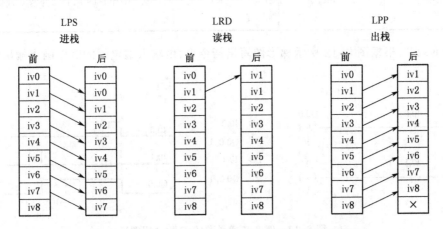

图 8-10　执行 LPS、LRD、LPP 指令对逻辑堆栈的影响

【例 8-1】　根据图 8-11 梯形图写出指令表。

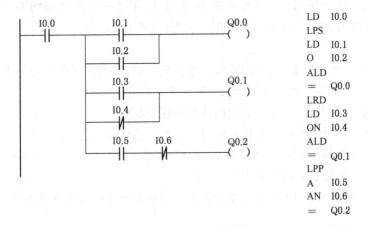

LD	I0.0
LPS	
LD	I0.1
O	I0.2
ALD	
=	Q0.0
LRD	
LD	I0.3
ON	I0.4
ALD	
=	Q0.1
LPP	
A	I0.5
AN	I0.6
=	Q0.2

图 8-11　例 8-1 梯形图

　　上例可以说明 LPS、LRD、LPP 指令的作用。其中仅用了 2 层栈,实际上因为逻辑堆栈有 9 层,故可以继续使用多次 LPS,形成多层分支。

　　【注意】LPS 和 LPP 必须配对使用。

　　LPS、LRD、LPP 指令无操作数。

3）置位/复位指令

形式及功能见表8-1。

表 8-1　置位/复位指令的 STL、LAD 形式及功能

指令名称	STL	LAD	功　能
置位指令	S　bit, n	bit —(S) n	从 bit 开始的 n 个元件置 1 并保持
复位指令	R　bit, n	bit —(R) n	从 bit 开始的 n 个元件清 0 并保持

【例 8-2】　根据图 8-12 所示梯形图写出指令表，由输入继电器的时序画出输出继电器时序。

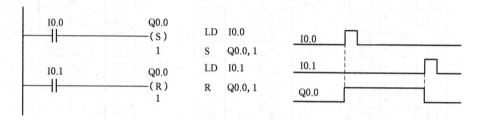

图 8-12　例 8-2 梯形图（S/R 指令实例）

输入继电器 I0.0 为 1 使 Q0.0 接通并保持，即使 I0.0 断开也不再影响 Q0.0 的状态。输入继电器 I0.1 为 1 使 Q0.0 断开并保持，即使 I0.1 断开也不再影响 Q0.0 的状态。若 I0.0 和 I0.1 同时为 1，R 指令写在后面但有优先权，则 Q0.0 为 0。

【说明】

S/R 指令具有保持功能，当置位或复位条件满足时，输出状态保持为 1 或 0。

对同一元件可以多次使用 S/R 指令（与=指令不同）。

由于是扫描工作方式，故写在后面的指令有优先权。

对计数器和定时器复位，计数器和定时器的当前值将被清为 0。

置位/复位元件 bit 可为 Q、M、SM、T、C、V、S 等。

置位/复位元件数目 n 取值范围为 1～255。

【例 8-3】　根据图 8-13 梯形图以及输入继电器的时序画出输出继电器时序。

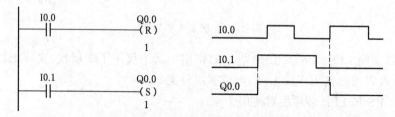

图 8-13　例 8-3 梯形图（S/R 指令实例）

当 I0.0、I0.1 都为低电平时,Q0.0 保持原来的状态;当 I0.0、I0.1 有一个高电平时,高电平的信号影响 Q0.0 的状态;当 I0.0、I0.1 都为高电平时,写在后面的指令优先影响 Q0.0 的状态。

【例 8-4】 用基本逻辑指令实现置位/复位功能。如图 8-14 所示。

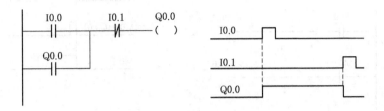

图 8-14　例 8-4 基本逻辑指令实现置位/复位功能

4) 边沿脉冲指令

STL、LAD 形式及功能,见表 8-2。

表 8-2　边沿脉冲指令的 STL、LAD 形式及功能

指令名称	STL	LAD	功　　能	操作元件
上升沿脉冲指令	EU	─┤P├─	上升沿微分输出	无
下降沿脉冲指令	ED	─┤N├─	下降沿微分输出	无

EU 指令在对应输入条件有一个上升沿(由 OFF 到 ON)时,产生一个宽度为一个扫描周期的脉冲,驱动其后面的输出线圈;而 ED 指令则对应输入条件有一个下降沿(由 ON 到 OFF)时,产生一个宽度为一个扫描周期的脉冲,驱动其后的输出线圈。图 8-15 所示,当输入 I0.0 有上升沿时,EU 指令产生一个宽度为一个扫描周期的脉冲,驱动其后的输出线圈 M0.0,使 Q0.0 置位;当输入 I0.1 有下降沿时产生一个宽度为一个扫描周期的脉冲,驱动其后的输出线圈 M0.1,使 Q0.0 复位。边沿脉冲指令所产生的脉冲常常用于后面应用指令的执行条件。

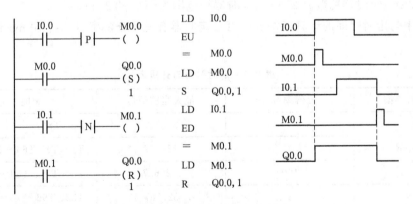

图 8-15　边沿脉冲指令应用

【例 8-5】 用基本逻辑指令实现边沿脉冲指令功能。

图 a 所示,当输入继电器 I0.0 有上升沿时,Q0.0 产生一个宽度为一个扫描周期的脉冲。如图 8-16b 所示,当 I0.0 有下降沿时,Q0.0 产生一个宽度为一个扫描周期的脉冲。

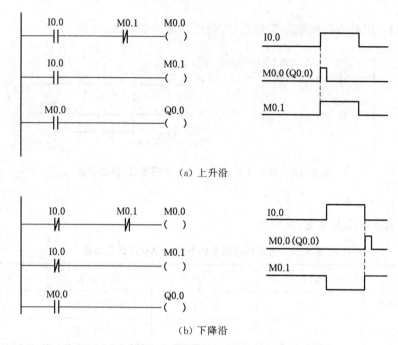

(a) 上升沿

(b) 下降沿

图 8-16　例 8-5 基本逻辑指令实现边沿脉冲指令功能

5) 定时器指令

S7-200 PLC 按工作方式分为三种类型的定时器:通电延时定时器 TON(On Delay Timer)、断电延时定时器 TOF(Off Delay Timer)和保持型通电延时定时器 TONR(Retentive On Delay Timer)。

每个定时器均有一个 16 位当前值寄存器和一个状态位(反映其触点状态)。

(1) 定时器指令使用说明

定时器号:定时器总数有 256 个,定时器号范围为(T0～T255)。

分辨率与定时时间的计算:S7-200 PLC 定时器有三种分辨率:1 ms、10 ms 和 100 ms,见表 8-3。

表 8-3　定时器号与分辨率

定时器类型	分辨率/ms	最大当前值/s	定时器号
	1	32.767	T0、T64
TONR	10	327.67	T1～T4、T65～T68
	100	3 276.7	T5～T31、T69～T95
	1	32.767	T32、T96
TON、TOF	10	327.67	T33～T36、T97～T100
	100	3 276.7	T37～T63、T101～T255

定时器定时时间 T 的计算

$$T = PT \times S$$

式中：T 为实际定时时间，单位为 ms；PT 为定时设定值，均用 16 位有符号整数来表示，最大值为 32 767。除了常数外，还可以用 VW、IW、QW、MW、SW、SMW、AC 等作为设定值；S 为分辨率，单位为 ms。

若 TON 指令使用 TF33(10 ms 定时器)，设定值 PT = 100，则实际定时时间为

$$T = 100 \times 10 \text{ ms} = 1\,000 \text{ ms}$$

(2) 定时器指令

通电延时定时器 TON：该定时器用于通电后单一时间间隔的定时。

当输入端 IN 接通时，定时器位为 0，当前值从 0 开始计时，当前值等于或大于 PT 端的设定值时，定时器位变为 1，梯形图中对应定时器的常开触点闭合，常闭触点断开，当前值仍连续计数到 32 767。输入端 IN 断开，定时器自动复位，当前值被清零，定时器位为 0。

图 8-17 所示，当 I1.0 接通时，定时器 T37 开始定时，500 ms 后 T37 常开触点闭合，常闭触点断开。当 I1.0 断开时，当前值被清零，T37 常开触点断开，常闭触点闭合。

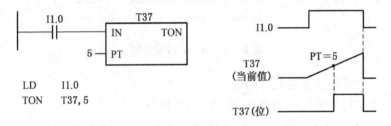

图 8-17　TON 指令实例

断电延时定时器 TOF：该定时器用于断电后单一时间间隔的定时。

输入端 IN 接通时，定时器位变为 1，当前值为 0。当输入端 IN 由接通到断开时，定时器开始定时，当前值达到 PT 端的设定值时，定时器位变为 0，常开触点断开，常闭触点闭合，停止计时。

图 8-18 所示，当 I1.2 接通时，定时器 T97 常开触点闭合，常闭触点断开，当前值为 0。当 I1.2 断开时，定时器 T97 开始定时，80 ms 后 T97 常开触点断开，常闭触点闭合，当前值等于设定值，停止计时。

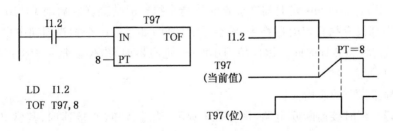

图 8-18　TOF 指令实例

保持型通电延时定时器 TONR:该定时器用于多个时间间隔的累计定时。

当上电或首次扫描时,定时器位为 0,当前值保持在掉电前的值。输入端 IN 接通时,当前值从上次的保持值开始继续计时,当累计当前值等于或大于 PT 端的设定值时,定时器位变为 1,当前值可继续计数到 32 767。

输入端 IN 断开时,定时器的当前值保持不变,定时器位不变。

TONR 指令只能用复位指令 R 使定时器的当前值为 0,定时器位为 0。

图 8-19 所示,上电或首次扫描时,当 I2.1 接通,定时器他的当前值从 0 开始计时;未达到设定值时,I2.1 断开,T2 位为 0,当前值保持不变;当 I2.1 又接通时,当前值从上次的保持值开始继续计时,当累计当前值等于或大于设定值时,T2 常开触点闭合,常闭触点断开,当前值可继续计数;当 I2.1 又断开时,定时器的当前值保持不变,定时器位不变。当 I0.3 接通,T2 当前值为 0,T2 常开触点断开,常闭触点闭合。

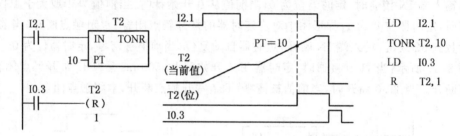

图 8-19　TONR 指令实例

应用定时器指令应注意的几个问题。

不能把一个定时器号同时用作 TOF 和 TON 指令。

使用复位指令 R 对定时器复位后,定时器位为 0,定时器当前值为 0。

TONR 指令只能通过复位指令进行复位操作。

（3）定时器的刷新方法

S7-200 系列 PLC 的定时器中,1 ms、10 ms 和 100 ms 三种定时器的刷新方式是不同的。

1 ms 定时器:1 ms 定时器由系统每隔 1 ms 刷新一次,与扫描周期及程序处理无关,即采用中断刷新方式。因而当扫描周期较长时,在一个周期内可能被多次刷新,其当前值在一个扫描周期内不一定保持一致。

10 ms 定时器:10 ms 定时器由系统在每个扫描周期开始时自动刷新。

100 ms 定时器:100 ms 定时器在该定时器指令执行时被刷新。启动了 100 ms 定时器,如果在扫描周期没有执行定时器指令,将会丢失时间;如果在一个扫描周期中多次执行同一 100 ms 定时器,将会多计时间。因此使用 100 ms 定时器时,应保证每一扫描周期内同一条定时器指令只执行一次。

（4）定时器指令的应用

【例 8-6】 延时接通断开电路,图 8-20 所示,当输入 I0.0 接通时,其常开触点闭合,T33 开始定时,100 ms(t_1)后,T33 常开触点闭合,Q0.0 线圈接通并由其常开触点自保;当 I0.0 断开时,T34 开始定时,60 ms(t_2)后,其常闭触点断开,Q0.0 线圈断开。

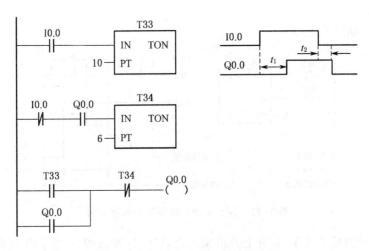

图 8-20　例 8-6 延时接通断开电路

【例 8-7】　闪烁电路,图 8-21 所示,当 I0.0 接通时,T33 开始定时,其常闭触点接通,Q0.0 为 1;延时 40 ms 后,T33 常开触点接通,常闭触点断开,Q0.0 为 0,T34 开始定时;延时 20 ms 后,T34 常闭触点断开,T33 不工作,其常开触点断开,常闭触点接通,Q0.0 为 1,T34 不工作,第二次扫描,T34 常闭触点接通,T33 又开始定时,循环下去。因此当 I0.0 接通时,Q0.0 接通 40 ms,断开 20 ms,周期循环闪烁。

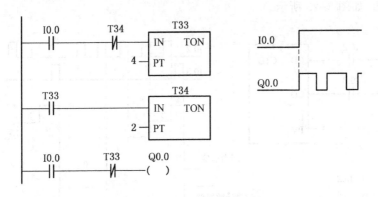

图 8-21　例 8-7 闪烁电路

6) 计数器指令

计数器是对输入端的脉冲进行计数。S7-200 PLC 有三种类型的计数器:增计数器 CTU(Count Up)、减计数器 CTD(Count Down)和增/减计数器 CTUD(Count Up/Down)。

每个计数器均有一个 16 位当前值寄存器和一个状态位(反映其触点状态)。计数器的当前值、设定值均用 16 位有符号整数来表示,最大计数值为 32 767。

计数器总数有 256 个,计数器号范围为(C0~C255)。

(1) 增计数器 CTU

当复位输入端 R 为 0 时,计数器计数有效;当增计数输入端 CU 有上升沿输入时,计数值加 1,计数器作递增计数,当计数器当前值等于或大于设定值 PV 时,该计数器位为 1,计数至最大值 32 767 时停止计数。复位输入端 R 为 1 时,计数器被复位,计数器位为 0,并且当前值被清零。

【例8-8】 如图8-22所示。

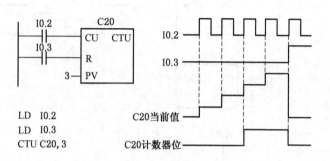

```
LD   I0.2
LD   I0.3
CTU C20, 3
```

图8-22 例8-8增计数器指令编程实例

当C20的计数输入端I0.2有上升沿输入时,C20计数值加1,当C20当前值等于或大于3时,C20计数器位为1。复位输入端I0.3为1时,C20计数器位为0,并且当前值被清零。

(2) 减计数器CTD

当装载输入端LD为1时,计数器位为0,并把设定值PV装入当前值寄存器中。当装载输入端LD为0时,计数器计数有效;当减计数输入端CD有上升沿输入时,计数器从设定1值开始作递减计数,直至计数器当前值等于0时,停止计数,同时计数器位被置位。

【例8-9】 如图8-23所示。

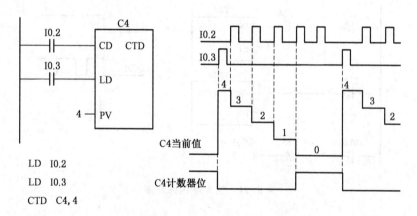

```
LD   I0.2
LD   I0.3
CTD  C4, 4
```

图8-23 例8-9减计数器指令编程实例

装载输入端I0.3为1时,C4计数器位为0,并把设定值4装入当前值寄存器中。当I0.3端为0时,计数器计数有效;当计数输入端I0.2有上升沿输入时,C4从4开始作递减计数,直至计数器当前值等于0时,停止计数,同时C4计数器位被置1。

(3) 增/减计数器CTUD

当复位输入端R为0时,计数器计数有效;当增计数输入端CU有上升沿输入时,计数器作递增计数;当减计数输入端CD有上升沿输入时,计数器作递减计数。当计数器当前值等于或大于设定值PV时,该计数器位为1。当复位输入端R为1时,计数器当前值为0,计数器位为0。

计数器在达到计数最大值 32 767 后,下一个增计数输入端 CU 的上升沿将使计数值变为最小值－32 768;同样在达到最小计数值－32 768 后,下一个减计数输入端 CD 的上升沿将使计数值变为最大值 32 767。

【例 8-10】 如图 8-24 所示。

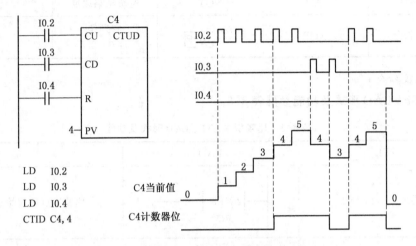

LD　I0.2
LD　I0.3
LD　I0.4
CTID C4,4

图 8-24　例 8-10 增/减计数器指令编程实例

当 I0.4 为 0 时,计数器计数有效;当 C4 的计数输入端 I0.2 有上升沿输入时,计数器作递增计数;当 C4 的另一个计数输入端 I0.3 有上升沿输入时,计数器作递减计数。当计数器当前值等于或大于设定值 4 时,C4 计数器位为 1。当复位输入端 I0.4 为 1 时,C4 当前值为 0,C4 位为 0。

【注意】

(1) 在一个程序中,同一计数器号不要重复使用,更不可分配给几个不同类型的计数器。

(2) 当用复位指令 R 复位计数器时,计数器位被复位,并且当前值清零。

(3) 除了常数外,还可以用 VW、IW、QW、MW、SW、SMW、AC 等作为设定值。

【例 8-11】 说明图 8-25 所示的梯形图功能。

当 I0.0 来 4 个脉冲,C48 位为 1,其常开触点接通,C49 计数一次,第二次扫描 C48 常开触点复位 C48,当前值为 0;当 I0.0 再来 4 个脉冲,C49 又计数一次……当 I0.0 来 20(4 乘 5)个脉冲时,C49 位为 1,其常开触点接通,Q0.0 为 1。

I0.1 用于复位 C48、C49。

7) 取反指令及空操作指令

(1) 取反指令 NOT

该指令将复杂逻辑结果取反,它无操作数,其 STL、LAD 形式及功能参见表 8-4。

(2) 空操作指令 NOP(No Operation)

该指令为空操作,它对用户程序的执行没有影响,其

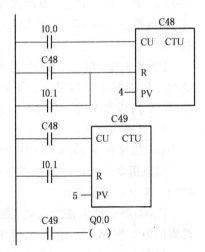

图 8-25　例 8-11 计数器应用实例

STL、LAD 形式及功能参见表 8-4。

表 8-4 NOT、NOP 指令的 STL、LAD 形式及功能

指令名称	STL	LAD	功　能	操作元件
取反指令	NOT	—| NOT |—	逻辑结果取反	无
空操作指令	NOP	—| $\overset{n}{\boxed{\text{NOP}}}$	空操作 n：$0 \sim 255$	无

8) 比较指令

其 STL、LAD 形式及功能参见表 8-5。

表 8-5 比较指令 STL、LAD 形式及功能

STL	LAD	功　能
LD□× IN1，IN2	IN1 ×□ IN2	比较触点接起始总线
LD IN A□× IN1，IN2	IN IN1 ×□ IN2	比较触点的"与"
LD IN O□× IN1，IN2	IN ‖ IN1 ×□ IN2	比较触点的"或"

表 8-5 中，IN 为位型数据，"×"表示操作数 IN1 和 IN2 所需满足的条件："＞"大于、"＞＝"大于等于、"＜"小于、"＜＝"小于等于、"＜＞"不等于、"＝"等于(STL 中为"＝"，LAD 中为"＝＝")；"□"表示操作数 IN1 和 IN2 的数据类型："B"(BYTE)字节比较、"I"(INT)整数比较(STL 中为"W"，LAD 中为"I")、"D"(DINT)双字整数比较、"R"(Real)实数的比较。

【例 8-12】 根据图 8-26 的梯形图,说明其功能。从实例中可以看出，当 VB0 = VB1 时，Q0.0 为 1；或当 VB2＞VB3 时，Q0.0 为 1。

9) 程序控制指令

(1) 结束指令 EDN 和 MEDN

结束指令分为条件结束指令和无条件结束指令。指令不含操作数。

END：条件结束指令，执行条件成立(左侧逻辑值为 1)时结束主程序，返回主程序起点。

MEND：无条件结束指令，结束主程序，返回主程序起点。

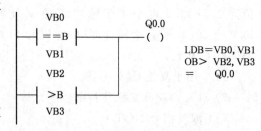

图 8-26 例 8-12 比较指令应用

结束指令如图 8-27 所示。

用户程序必须以无条件结束指令结束主程序,在编程结束时一定要写上该指令,否则会出错。在调试程序时,在程序的适当位置插入无条件结束指令可以实现程序的分段调试。

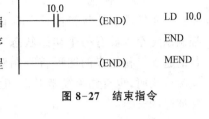

图 8-27　结束指令

条件结束指令用在无条件结束指令前结束主程序。

必须指出的是,STEP7-Micro/WIN32 编程软件没有无条件结束指令,但它会自动在每一个主程序的结尾加一无条件结束指令。

(2) 停止指令 STOP

STOP 指令的执行条件成立(左侧逻辑值为 1)时,可以使主机 CPU 的工作方式由 RUN 切换到 STOP,从而立即中止用户程序的执行。指令不含操作数,如图 8-28 所示。

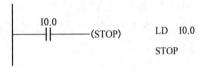

图 8-28　停止指令

STOP 指令通常在程序中用来对突发紧急事件进行处理,以避免实际生产中的重大损失。

(3) 跳转指令 JMP(Jump)与标号指令 LBL(Label)

JMP 指令可以使主机根据不同条件的判断,选择不同的程序段执行程序。JMP 指令的执行条件成立时,使程序的执行跳转到指定的标号。

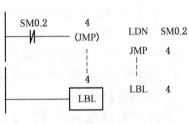

图 8-29　跳转与标号指令

LBL 指令指定跳转的目标标号 n。操作数 n:0~255。跳转与标号指令如图 8-29 所示。

必须强调的是,跳转指令及标号指令必须在同一类程序内。

8.3.5　S7-200 PLC 的顺序控制指令

S7-200 PLC 基本指令和方法对于满足简单顺序控制问题的程序设计是可行的,但对具有并发顺序和选择顺序的问题就显得困难了。

目前生产的 PLC 产品多数都有专为顺序功能图编程所设计的指令,使用方便。在中小型 PLC 程序设计中,采用顺序功能图法时,首先根据系统控制的要求设计出控制功能流程图,然后将其转化为梯形图程序。有些大型或中型 PLC 则可直接用顺序功能图进行编程。

1) 顺序功能图

采用梯形图及语句表方式编程电路比较直观,深受广大电气技术人员的欢迎。但对于一个复杂的控制系统,其梯形图往往长达数百行,编程难度较大。利用顺序功能图及顺序控制指令编写复杂的步进控制程序,工作效率大大提高,并且这种编程方法为调试、运行带来极大的方便。

顺序功能图又简称功能图,它是一种描述顺序控制系统的图解表示方法,是专为工业顺序控制程序设计的一种功能说明性语言。它能完整地描述控制系统的工作过程、功能和特性,是分析、设计电气控制系统控制程序的重要工具。

功能图主要由步、转移条件及动作三要素组成,如图 8-30 所示。

步:表示了控制系统中的某个状态,用矩形框表示步。与系统的初始状态相对应的步称为初始步。一个控制系统至少要有一个初始状态,初始步是功能图运行的起点。初始步的图形符号用双线的矩形框表示,实际使用时,也有画单线矩形框,也可画一条横线表示功能图的开始。

当系统正处于某一步所在的阶段时,该步处于活动状态,称该步为"活动步"。步处于活动状态时,相应的动作被执行;处于不活动状态时,相应的动作停止执行。

转移条件:当某一活动步满足一定的条件时,转换为下一步。步与步之间用一个有向线段来表示转移的方向,有向线段上再用一段横线表示转移的条件。

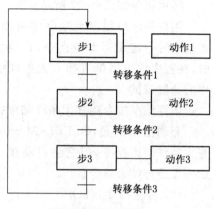

图 8-30 功能图

注意,从上向下画有向线段时,可以省略箭头;当有向线段从下向上画时,必须画上箭头,以表示方向。

动作:在每个稳定的活动步下,可能会有相应的动作。

功能图的主要类型可分为:单流程,并行分支/汇合,选择分支/汇合等三种。

2)顺序控制指令

S7-200 系列 PLC 有三条简单的顺序控制指令,其 STL、LAD 的形式及功能参见表 8-6。

表 8-6　顺序控制指令 STL、LAD 的形式及功能

指令名称	STL	LAD	功　　能	操作元件
装载顺序控制继电器指令	LSCR n	$\dfrac{n}{\text{SCR}}$	顺序状态开始	n:S 位
顺序控制继电器转换指令	SCRT n	—($\overset{n}{\text{SCRT}}$)	顺控状态转移	n:S 位
顺序控制继电器结束指令	SCRE	—(SCRE)	顺控状态结束	无

LSCR 与 SCRE 之间的逻辑组成一个 SCR 状态(步),SCRT 指定状态的转移目标,当转移目标状态置 1 时,原工作状态自动复位。顺序控制指令 SCR 仅仅对于状态元件 s 有效。

【例 8-13】 说明图 8-31 所示功能图的过程。

(1) 初始化脉冲 SM0.1 在开机后第一个扫描周期将状态 S0.1 置 1,这就是第一步。

(2) 在第一步中 Q0.4 置 1,复位 Q0.5、Q0.6,T37 开始工作。

(3) 2s 时间到,转移到第二步。通过 T37 常开触点将状态 S0.2 置 1,同时自动将原工作状态 S0.1 清 0。

(4) 在第二步中 Q0.2 置 1,T38 开始工作。

(5) 25 s 时间到,转移到第三步。通过 T38 常开触点将状态 S0.3 置 1,同时自动将工作状态 S0.2 清 0。

图 8-31 所示例子的梯形图与指令表如图 8-32 所示。

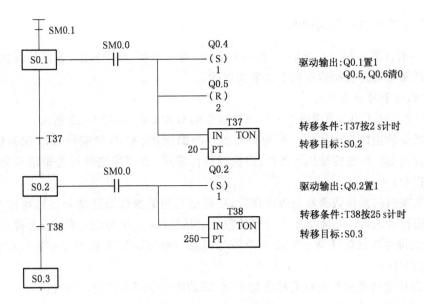

驱动输出:Q0.1置1
　　　　　Q0.5, Q0.6清0

转移条件:T37按2 s计时
转移目标:S0.2

驱动输出:Q0.2置1

转移条件:T38按25 s计时

转移目标:S0.3

图 8-31　例 8-13 功能图实例

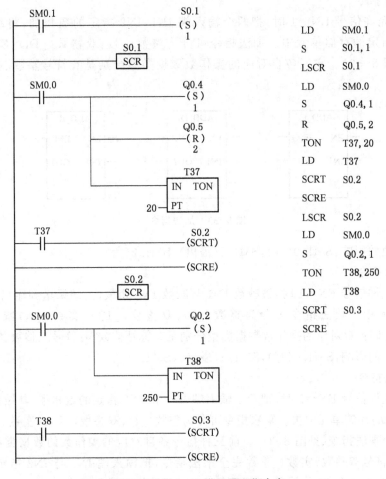

LD	SM0.1
S	S0.1, 1
LSCR	S0.1
LD	SM0.0
S	Q0.4, 1
R	Q0.5, 2
TON	T37, 20
LD	T37
SCRT	S0.2
SCRE	
LSCR	S0.2
LD	SM0.0
S	Q0.2, 1
TON	T38, 250
LD	T38
SCRT	S0.3
SCRE	

图 8-32　例 8-13 梯形图和指令表

8.3.6 S7-200 PLC 的功能指令

PLC 具有计算机控制系统的功能,例如算术/逻辑运算、数据转换、通信等强大的功能。这些功能通常是通过功能指令的形式来实现的。

1) 功能指令的一般形式

在 S7-200 PLC 中,功能指令一般以功能框的形式出现,如图 8-33 所示。

功能指令的主体是功能框。框题头是指令的助记符,ADD 代表加法,I 代表整数。功能框左上方与 EN 相连的是执行条件,当执行条件成立,即:EN 之前的逻辑结果为 1 时,才执行功能指令。

功能框左边的操作数通常是源操作数,功能框右边的操作数通常是目标操作数。操作数的长度应符合规定。功能指令可处理的数据包括位(bit)、字节(B=8bit)、无符号整数(W=16bit)、无符号双整数(DW=32bit)、有符号整数(I=16bit)、有符号双整数(DI=32bit)、实数(R=32bit)。

EN0 为功能指令成功执行的标志位输出,即功能指令正常执行,EN0:1。

2) 数学运算指令

(1) 加法指令

当加法允许信号 EN=1 时,把两个输入端 IN1,IN2 指定的数相加,将结果送到输出端 OUT 指定的存储单元中。加法指令可分为整数(_I)、双整数(_DI)、实数(_R)加法指令(见图 8-33)。它们各自对应的操作数数据类型分别是有符号整数、有符号双整数、实数。

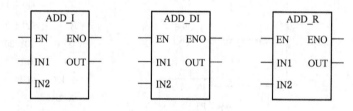

图 8-33 加法指令

对标志位的影响:SM1.0(零),SM1.1(溢出),SM1.2(负)。

(2) 减法指令

当减法允许信号 EN=1 时,被减数 IN1 与减数 IN2 相减,其结果送到输出端 OUT 指定的存储单元中。减法指令可分为整数(_I)、双整数(_DI)、实数(_R)减法指令(见图 8-34)。它们各自对应的操作数数据类型分别是有符号整数、有符号双整数、实数。

对标志位的影响:SM1.0(零),SM1.1(溢出),SM1.2(负)。

(3) 乘法指令

当乘法允许信号 EN=1 时,把两个输入端 IN1 和 IN2 指定的数相乘,其结果送到输出端 OUT 指定的存储单元中去。乘法指令可分为整数(_I)、双整数(_DI)、实数(_R)乘法指令和整数完全乘法指令(见图 8-35)。前三种指令各自对应的操作数的数据类型分别为有符号整数、有符号双整数、实数。整数完全乘法指令,把输入端 IN1 与 IN2 指定的两个 16 位整数相乘,产生一个 32 位乘积,并送到输出端 OUT 指定的存储单元中去。

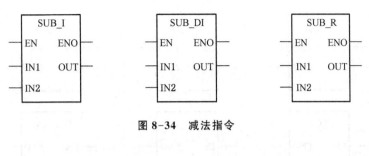

图 8-34　减法指令

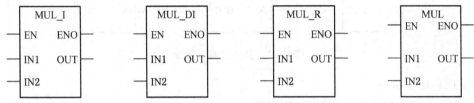

图 8-35　乘法指令

对标志位的影响:SM1.0(零),SM1.1(溢出),SM1.2(负)。

(4) 除法指令

当除法允许信号 EN=1 时,被除数与 IN1 与除数 IN2 指定的数相除,其结果送到输出端 OUT 指定的存储单元中去。除法指令可分为整数(_I)、双整数(_DI)、实数(_R)除法指令和整数完全除法指令(见图 8-36)。前三种指令各自对应的操作数分别为有符号整数、有符号双整数、实数。整数完全除法指令,把输入端 IN1 与 IN2 指定的两个 16 位整数相除,产生一个 32 位结果,并送到输出端 OUT 指定的存储单元中去。其中高 16 位是余数,低 16 位是商。

对标志位的影响:SM1.0(零),SM1.1(溢出),SM1.2(负),SM1.3(除数为 0)。

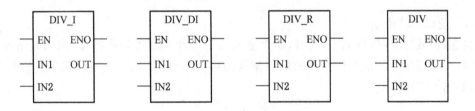

图 8-36　除法指令

(5) 加 1 和减 1 指令

当加 1 或减 1 指令允许信号 EN=1 时,把输入端 IN 数据加 1 或减 1,并把结果存放到输出单元 OUT。加 1 和减 1 指令按操作数的数据类型可分为字节(_B)、字(_W)、双字(_DW)加 1/减 1 指令,如图 8-37 所示。

字节加 1 和减 1 指令的操作数数据类型是无符号字节型,对标志位的影响:SM1.0(零)、SM1.1(溢出)。

字、双字加 1 和减 1 指令的操作数的数据类型分别是有符号整数、有符号双整数,对标志位的影响:SM1.0(零)、SM1.1(溢出)、SM1.2(负)。

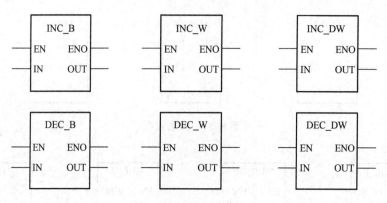

图 8-37　加 1 和减 1 指令

3）逻辑运算指令

逻辑运算指令的操作数均为无符号数。

（1）逻辑"与"指令

当逻辑"与"允许信号 EN＝1 时，两个输入端 IN1 和 IN2 的数据按位"与"，其结果存入 OUT 单元。逻辑"与"指令按操作数的数据类型可分字节（_B）、字（_W）、双字（_DW）"与"指令，如图 8-38 所示。

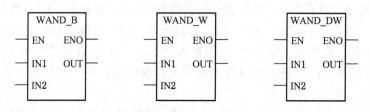

图 8-38　逻辑"与"指令

（2）逻辑"或"指令

当逻辑"或"允许信号 EN＝1 时，两个输入端 IN1 和 IN2 的数据按位"或"，其结果存入 OUT 单元。逻辑"或"指令按操作数的数据类型可分字节（_B）、字（_W）、双字（_DW）"或"指令，如图 8-39 所示。

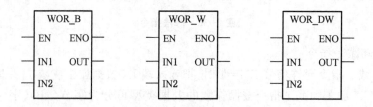

图 8-39　逻辑"或"指令

（3）逻辑"异或"指令

当逻辑"异或"允许信号 EN＝1 时，两个输入端 IN1 和 IN2 的数据按位"异或"，其结果存入 OUT 单元。逻辑"异或"指令按操作数的数据类型可分字节（_B）、字（_W）、双字（_DW）"异或"指令，如图 8-40 所示。

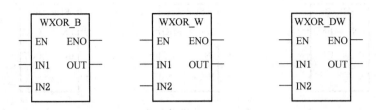

图 8-40　逻辑"异或"指令

（4）取反指令

当取反允许信号 EN＝1 时，对输入端 IN 指定的数据按位取反，其结果存入 OUT 单元。取反指令按操作数的数据类型可分为字节（_B）、字（_W）、双字（_DW）取反指令（见图 8-41）。

逻辑运算指令影响的标志位：SM1.0（零）。

图 8-41　取反指令

4）传送指令

（1）数据传送指令

当数据传送允许信号 EN＝1 时，输入端 IN 指定的数据传送到输出端 OUT，传送过程中数据值保持不变。数据传送指令按操作数的数据类型可分为字节（_B）、字（_W）、双字（_DW）、实数（_R）传送指令，如图 8-42 所示。

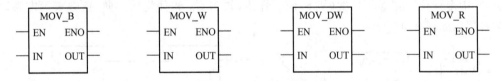

图 8-42　数据传送指令

（2）字节交换指令

当字节交换允许信号 EN＝1 时，输入端 IN 指定字的高字节内容与低字节内容互相交换。交换结果仍存放在输入端 IN 指定的地址中。数据类型为无符号整数。交换字节指令如图 8-43 所示。

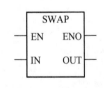

图 8-43　字节交换

5）移位指令

移位指令均为无符号数操作。

（1）右移位指令

当右移位允许信号 EN＝1 时，输入端 IN 指定的数据右移 N 位，其结果存入 OUT 单元。右移位指令按操作数的数据类型可分为字节（_B）、字（_W）、双字（_DW）右移位指令，如图 8-44 所示。

图 8-44　右移位指令

（2）左移位指令

当左移位允许信号 EN＝1 时,输入端 IN 指定的数据左移 N 位,其结果存入 OUT 单元。左移位指令,按操作数的数据类型可分为字节(_B)、字(_W)、双字(_DW)左移位指令,如图 8-45 所示。

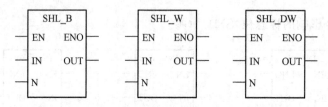

图 8-45　左移位指令

字节、字、双字移位指令的实际最大可移位数分别为 8、16、32。

右移位和左移位指令,对移位后的空位自动补零。移位后 SM1.1(溢出)的值就是最后一次移出的位值。如果移位的结果是 0,SM1.0 置位。

（3）移位寄存器指令

移位寄存器指令可用来进行顺序控制、物流及数据流控制。

移位寄存器指令把输入端 DATA 的数值送入移位寄存器,S_BIT 指定移位寄存器的最低位,N 指定移位寄存器的长度(从 S_BIT 开始,共 N 位)和移位的方向(正数表示左移,负数为右移),如图 8-46 所示。

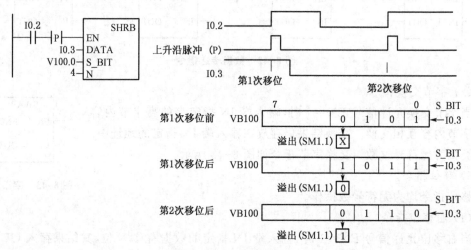

图 8-46　移位寄存器指令

由移位寄存器的最低有效位 S_BIT 和移位寄存器的长度 N 可计算出移位寄存器最高有效位 MSB.b 的地址。计算公式为：

MSB.b=｛S_BIT 的字节号+[(|N|-1+S_BIT 的位号)÷8]的商｝.｛[(|N|-1+S_BII 的位号)÷8]的余数｝

【例 8-14】　如果 S_BIT 是 V20.4，N 是 9，那么 MSB.b 是 V21.4。具体计算如下：

MSB.b=｛V20+[(9-1+4)÷8]的商｝.

｛[(9-1+4)÷8]的余数｝=V21.4

当移位寄存器允许输入端 EN 有效时，每个扫描周期寄存器各位都移动一位，图 8-45 中 EN 端加了上升沿脉冲指令，即在 I0.2 的每个上升沿时刻对 DATA 端采样一次，把 DATA 的数值移入移位寄存器。左移时，输入数据从移位寄存器的最低有效位移入，从最高有效位移出；右移时，输入数据从移位寄存器的最高有效位移入，从最低有效位移出。移出的数据影响 SM1.1。N 为字节型数据，移位寄存器的最大长度为 64 位。操作数 DATA、S_BIT 为位型数据。

6) 数据转换指令

(1) BCD 码与整数的转换指令

BCD_I 指令在允许信号 EN=1 时，将输入端 IN 指定的 0～9999 范围内的 BCD 码转换成整数，并将结果在放到输出端 OUT 指定的存储单元中去。

I_BCD 指令在允许信号.EN=1 时，将输入端 IN 指定的 0～9999 范围内的整数转换成 BCD 码，并将结果存放到输出端 OUT 指定的存储单元中去。

转换的数据均为无符号数操作。指令影响的标志位：SM1.6(非法 BCD 码)，如图 8-47 所示。

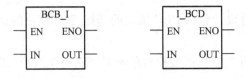

图 8-47　BCD 码与整数的转换指令

(2) 译码、编码指令

译码 DECO 指令在允许信号 EN=1 时，根据输入字节 IN 的低四位的二进制值所对应的十进制数(0～15)，将输出字 OUT 的相应位置为 1，其他位置 0。

编码指令 ENCO 在允许信号 EN=1 时，将输入字 IN 中值为 1 的最低位的位号(0～15)编码成 4 位二进制数，写到输出字节 OUT 的低四位。如图 8-48 和图 8-49 所示。

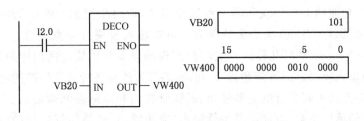

图 8-48　译码

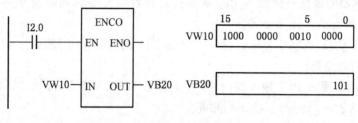

图 8-49　编码

8.4 PLC 控制系统的设计与应用

8.4.1 PLC 控制系统设计步骤

1) 根据控制对象明确设计任务和要求

在确定采用 PLC 控制后,应对被控对象(机械设备、生产线或生产过程)工艺流程的特点和要求作深入了解、详细分析、认真研究,明确控制的基本方式、必须完成的动作时序和动作条件、应具备的操作方式(手动、自动等)、必要的保护和联锁等。

2) 选用和确定 I/O 设备

在明确了控制任务和要求后,须选择电气传动方式和电动机、电磁阀等执行机构的类型和数量,拟定电动机启动、运行、调速、转向和制动等控制要求;确定 I/O 设备的种类和数量,分析控制过程中 I/O 设备之间的关系,了解对输入信号的响应速度等。

3) 选择 PLC 的机型

PLC 控制系统的硬件设计包括 PLC 机型的选择、I/O 模块的选择等内容。

(1) I/O 点数的估算

PLC 的 I/O 点数和种类应根据被控对象所需控制的模拟量、开关量等 I/O 设备情况来确定,一般一个 I/O 器件要占用一个 I/O 点。考虑到今后的调整和扩充,一般应在估计的总点数上再加上 20%～30%的备用量。

(2) 用户存储器容量的估算

对 PLC 用户程序存储容量的估算,可用经验公式计算:

存储器总字数=(开关量 I/O 点数×10)+(模拟量点数×150)

按经验公式所算得的存储器总字数要考虑增加 25%的余量。

(3) I/O 模块的选择

选择哪一种功能的 I/O 模块和哪一种输出形式,取决于控制系统中 I/O 信号的种类、参数要求和技术要求,I/O 模块的负载能力。例如输入模块分为直流 5 V、12 V、24 V、48 V 和交流 110 V、220 V 等几种。一般应根据现场设备与模块之间的距离来选择电压的大小,如 5 V 的输入模块最远不能超过 10 m,距离较远的设备应选用较高的电压模块。

输出模块按方式不同又有继电器输出、晶体管输出和双向晶闸管输出三种。对开关频繁、低功率因数的感性负载,可使用晶闸管输出(交流输出)或晶体管输出(直流输出),但这种模块过载能力稍差,价格也较高。继电器输出模块承受过电压和过电流的能力较强,价格较便宜,缺点是响应速度较慢,在输出变化不是很快、很频繁时,可考虑使用。

4) 系统的硬件和软件设计和联机统调

首先设计控制系统的电气原理图,包括主电路、控制电路(强电控制及 PLC 的 I/O 端口电路)等。然后进行系统的软件设计(用户程序的编写过程就是软件设计过程)。

电气原理图与软件设计完后,进行控制台(柜)、其他非标准零件设计和接线图、安装图的设计。最后进行联机统调。

8.4.2　PLC 控制系统应用程序的设计

1) 应用程序设计的步骤

(1) 程序框图设计

对于较复杂的控制系统,根据控制系统要求,先绘制系统控制流程图,用以清楚地表明各动作间的顺序关系和各动作发生的条件。

(2) 编写 I/O 分配表

给每一个 I/O 信号分配相应的地址,给出每个地址对应的信号的含义、名称,列成 I/O 分配表,以便软件编程和系统调试时使用。在对 I/O 信号进行地址分配时应尽量将同一类的信号集中配置。

(3) 编写程序

根据流程图,将整个控制系统分成若干个基本功能块,逐个设计基本功能块的梯形图,最后把各个梯形图按顺序组合起来。

编写程序过程中要对程序进行必要的注释,最好随编随注,以便阅读和调试。

(4) 程序调试

程序调试是整个程序设计工作中一项很重要的内容,可以初步检查程序的实际效果。程序调试和程序编写是分不开的,程序的许多功能是在调试中修改和完善的。

将通过编译的程序下载到 PLC 中,进行室内模拟调试,然后再进行现场系统调试。如果控制系统是由几个部分组成,则应先做局部调试,然后再进行整体调试。调试中出现的问题,要逐一排除,直至调试成功。程序必须经过一段时间的运行,才可以投入实际现场工作。

2) 梯形图的编写规则

(1) "输入继电器"的状态由外部输入设备的开关信号驱动,程序不能随意改变它。

(2) 梯形图中同一编号的"继电器线圈"只能出现一次,通常不能重复使用,但是它的触点可以无限次地重复使用。

通常在一个程序中是不允许出现双线圈输出的,只有在下列情况下允许出现双线圈输出。

置位和复位指令中,置位指令将某继电器置位或激励,复位指令又可将该继电器复位或失励。这时在程序中出现的双线圈是允许的。

在顺序功能图程序中,只有在活动步中的命令或动作才被执行。因此在不同的步中,允许有相同编号的"继电器线圈"出现。因为这些"继电器线圈"只在某步成为活动步时才起作用。

(3) 几个串联支路相并联,应将触点多的支路安排在上面;几个并联回路的串联,应将并联支路数多的安排在左面。按此规则编制的梯形图可减少用户程序步数、缩短程序扫描时间。

（4）程序的编写按照从左至右、由上至下顺序排列。一个梯级开始于左母线，触点不能放在线圈的右边。

8.4.3　PLC 控制应用实例

1）具有点动调整功能的电动机启、停控制

设启动按钮 SB1、停止按钮 SB2（常闭）、点动按钮 SB3、控制电机的接触器 KM，I/O 分配表见表 8-7。

表 8-7

输 入 信 号		输 出 信 号	
启动按钮 SB1	I0.0	接触器 KM	Q0.0
停止按钮 SB2（常闭）	I0.1		
点动按钮 SB3	I0.2		

通过内部继电器 M0.0 控制电机启、停和点动控制，梯形图见图 8-50。

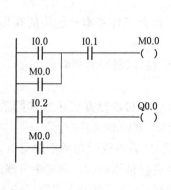

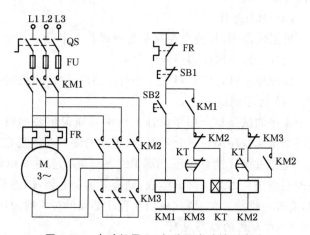

图 8-50　电动机启、停、点动控制　　　图 8-51　电动机星/三角减压启动控制电路

2）电动机的星/三角减压启动控制举例

大功率电动机的星/三角减压启动控制的主电路，如图 8-51 所示。

（1）控制过程与控制任务分析

图中，电动机由接触器 KM1、KM2、KM3 控制，其中 KM3 将电动机绕组联结成星形，KM2 将电动机绕组联结成三角形。KM2 与 KM3 不能同时吸合，否则将产生电源短路。

在程序设计过程中，应充分考虑由星形向三角形切换的时间，即当电动机绕组从星形切换到三角形时，由 KM3 完全断开（包括灭弧时间）到 KM2 接通这段时间，防止电源短路。

（2）选用和确定 I/O 设备

① 输入输出 I/O 点数计算

设装置中应用启动按钮 SB1、停止按钮 SB2（常开）以及接触器 KM1、KM2、KM3。则 I/O分配表见表 8-8。

表 8-8　I/O 地址分配表

No.	输入设备	个数	输入点编号	No.	输出设备	个数	输入点编号
1	启动按钮	1	I0.0	1	接触器 KM1	1	Q0.0
2	停止按钮	1	I0.1	2	接触器 KM2	1	Q0.1
				3	接触器 KM3	1	Q0.2
	总　数	2			总　数	3	

② 选择 PLC

由 2 输入、3 输出的点数,选择西门子 S7-200,CPU221 型 PLC。I/O 为 6 入 4 出,无扩展功能,是适用于小点数的微控制器。

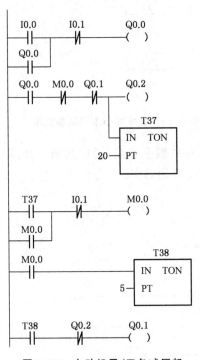

图 8-52　电动机星/三角减压起
动控制梯形图

（3）PLC 的软件设计

梯形图程序如图 8-52 所示。

图 8-52 中,T37 定时器用于启动延时,T138 用于 KM3 断电后,延长一段时间再让 KM2 通电,保证 KM3、KM2 不同时接通,避免电源相间短路。

3）生产流水线的小车控制

图 8-53 所示为生产流水线的小车运动示意图,小车在一个周期内的运动由 4 段组成。设小车最初在左端,压下限位开关 SQ1,当按下启动按钮 SB1,则小车自动循环工作;若按下停止按钮 SB2,则小车完成本次循环后停止在初始位置。

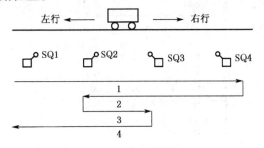

图 8-53　流水线的小车运动示意图

I/O 分配表见表 8-9,生产流水线小车控制功能图如图 8-54。

表 8-9　I/O 地址分配表

输入信号		输出信号	
启动按钮 SB1	I0.0	右行接触器 KM1	Q0.0
限位开关 SQ1	I0.1	右行接触器 KM2	Q0.1
限位开关 SQ2	I0.2		
限位开关 SQ3	I0.3		
限位开关 SQ4	I0.4		
停止按钮 SB2（常开）	I0.5		

设 S0.0 为初始步,小车运动过程的 4 段分别对应 S0.0～S0.4 所代表的 4 步。采用初始化脉冲 SM0.1 设置初始状态,当开机运行时,初始化脉冲将初始状态 S0.0 置位。

当小车在初始位置时,压下限位开关 SQ1,I0.1 为 1;按下启动按钮 SB1,I0.0 为 1,使 M0.0 接通并保持。因此从步 S0.0 到 S0.1 的转换条件满足时,系统由初始步转换到 S0.1 状态,同时由于状态转移源自复位功能,S0.0 被复位。S0.1 状态开始,Q0.0 线圈接通,输出控制小车右行。

当小车行至右端,压下限位开关 SQ4,I0.4 为 1,从而系统又由步 S0.1 转换到 S0.2,同时 S0.1 自动复位。S0.2 的状态开始,Q0.1 接通,小车变为左行。

小车如此一步一步顺序下去,当完成第 4 段运行,并压下限位开关 SQ1,I0.1 为 1,返回初始步。由于 I0.1、M0.0 的常开触点都是闭合的,所以又直接转换到步 S0.1,开始新一轮的循环。若在顺序工

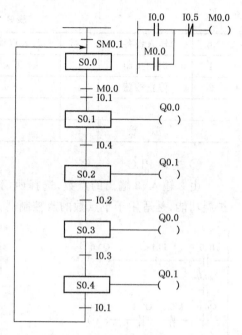

图 8-54　流水线小车控制功能图

作期间按下停止按钮 SB2,M0.0 断开,则小车完成本次循环的剩余步后,返回初始步并停在初始位置。必须再按下启动按钮,状态才能转移,小车才能开始动作。

图 8-55 为生产流水线小车控制的梯形图。

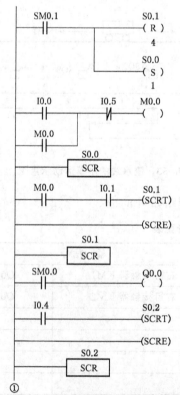

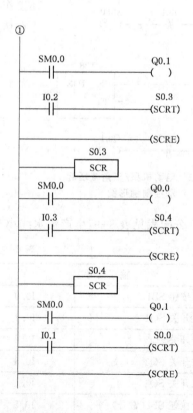

图 8-55　流水线的小车控制的梯形图

尽管顺序控制继电器 S 不是继电保持的,但在图 8-55 中,对所有的顺序控制继电器 S 进行了初始化的复位处理,在 PLC 的工作方式从 RUN→STOP→RUN 时,动作可以从初始状态重新进行。

4)运货小车控制

图 8-56 所示运货小车运动示意图。当小车处于后端时,按下循环启动按钮 SB1,小车向前运行,压下前限位开关 SQ1 后,翻门打开,货物通过漏斗卸下,7 s 后关闭漏斗的翻门,小车向后运动,到达后端即压下后限位开关 SQ2,打开小车底门 5 s,将货物卸下。要求控制小车的运行,具有手动、单周期、自动循环几种方式,小车的运动控制工作方式选择开关为 SA1。

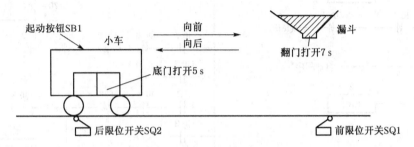

图 8-56　运货小车运动示意图

手动控制过程:按下向前按钮 SB2,此时小车底门已关闭,小车向前运动直到前限位开关 SQ1 压下;按下翻门按钮 SB4,翻门打开,货物通过漏斗卸下,7 s 后自动关闭漏斗的翻门;按下向后按钮 SB3,小车向后运动直到压下后限位开关 SQ2;按下底门按钮 SB5,底门打开货物卸下,5 s 后将底门关闭。

单周期运行:小车已位于后端位置,并且小车底门已关闭,按下循环启动按钮 SB1,小车将自动执行一个周期的动作后,停在后端等待下次启动。自动循环与单周期的区别在于它不只是完成一次循环,而是将连续自动循环下去。I/O 分配表参见表 8-10。

表 8-10　I/O 地址分配表

输入信号		输出信号	
循环启动按钮 SB1	I0.0	向前接触器 KM1	Q0.0
前限位开关 SQ1	I0.1	向后接触器 KM2	Q0.2
后限位开关 SQ2	I0.2	打开翻门电磁阀 YV1	Q0.1
工作方式选择开关 SA1	I0.3(手动)	打开底门电磁阀 YV2	Q0.3
	I0.4(单循环)		
	I0.5(自动)		
手动向前按钮 SB2	I0.6		
手动向后按钮 SB3	I0.7		
手动翻门按钮 SB4	I1.0		
手动底门按钮 SB5	I1.1		

运货小车的程序结构如图 8-57 所示,手动控制的梯形图如图 8-58 所示,自动控制功能图如图 8-59 所示,自动控制的梯形图如图 8-60 所示。

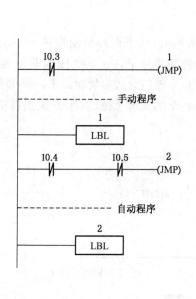

图 8-57　运货小车的程序结构示意图

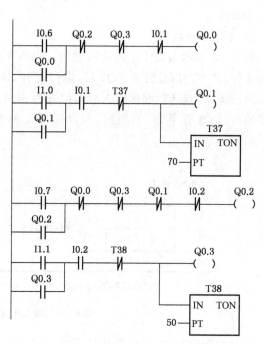

图 8-58　运货小车手动控制梯形图

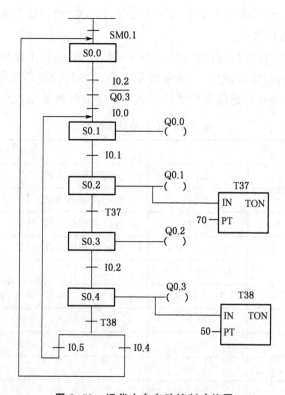

图 8-59　运货小车自动控制功能图

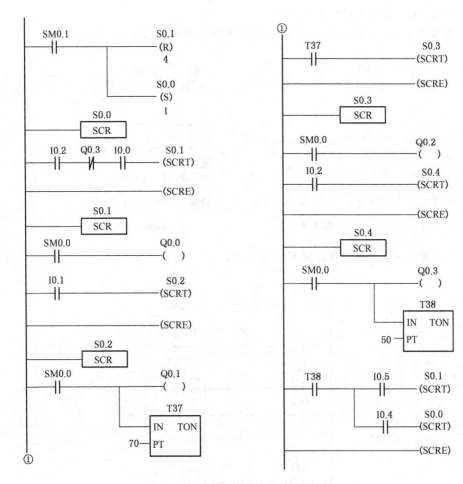

图 8-60　运货小车自动控制梯形图

思考与练习题

1. 填空

(1) PLC 主要由＿＿＿＿、＿＿＿＿、＿＿＿＿和＿＿＿＿组成。

(2) S7-200 PLC 的定时器按工作方式分为＿＿＿＿、＿＿＿＿、＿＿＿＿三种类型。

(3) PLC 的输入接口类型有＿＿＿＿、＿＿＿＿两种形式;输出接口类型有＿＿＿＿、＿＿＿＿、＿＿＿＿三种形式。

(4) PLC 输入端的外部输入电路导通时,输入点的状态以＿＿＿＿的方式写入输入映像寄存器,梯形图中对应的常开触点＿＿＿＿,常闭触点＿＿＿＿。

(5) 梯形图中输出继电器线圈"得电",则对应的输出映像寄存器为＿＿＿＿状态,输出继电器型输出模块中对应的硬件继电器线圈＿＿＿＿,其常开触点＿＿＿＿,外部负载＿＿＿＿。

(6) PLC 的工作过程分三个阶段进行,即＿＿＿＿、＿＿＿＿、＿＿＿＿。

2. 什么是 PLC?

3. 简述 PLC 的顺序扫描工作方式。

4. 根据图 8-61 所示梯形图,由输入继电器的时序图画出输出继电器时序图。

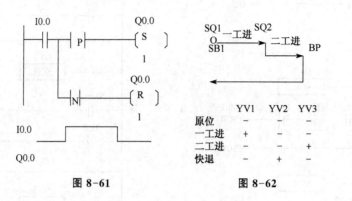

图 8-61　　　　　　图 8-62

5. 根据图 8-63 所示的梯形图写出指令表。

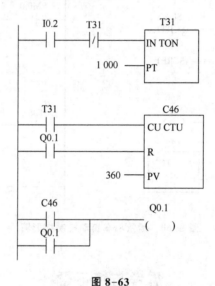

图 8-63

6. 组合机床的工作行程图及远见动作表如图 8-62 所示,用复位、置位指令编写程序。地址分配:启动 SQ1-I0.0;到位行程开关 SB1-I0.1;二工进 SQ2-I0.2;压力继电器 BP-I0.3;进给电磁阀 YV1-Q0.0;退回电磁阀 YV2-Q0.1;快进 YV3-Q0.2。

7. 采用两只按钮,按下第一只每隔三秒钟顺序启动三台电动机;按下第二只,所有电动机停止。I0.0,I0.1 作为输入口,Q0.0、Q0.1、Q0.2 作为输出口,试编写程序。

8. 图 8-64 至 8-67 分别为机械手的动作示意图、动作流程图、机械手 I/O 端子接线图和机械手操作面板布置图。其过程并不复杂,一共 6 个动作,分三组,即上升/下降、左移/右移和放松/夹紧。图中用"单操作"表示手动操作方式。按照加载选择开关所选择的位置,用启动/停止按钮选择加载操作。例如,当加载选择开关打到"左/右"位置时,按下启动按钮,机械手左行;按下停止按钮,机械手右行。

单周期操作方式:机械手在原点时,按下启动按钮,自动操作一个周期。

连续操作方式:机械手在原点时,按下启动按钮,自动、连续地执行周期性循环。当按下停止按钮,机械手完成当前周期动作后自动回到原点停车。试设计 PLC 的控制程序。

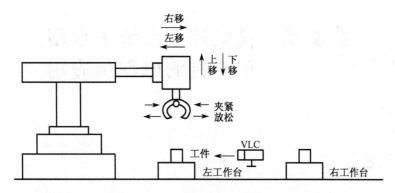

图 8-64　机械手的动作示意图

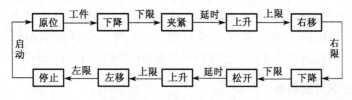

图 8-65　机械手动作的流程图

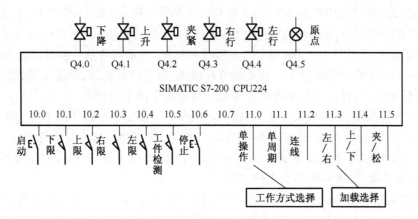

图 8-66　机械手 I/O 端子接线

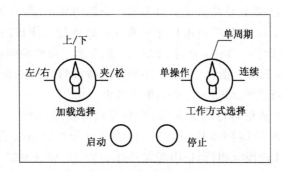

图 8-67　机械手操作面板布置图

第9章 机电控制系统中常用
单片机的原理及应用

9.1 概 述

单片微型计算机简称单片微机或单片机。它是把组成微型计算机的各功能部件：中央处理器 CPU、随机存取存储器 RAM、只读存储器 ROM、I/O 接口电路、定时器/计数器以及串行通信接口等部件制作在一块集成芯片中，构成一个完整的微型计算机。由于它的结构与指令功能都是按照工业控制要求设计的，故又叫单片微控制器 SCM（Single Chip Microcontroller）。目前国外已开始把它称作单片微型计算机（Single Chip Microcomputer）。

9.1.1 单片机主流产品系列

单片微机从 1974 年由 Intel 公司开发出的第一代产品 4040 四位单片微机、1976 年由 Imel 公司开发出的第二代产品 MCS-48 系列八位单片微机，到 1979 年由 Intel 公司开发出的第三代产品 MCS-51 系列八位单片微机，直到 1982 年后由 Intel 公司开发出的第四代产品 MCS-96 系列 16 位单片微机，至今已发展成多品种、多系列的单片微机大家族。

MCS-51 系列单片微机是 8 位通用型单片微机，具有性价比高、稳定可靠、通用性强、体积小、价格低等优点，目前仍是国内单片微机应用及教学的主流产品。

MCS-51 系列单片微机有十多个品种，如：8051、8751、80C51、87C51 等都可称为 MCS-51 系列，它们的功能、内部逻辑部件基本相同，管脚都一样（40 个管脚），可以互换。不同的是 8031 内部没有程序存储器 ROM，8051 内部有 4KB 的 ROM，8751 内部有 4 KB 的紫外线电可擦除、可改写存储器 EPROM。

带"C"则表示所用工艺为 CMOS，具有低功耗的特点。如 8051 的功耗约为 620 mW，而 80C51 的功耗只有 120 mW，适用于低功耗的便携式产品或航天技术领域中。87C51 还具有两级程序保密系统。

1998 年后，MCS-51 系列单片微机又出现了一个新的分支，称为 AT89（MCS-89）系列单片微机，它是由美国 Atmel 公司利用其开发的具有独特技术优势的快擦写存储器 Flash ROM（又称闪存），加上购买了 Intel 公司 MCS-51 系列单片微机的内核知识产权而开发出的新一代的 MCS-51 系列单片微机。AT89 系列单片微机的引脚和 MCS-51 系列单片微机是一样的，可以用来直接代换 MCS-51 系列单片微机。

MCS-89 系列单片微机可分为低档型、标准型和高档型 3 种。低档型的单片微机有 AT89C105l 和 AT89C205l 两种型号，其并行 I/O 端口较少，Flash 存储器只有 1/2 KB；RAM 只有 64/128 B；片内没有串行口；中断源只有 3/6 个。标准型的 MCS-89 系列单片微机内部功能与 MCS-51 系列单片微机相同，常用的型号有 AT89C51、AT89LV51、

AT89C52、AT89LV52 等。高档型的 MCS-89 系列单片微机是在标准型的基础上增加了一些功能而形成的。增加的主要功能有串行外围接口 SPI、定时监视器(看门狗)、A/D 模块等,型号有 AT89S51、AT89S52、AT89C55、AT89S8252 等。

9.1.2　单片机的应用领域

按照单片机的特点,单片机可分为单机应用和多机应用。

1) 单机应用

在一个应用系统中,只使用一片单片机,这是目前应用最多的方式,单片机应用的主要领域有:

(1) 测控系统。用单片机可以构成各种工业控制系统、自适应控制系统、数据采集系统等。例如,温室人工气候控制、水闸自动控制、电镀生产线自动控制、汽轮机电液调节系统、车辆检测系统等。

(2) 智能仪表。用单片机改造原有的测量、控制仪表,能促进仪表向数字化、智能化、多功能化、综合化、柔性化发展。如温度、压力、流量、浓度显示、控制仪表等。通过采用单片机软件编程技术,使长期以来测量仪表中的误差修正、线性化处理等难题迎刃而解。

(3) 机电一体化产品。单片机与传统的机械产品结合,使传统机械产品结构简化,控制智能化,构成新一代的机、电一体化产品。例如,在电传打字机的设计中由于采用了单片机,取代了近千个机械部件;在数控机床的简易控制机中,采用单片机可提高可靠性及增强功能,降低成本。

(4) 智能接口。在计算机系统,特别是较大型的工业测控系统中,如果用单片机进行接口的控制与管理,单片机与主机可并行工作,可以大大提高系统的运行速度。例如,在大型数据采集系统中,用单片机对模/数转换接口进行控制不仅可提高采集速度,还可对数据进行预处理,如数字滤波、线性化处理、误差修正等。

2) 多机应用

单片机的多机应用系统可分为功能集散系统、并行多机处理及局部网络系统。

(1) 功能集散系统。多功能集散系统是为了满足工程系统多种外围功能要求而设置的多机系统。例如一个加工中心的计算机系统除完成机床加工运行控制外,还要控制对刀系统、坐标指示、刀库管理、状态监视、伺服驱动等机构。

(2) 并行多机控制系统。并行多机控制系统主要解决工程应用系统的快速性问题,以便构成大型实时工程应用系统。典型的有快速并行数据采集、处理系统、实时图像处理系统等。

(3) 局部网络系统。单片机网络系统的出现,使单片机应用进入了一个新的水平。目前单片机构成的网络系统主要是分布式测、控系统。单片机主要用于系统中的通信控制,以及构成各种测、控用子级系统。

9.2　MCS-51 单片微机的硬件结构

9.2.1　MCS-51 单片机片内总体结构

8051 单片机片内总体结构如图 9-1 所示。从图中可见,单片微机包括以下几部分。

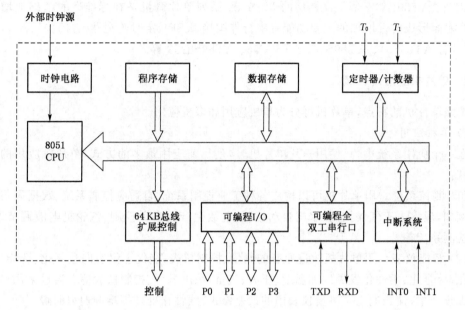

图 9-1　MCS-51 单片机的基本结构

（1）一个 8 位的中央处理器（CPU）。

（2）片内数据存储器 RAM（128B/256B），用以存放可以读/写的数据，如运算的中间结果、最终结果及欲显示的数据等。

（3）片内程序存储器 ROM/EPROM（4KB/8KB），用以存放程序、一些原始数据和表格。但也有一些单片微机内部不带 ROM/EPROM，如 8031、8032 及 80C31 等。

（4）有 4 个 8 位并行 I/O 接口 P0～P3，每个口既可以用作输入，也可以用作输出。

（5）两个或者 3 个定时器/计数器，每个定时器/计数器都可以设置成计数方式，用以对外部事件进行计数，也可设置成定时方式，并可根据计数或定时的结果实现计算机控制。

（6）由 5 个中断源组成中断控制系统。

（7）一个全双工 UART（通用异步接收发送器）的串行 I/O 口，用于实现单片微机之间或单片微机与微型计算机之间的串行通信。

（8）片内振荡器和时钟产生电路，但石英晶体和微调电容需要外接。最高允许振荡频率为 12MHz。

以上各个部分通过内部数据总线相连接。

9.2.2　MCS-51 单片机引脚描述及片外总线结构

1）MCS-51 单片机引脚描述

MCS-51 系列单片微机中各种芯片的引脚是互相兼容的，如 8051、8751 和 8031 均采用 40 脚双列直插封装（DIP）方式。当然，不同芯片之间引脚功能也略有差异。8051 单片微机是高性能单片微机，因为受到引脚数目的限制，所以有不少引脚具有第二功能，其中有些第二功能是 8751 芯片所专有的。MCS-51 系列单片微机引脚如图 9-2 所示。

各引脚功能简要说明如下。

（1）电源及时钟电路引脚

V_{CC}（40 脚）为电源端，V_{SS}（20 脚）为接地端。

XTAL1（19 脚）：接外部晶体和微调电容的一端。在片内它是振荡电路反相放大器的输入端。在采用外部时钟时，该引脚必须接地。

XTAL2（18 脚）：接外部晶体和微调电容的另一端。在 8051 片内它是振荡电路反相放大器的输出端，振荡电路的频率即晶体固有频率。若需采用外部时钟电路时，该引脚输入外部时钟脉冲。

（2）控制信号引脚 RST，ALE，PSEN 和 EA

RST/VPD（9 脚）：RST 是复位信号输入端，高电平有效。当此输入端保持两个机器周期的高电平时，就可以完成复位操作。RST 引脚的第二功能是 VPD，即备用电源的输入端。当主电源 V_{CC} 发生故障，降低到低电平规定值时，将+5V 电源自动接入 RST 端，为 RAM 提供备用电源，以保证存储在 RAM 中的信息不丢失，从而使复位后能继续正常运行。

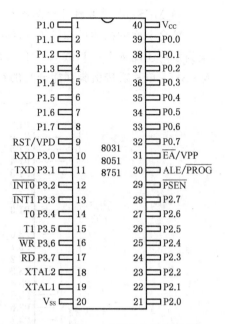

图 9-2 MCS-51 系列单片微机引脚如

ALE/PROG（30 脚）：地址锁存允许信号端。当 8051 上电正常工作后，ALE 引脚不断向外输出正脉冲信号，此频率为振荡器频率的 1/6。CPU 访问片外存储器时，ALE 输出信号作为锁存低 8 位地址的控制信号。平时不访问片外存储器时，ALE 端也以振荡频率的 1/6 固定输出正脉冲，因而 ALE 信号可以用作对外输出时钟或定时信号。此引脚的第二功能 PROG 在对片内带有 4 KB EPROM 的 8751 编程写入时，作为编程脉冲输入端。

PSEN（29 脚）：程序存储允许输出信号端。在访问片外程序存储器时，此端定时输出负脉冲，作为读片外存储器的选通信号。

EA/VPP（31 脚）：外部程序存储器地址允许输入端/固化编程电压输入端。当 EA 引脚接高电平时，CPU 只访问片内 EPROM/ROM，并执行内部程序存储器中的指令，但当程序计数器的值超过 0FFFH 时，将自动转去执行外部程序存储器内的程序。当 EA 引脚接低电平时，CPU 只访问外部 EPROM/ROM 并执行外部程序存储器中的指令，而不管是否有片内程序存储器。对于无片内 ROM 的 8031 或 8032，需外接 EPROM，此时必须将 EA 引脚接地。

（3）输入输出端口 P0，P1，P2 和 P3

P0 口（P0.0～P0.7）：通道 0，双向 I/O 口。第二功能是在访问外部存储器时可分时用作低 8 位地址线和 8 位数据线，在编程和检验时（对 8751）用于数据的输入和输出。

P1 口（P1.0～P1.7）：通道 1，双向 I/O 口，在编程和检验时用于接收低位地址字节。

P2 口（P2.0～P2.7）：通道 2，双向 I/O 口。第二功能是在访问外部存储器时，输出高 8 位地址。在编程和检验时，用于接收高位地址字节和控制信号。

P3 口（P3.0～P3.7）：双向 I/O 口，它除作为一般准双向 I/O 口外，每个引脚还具有第二功能。

2）MCS-51 单片机片外总线结构

综合上面的描述可知，I/O 口线不能都当做用户 I/O 口线。除 8051/8751 外真正可完全为用户使用的 I/O 口线只有 P1 口，以及部分作为第一功能使用时的 P3 口。图 9-3 是MCS-51 单片机按引脚功能分类的片外总线结构图。

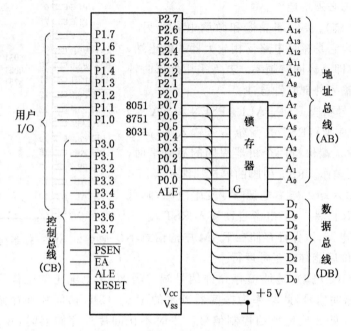

图 9-3　MCS-51 片外总线结构图

由图 9-3 我们可以看到，单片机的引脚除了电源、复位、时钟接入、用户 I/O 口外，其余管脚都是为实现系统扩展而设置的。这些引脚构成了 MCS-51 单片机片外三总线结构，即：

（1）地址总线（AB）：地址总线宽度为 16 位，因此，其外部存储器直接寻址为 64K 字节，16 位地址总线由 P0 口经地址锁存器提供低 8 位地址（$A_0 \sim A_7$）；P2 口直接提供高 8 位地址（$A_8 \sim A_{15}$）。

（2）数据总线（DB）：数据总线宽度为 8 位，由 P0 口提供。

（3）控制总线（CB）：由 P3 口的第二功能状态和 4 根独立的控制线 RESET、EA、PSEN 组成。

9.2.3　MCS-51 单片机存储器配置

8051 片内有 ROM（程序存储器，只能读）和 RAM（数据存储器，可读可写）两类，它们有各自独立的存储地址空间，与一般微型计算机的存储器配置方式很不相同。

8051 的存储器在物理结构上分为程序存储器空间和数据存储器空间，共有 4 个存储空间：片内程序存储器和片外程序存储器空间，以及片内数据存储器和片外数据存储空间这种程序存储器和数据存储器分开的结构形式，称为哈佛结构。8051 存储器空间配置如图 9-4所示。

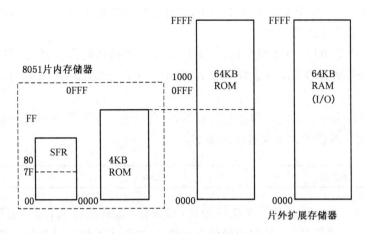

图 9-4　8051 存储器空间

1）程序存储器地址空间

8051 的程序存储器用于存放编好的程序和表格常数。8051 片内具有 4 KB 的 ROM，8751 片内具有 4 KB 的 EPROM，8031 片内无程序存储器。MCS-51 的片外最多能扩展 64 KB。片内、外的 ROM 是统一编址的，当 EA 端保持高电平，8051 的程序计数器 PC 在 0000H～0FFFFH 地址范围内是执行片内 ROM 中的程序；当 PC 在 1000H～FFFFH 地址范围时，其自动执行片外程序存储器中的程序。当 EA 保持低电平时，只能寻址外部程序存储器，片外存储器可从 0000H 开始编址。

MCS-51 的程序存储器中有 7 个单元具有特殊功能，其中 0000H 为 MCS-51 复位后 PC 的初始地址；0003H 为外部中断 0 入口地址；000BH 为定时器 0 溢出中断入口地址；0013H 为外部中断 1 入口地址；001BH 为定时器 1 溢出中断入口地址；0023H 为串行口中断入口地址；002BH 为定时器 2 溢出中断入口地址（8052 所特有）。使用时通常在这些入口处都安放一条绝对跳转指令，使程序跳转到用户安排的中断程序起始地址，或者从 0000H 启动地址跳转到用户设计的初始程序入口处。

2）数据存储器地址空间

数据存储器用于存放运算中间结果、数据暂存和缓冲、标志位及待调试的程序等。数据存储器在物理上和逻辑上都分为两个地址空间：一个是片内 256 B 的 RAM，另一个是片外最大可扩充 64 KB 的 RAM。片外数据存储器与片内数据存储器空间的低地址部分（0000H～00FFH）是重叠的，8051 有 MOV 和 MOVX 两种指令，用以区分片内、片外 RAM 空间。

片内数据存储区在物理上又可分为两个不同的区。

（1）00H～7FH 单元：低 128 字节的片内 RAM 区，对其访问可采用直接寻址或间接寻址的方式。

在低 128 字节 RAM 中，00H～1FH 共 32 个单元通常作为工作寄存器区，共分为 4 组，每组由 8 个单元组成通用寄存器，分别为 R_0～R_7。每组寄存器均可选为 CPU 当前工作寄存器，通过 PSW 状态字中 RS1、RS0 的设置来改变 CPU 当前使用的工作寄存器。

（2）高 128 字节的 RAM：特殊功能寄存器。

MCS-51 中共有 21 个专用寄存器 SFR,又称为特殊功能寄存器,这些寄存器离散地分布在片内 RAM 的高 128 字节中。

累加器 ACC(EOH):8051 最常用、最繁忙的 8 位特殊功能寄存器,许多指令的操作数取自于 ACC,许多运算中间结果也存放于 ACC 中。在指令系统中用 A 作为累加器 ACC 的助记符。

PSW(D0H):是一个 8 位特殊功能寄存器,其各位包含了程序执行后的状态信息,供程序查询或判别用。各位的含义及其格式如下:

CY	AC	F0	RS1	RS0	OV	—	P

CY(PSW.7):进位标志位。在执行加法(或减法)运算指令时,如果运算结果最高位(位 7)向前有进位(或借位),CY 位由硬件自动置 1;如果运算结果最高位无进位(或借位),则 CY 清 0。CY 也是 8051 在进行位操作(布尔操作)时的位累加器,在指令中用 C 代替 CY。

AC(PSW.6):半进位标志位。当执行加法(或减法)操作时,如果运算结果(和或差)的低半字节(位 3)向高半字节有半进位(或借位),则 AC 位将被硬件自动置 1;否则 AC 位被自动清 0。

FO(PSW.5):用户标志位。用户可以根据自己的需要对 F0 位赋予一定的含义,由用户置位或复位,以作为软件标志。

RS0 和 RS1(PSW.3 和 PSW.4):工作寄存器组选择控制位。这两位的值可决定选择哪一组工作寄存器为当前工作寄存器组。由用户用软件改变 RS1 和 RS0 值的组合,以切换当前选用的工作寄存器组。8051 上电复位后,CPU 自动选择第 0 组为当前工作寄存器组。

OV(PSW.2):溢出标志位。当进行补码运算时,如有溢出,即当运算结果超出 −128~+127 的范围时,OV 位由硬件自动置 1;无溢出时,OV=0。

PSW.1:为保留位。8051 未用,8052 作为 F1 用户标志位。

P(PSW.0):奇偶校验标志位。每条指令执行完后,该位始终跟踪指示累加器 A 中 1 的个数。如结果 A 中有奇数个 1,则置 P=1;否则置 P=0。常用于校验串行通信中的数据传送是否出错。

DPTR 是一个 16 位的特殊功能寄存器,其高位字节寄存器用 DPH 表示(地址 83H),低位字节寄存器用 DPL 表示(地址 82H)。DPTR 既可以作为一个 16 位寄存器来处理,也可以作为两个独立的 8 位寄存器 DPH 和 DPL 使用。

DPTR 主要用以存放 16 位地址,以便对 64KB 片外 RAM 作间接寻址。

9.3　定时/计数器和中断系统

9.3.1　定时/计数器结构和工作原理

MCS-51 系列单片微机的定时/计数器可以用作定时控制、延时及对外部计数脉冲进行计数。下面介绍 MCS-51 定时/计数器的结构和工作原理。

1）定时/计数器结构

51 单片微机内有两个 16 位可编程定时/计数器，即 T0(高 8 位 TH0、低 8 位 TL0)和 T1(TH1、TL1)。是加 1 计数器；还有一个工作方式寄存器 TMOD 和一个控制及标志寄存器 TCON。定时/计数器结构如图 9-5 所示。

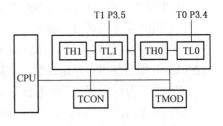

图 9-5　定时/计数器结构

2）工作原理

（1）计数脉冲提供方式

① 置于计数方式时，计数脉冲从片外由 P3.4(T0)或 P3.5(T1)引入，下降沿触发计数器加 1。

② 置于定时方式时，Ti 由内部时钟频率定时，每一个机器周期使 T0 或 T1 加 1 计数。

（2）工作过程

Ti 使用前先初始化编程，决定工作方式；再利用送数指令(MOV)将计数初值送入 THi 和 TLi；之后用指令启动 Ti 开始计数。未计满数前溢出标志(TCON 的 TFi)为 0。计满数溢出时，CPU 自动将计数器清 0，并自动将溢出标志 TFi 置为 1。

3）定时/计数器的控制

定时/计数器使用时要初始化编程：T0、T1 使用前要用指令向 TMOD 写入工作方式字，向 TCON 写入命令字，向 T0、T1 写入计数初值。

（1）工作方式寄存器 TMOD

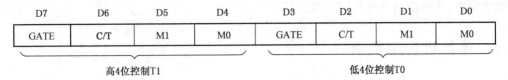

TMOD 的高 4 位用来控制 T1，低 4 位用来控制 T0。以低 4 位为例说明如下。

GATE：启动计数方式控制位。GATE＝0 为软启动，即用指令(SETB TR0)即可使 T0 开始计数；GATE＝1 为硬启动，即除用指令 SETB TR0 外，还须置 P3.2 或 P3.3 管脚为高电平才能开始计数。

C/T：计数/定时方式控制位。C/T＝0 为定时方式；C/T＝1 为计数方式。

M1、M0：工作方式(模式)控制位。M1M0＝00、01、10、11 分别为方式 0(为 13 位的定时器/计数器)、方式 1(为 16 位的定时器/计数器)、方式 2(为常数自动重新装入的 8 位的定时器/计数器)、方式 3(仅适用于 T0，分为二个 8 位的计数器，对 T1 停止计数)。各方式含义、特点及用途此处从略。

（2）控制及标志寄存器 TCON

用于控制定时器的启、停、溢出标志、外部中断触发方式。

字节地址为 88H，位地址为 88H～8FH，TCON 的格式如下：

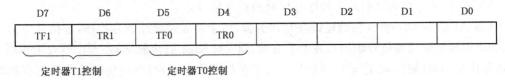

TCON 的 D7、D6 用来控制 T1，D5、D4 位用来控制 T0。以 T0 为例说明如下。

① TR0 为定时器 T0 的运行控制位

该位由软件置位和复位，例如，执行 SETB TR0 指令时，使 TR0＝1 置位。这时，如果 GATE＝0 即可使 T0 开始计数。TR0＝0 时停止 T0 计数。

② TF0 为定时器 T0 的溢出标志位

当 T0 被允许计数以后，T0 从初值开始加 1 计数，最高位产生溢出时，TF0 置"1"，并向 CPU 请求中断。当 CPU 响应时，TF0 由硬件清"0"。TF0 也可以由程序查询或清"0"。

9.3.2 中断系统

中断技术是计算机的一个重要技术，中断能力是衡量微型计算机能力的重要标志之一。

MCS-51 系列单片机的中断系统是 8 位单片微机中功能较强的，可以提供 5 个中断源，具有两个中断优先级，可实现两级中断嵌套。

能发出中断请求信号的设备称为中断源，8051 共有 5 个中断源，因此有 5 个中断入口地址，它是进入中断服务子程序的指路标。各中断源的中断入口地址是固定的，CPU 响应某中断源的中断请求后，PC 的内容为该中断源的中断入口地址。

中断源：　　　　　INT0　　T0　　INT1　　T1　　RI 或 TI(串行口)

中断入口地址：　0003H　　000BH 0013H　　001BH 0023H

复位后各中断源属同一优先级——低优先级，在同一优先级中，5 个中断源按上述自然优先级排列，INT0 的自然优先级最高，串行口中断的最低。几个同一优先级的中断源同时申请中断时，先响应自然优先级高的。

9.4 单片机应用举例

9.4.1 单片机最小系统

一个 8031 单片微机最小系统电路见图 9-6。芯片 2732 是一种 4K×8 位的紫外线擦除电可编程只读存储器。其中 $A_0 \sim A_{11}$ 为地址线，$O_0 \sim O_7$ 是数据线；CE 是片选线，低电平有效；OE 是数据输出选通线。

1) 地址线

P0 口通过地址锁存器 74LS373 接存储器芯片的低 8 位地址线($A_0 \sim A_7$)，其余地址线接 P2 口低位，P2 口剩余的管脚(经片选译码电路)接存储器芯片的片选端 CE(或 CE 接地)。

2) 数据线

P0 口作数据线直接与存储器芯片的数据线 $O_0 \sim O_7$ 相连。

3) 控制线

MCS-51 单片微机访问片外程序存储器的控制信号如下。

(1) ALE(30 脚)：低 8 位地址锁存允许引脚，用于低 8 位地址锁存控制，是信号输出引脚(即该引脚将该功能信号输出)，高电平有效，接 74LS373 的使能端 G。当 P0 口输出低 8 位地址信号期间(例如，程序运行时从片外程序存储器取指令期间，或访问片外数据存储器和 I/O 接口电路芯片执行 MOVX 一类指令时),CPU 会自动从 ALE 管脚输出高电平。可利用这一信号将 P0 口的低 8 位地址信号和数据信号分离。在系统扩展(扩展片外程序存储器、数据存储器和 I/O 接口电路芯片)时,利用这一信号使地址锁存器 74LS373 工作,将低 8 位地址锁存在 74LS373 中,再传给存储器和 I/O 接口芯片,以使存储器和 I/O 接口芯片的地址线能正确接收到低 8 位地址信号。否则,由于 P0 口有时传送低 8 位地址信号,有时传送 8 位数据信号,存储器和 I/O 接口芯片的地址线将无法分辨,产生地址错乱。

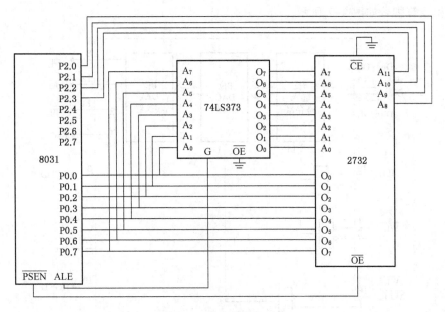

图 9-6　最小单片机系统

当 P0 口不输出低 8 位地址信号的其他时间,ALE 管脚以晶振频率的 1/6 的固定频率输出矩形脉冲,可用来作时钟脉冲。例如,当晶振频率 fosc 为 12 MHz 时,ALE 管脚输出 2 MHz 的方波。

(2) PSEN(29 脚):外部程序存储器"读选通"控制信号端,接程序存储器芯片的 OE。用于访问片外程序存储器输出信号,低电平有效。即该管脚输出负脉冲作为读选通信号。当运行程序从片外程序存储器取指令时,CPU 由该管脚向片外程序存储器的"数据输出允许端"OE 管脚输出低电平,以通知外部 ROM 可以把数据(即指令或机器码)送到其数据线 $O_0 \sim O_7$ 上(实际与 8031 的 P0 口线相连)让 CPU 来接收了。

当 8031 CPU 在取指令周期时,PSEN 输出低电平,使程序存储器芯片的 OE 有效,能把存储器芯片中的指令读出。

(3) EA:片内、外程序存储器访问控制信号;EA = 1 时在 4KB 范围内(0000H ～ 0FFFH)访问片内程序存储器,当超出 4 KB 范围(≥1 000H)时,自动访问片外程序存储器(8051、8751)。当 EA = 0 时,只能访问片外程序存储器(8031)。

9.4.2　D/A 转换器与单片机接口实例

D/A 转换在机电控制系统中大量应用,甚至可以说是必不可少。下面就以常用的具有 8 位分辨率的 DAC0832 D/A 转换集成芯片为例介绍一下。

1) DAC0832 的结构与应用特性

0832 是微处理器完全兼容的,具有 8 位分辨率的 D/A 转换集成芯片,以其价廉、接口简单、转换控制容易等优点,在单片机应用系统中得到了广泛的应用。属于该系列的芯片还有 0830、0831。

(1) DAC0832 的结构与管脚功能

DAC0830 系列产品包括 DAC0830、DAC0831、DAC0832,它们可以完全相互代换。其逻辑结构及管脚号如图 9-7 所示。

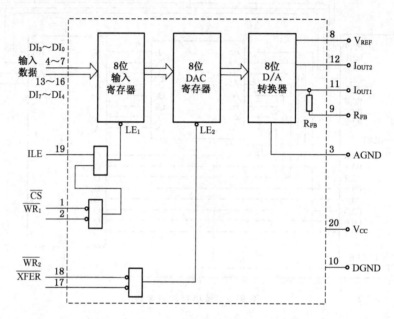

图 9-7　DAC0832 结构

它由 8 位输入锁存器、8 位 DAC 寄存器、8 位 D/A 转换电路及转换控制电路构成。为 20 脚双列直插式封装结构。

各管脚的功能如下:

DI0~7　　　　8 位数据输入端。

ILE　　　　　数据允许锁存信号。

CS　　　　　输入寄存器选择信号。

WR1　　　　输入寄存器写选通信号,输入寄存器的锁存信号 LE1 由 ILE、CS、WR1 的逻辑组合产生,LE1 为高电平时,输入寄存器状态随输入数据线变化,LE1 的负跳变将输入数据锁存。

XFER　　　　数据传送信号。

WR2　　　　DAC 寄存器的写选通信号。DAC 寄存器的锁存信号 LE2 由 XFER 和 WR2 的逻辑组合而成。LE2 为高电平时,DAC 寄存器的输出随寄存器的输入而变化,LE2 的负跳变时,输入寄存器的内容打入 DAC 寄存器并开始 D/A 转换。

V_{REF}　　　基准电源输入端。

R_{FB}　　　　反馈信号输入端。

I_{OUT1}	电流输出端 1,其值随 DAC 内容线性变化。
I_{OUT2}	电流输出端 2, $I_{OUT1} + I_{OUT2} =$ 常数。
V_{CC}	电源输入端。
AGND	模拟地。
DGND	数字地。

（2）0832 的应用特性

0832 是微处理器兼容型 D/A 转换器,可以充分利用微处理器的控制能力实现对 D/A 转换的控制,故这种芯片有许多控制引脚,可以和微处理器的控制线相连,接受微处理的控制,如 ILE、CS、WR1、WR2、XFER 端。

0832 有两级锁存控制功能,能够实现多通道 D/A 的同步转换输出。

0832 内部无参考电压,须外接参考电压电路。

0832 为电流输出型 D/A 转换器,要获得模拟电压输出时,需要外加转换电路。图 9-8 为两级运算放大器组成的模拟电压输出电路。从 a 点输出为单极性模拟电压,从 b 输出为双极性模拟电压。如果参考电压为 +5 V,则 a 点输出电压为 $0 \sim -5$ V, b 点输出为 ± 5 V 电压。

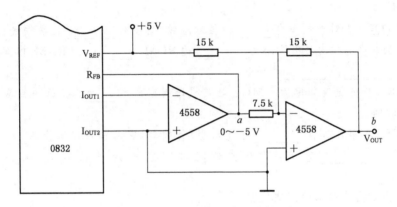

图 9-8　0832 的模拟电压输出电路

2）0832 和 MCS-51 单片机的接口方法

0832 和 MCS-51 单片机有两种基本的接口方法,即单缓冲器和双缓冲器同步方法。此处只介绍一下单缓冲器方式接口。

若应用系统中只有一路 D/A 转换或虽然是多路转换,但并不要求同步输出时,则采用单缓冲器方式接口,如图 9-9 所示,让 ILE 接 +5 V,寄存器选择信号 CS 及数据传送信号 XFER 都与地址选择线相连(图中为 P2.7),两级寄存器的写信号都由 8031 的 WR 端控制。

当地址线选择好 0832 后,只要输出 WR 控制信号,0832 就能一步地完成数字量的输入锁存和 D/A 转换输出。

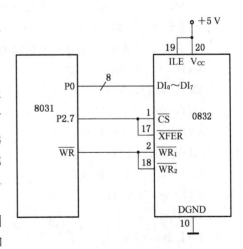

图 9-9　0832 单缓冲器方式接口电路

由于 0832 具有数字量的输入锁存功能,故数字量可以直接从 P0 口送入。

本处采用汇编语言,具体请参阅其他参考资料。

执行下面几个指令就能完成一次 D/A 转换:

MOV　DPTR,♯7FFFH　　向 16 位地址寄存器 DPTR 送入 P 2.7 所指向的地址 7FFFH(即二进制的 01111111,使 P 2.7 低电平,地址线选择 0832)。

MOV　A,♯data　　数字量先装入累加器 A_{cc}。

MOVX @DPTR, A　　数字量(上一步装入累加器 A_{cc} 的)从 P0 口送至 DPTR 所指向的地址,WR 有效时,完成一次 D/A 输入与转换。

思考与练习题

1. 填空

(1) MCS-51 系列单片机三总线包含_____、_____、_____,这些总线一般使用_____端口。

(2) 8051 单片机对外最多有_____位地址线、最多有_____位数据线。

(3) 8051 单片机片内具有大小为_____的 ROM,_____的 RAM,内部 RAM 在物理上又分成_____、_____两部分。

(4) 若单片机的振荡频率为 6 MHz,则其机器周期是_____,执行一条单周期指令需要_____时间。

(5) MCS-51 单片机有_____个定时器/计数器,它们都可以工作在_____方式,也可工作在_____方式,但不管是定时方式还是计数方式,其内部实质都是_____。

2. 单片机是由哪些部分组成的?

3. 当 MCS-51 单片机的特殊功能寄存器 TMOD=52H 时,其定义的功能是什么?

4. MCS-51 系列单片机具有几个中断源,分别是如何定义的? 其中哪些中断源可以被定义为高优先级中断,如何定义?

5. 写出以下程序执行后有关存储器中之值。

MOV A,♯50H

MOV 4EH,A

MOV R0,♯21H

MOV @R0,4EH

MOV 20H,21H

6. 执行下列程序后,(A)=_____,(B)=_____。

MOV A,♯9FH

MOV B,♯36H

ANL B,A

SETB C

ADDC A，B

7. 编程，将 8031 单片机片内 RAM 20H 至 2FH 单元中的数据顺序移到 50H 至 5FH 单元中。

8. 编程，将 8031 单片机片外 RAM 1 000H 至 103FH 地址单元中的数据顺序移入片内 RAM 从 20H 开始的地址空间中。

9. 图 9-6 最小单片机系统是扩展了存储器芯片 2732 的连线电路图。

(1) 请简单叙述 2732 芯片的功能、容量，在电路中起什么作用。

(2) 请简单叙述 373 芯片的功能，在电路中起什么作用。

(3) 分析 2732 所占用的单片机存储空间的地址范围是多少。

参考文献

［1］戴雅丽,等.自动控制原理与系统.北京:中国林业出版社,2006.

［2］王恩荣.自动控制原理.北京:化学工业出版社,2011.

［3］胡寿松.自动控制原理.北京:科学出版社,2011.

［4］高钟毓.机电控制工程.北京:清华大学出版社,2002.

［5］降爱琴.自动控制原理及系统实验实训教程.北京:中国电力出版社,2009.

［6］孔凡才.自动控制原理与系统.北京:机械工业出版社,1996.

［7］沈玉梅.自动控制原理与系统.北京:北京工业大学出版社,2010.

［8］陈渝光.电气自动控制原理与系统.北京:机械工业出版社,2000.

［9］叶明超.自动控制原理与系统.北京:北京工业大学出版社,2008.

［10］薛定宇.控制系统仿真与计算机辅助设计.北京:机械工业出版社,2005.

［11］李宜达.控制系统设计与仿真.北京:清华大学出版社,2004.

［12］刘叔军,等.MATLAB 7.0 控制系统应用与实例.北京:机械工业出版社,2006.

［13］张静.MATLAB 在控制系统中的应用.北京:电子工业出版社,2007.

［14］蔡启仲.控制系统计算机辅助设计.重庆:重庆大学出版社,2003.

［15］刘白雁.机电系统动态仿真——基于 MATLAB/SIMULINK.北京:机械工业出版社,2005.

［16］王正林.MATLAB/Simulink 与控制系统仿真.北京:电子工业出版社,2012.

［17］李颖.Simulink 动态系统建模与仿真.西安:西安电子科技大学出版社,2012.

［18］蔡杏山.零起步轻松学步进与伺服应用技术.北京:人民邮电出版社,2012.

［19］蔡杏山.零起步轻松学 PLC 技术.北京:人民邮电出版社,2012.

［20］蔡杏山.零起步轻松学变频技术.北京:人民邮电出版社,2009.

［21］岂兴明.PLC 与步进伺服快速入门与实践.北京:人民邮电出版社,2011.

［22］陈山,等.变频器基础及使用教程.北京:化学工业出版社,2013.

［23］原魁,等.变频器基础及应用.北京:冶金工业出版社,2005.

［24］张毅刚,等.单片机原理及应用.北京:高等教育出版社,2010.

［25］王玉凤,等.51 单片机应用与实践丛书·51 单片机应用从零开始.北京:清华大学出版社,2008.

［26］杨欣,等.51 单片机应用实例详解.北京:清华大学出版社,2010.

［27］李广弟,等.单片机基础.北京:北京航空航天大学出版社,2007.